国家目标下的科学家个人自由

马佰莲 著

中国社会科学出版社

图书在版编目（CIP）数据

国家目标下的科学家个人自由/马佰莲著 . —北京：中国社会科学出版
社，2008.6
ISBN 978-7-5004-6808-0

Ⅰ. 论… Ⅱ. 马… Ⅲ. 科学家－个人－自由－研究 Ⅳ. G316　D081

中国版本图书馆 CIP 数据核字（2008）第 032029 号

责任编辑　郭晓鸿（guoxiaohong149@163.com）
责任校对　韩天炜
封面设计　格子工作室
版式设计　戴　宽

出版发行　中国社会科学出版社
社　　址　北京鼓楼西大街甲 158 号　　邮　编　100720
电　　话　010－84029450（邮购）
网　　址　http：//www.csspw.cn
经　　销　新华书店
印　　刷　华审印刷厂　　　　　　　装　订　广增装订厂
版　　次　2008 年 6 月第 1 版　　　印　次　2008 年 6 月第 1 次印刷
开　　本　880×1230　1/16
印　　张　17.25　　　　　　　　　　插　页　2
字　　数　290 千字
定　　价　29.00 元

目　　录

序言一

在科学研究活动中，国家目标和科学家个人自由的矛盾，是一对很难正确处理的矛盾。本书作者马佰莲曾在兰州大学物理系获取物理学学士学位和硕士学位，有深厚的自然科学功底，也对以上矛盾有深刻的认识。后来，作者转攻自然辩证法，在当前浮躁风气笼罩学界、哲学受到冷遇的背景下，这是非常难能可贵的。

攻读博士学位期间，作者选取了这样一个对科研活动有重要现实意义的题目进行潜心探讨。博士论文题目的选择有两种取向：一是后顾，二是前瞻。前瞻性题目，即研究现实问题及其发展趋势的题目，历来风险相对较大。20世纪90年代以来，躲避现实、放逐问题，已经成为学术研究的致命伤。作者没有被时尚潮流所席卷，而是果敢地面对现实，提出了独到的见解，这种精神值得赞赏。

本书是作者在其对博士学位论文进一步完善的基础上产生的成果。作为一位崭露头角的学者的著述，其认识无疑还有推敲的余地，但它毕竟是一件投射出鲜活思想的作品，而不是看似"天衣无缝"的因循守旧之说。如能引起争鸣，无论是指导教师还是作者本人，都将感到莫大的荣幸。

欧阳志远

中国人民大学哲学院教授、博士生导师
中国自然辩证研究会地学哲学委员会副理事长
2007年9月9日

序 言 二

　　科学，作为对于未知世界的探索，本质上决定了自由是实现科学发现和创新的内在要求，是科学家的一项基本权利。同时，科学，作为一项社会事业，是负荷着人的价值诉求，要计算投入和产出的，科学探索终究要回报于社会，这也是科学家的一项基本责任。

　　在现实中，有时科学自由被无条件地夸大了，仅仅看到了作为科学家的一种权利，而无视科学隶属于社会、在社会中运行的现实。与此相反，有时却又在社会需求的目标的口号下，忽视了科学探索的内在要求，对于科学进行了过度的、不适当的干预，最终不利于科学的发展和繁荣。

　　科学家的自由探索与社会发展的需求如何协调，科学自由与国家目标如何得以统一，受到当代世界各国普遍重视，也是在我国受到高度重视的一个重要问题。

　　《国家目标下的科学家个人自由》一书的作者，力图以马克思主义的立场和观点为理论分析视角，在充分占有大量文献的基础上，较为深入地考察分析了这个重要问题。作者提出：在任何情况下，科学家个人自由都不是绝对的、无限的，而是有限的，是权利和义务的统一，国家目标下的科学家个人自由是一种责任自由；科学家不仅要承担科学知识生产的责任，而且还应该自觉承担相应的社会责任，具有促进科学知识传播和普及的责任，以及促进科学知识利用的责任；责任自由的实现不仅要靠科学家的自觉意识和理智努力来达到，也要靠科学体制化的完善和相关法律来保证。

作者的这些探讨以及结论，深化了对科学自由、对于国家目标与自由探索之间的统一性的认识，具有重要的理论价值和现实参考意义。

清华大学教授、博士生导师
中国自然辩证法研究会副理事长
中国科学学与科技政策研究会副理事长曾国屏

2007 年 11 月 18 日

第 一 章

引言:问题的提出与本书的任务

一 问题的提出及其意义

"自由是科学繁荣的条件","没有自由,就没有科学的创造",这在学界已是共识。自由对于任何从事科学的人来说,都是至关紧要的。但是,什么是科学自由?科学家应该享有一种什么性质的自由?人们对此并没有形成共识。当科学的社会影响比较微弱时,科学自由往往被视做一种当然的个人权利融会于探索活动之中。但是,随着科学力量日益强大,随着科学家作为一种职业在社会中被确立下来,科学活动由自由探索的小科学时代过渡到了国家目标化的大科学时代,科学成为国家发展的根本动力,政府开始对科学发展实行规划管理,这样,科学家个人自由的问题便开始凸显出来。

第二次世界大战以来,随着科学研究的建制化发展,科学研究逐渐被纳入政府行为,成为一项国家事业,因此,政府对科学活动的控制不可避免,这种控制是通过一系列科学政策和法规来体现的。尤其是进入20世纪90年代以来,将基础研究纳入国家目标成为一种国际化趋势,"增进基础研究与国家目标之间的联系"[1],日益成为各国政府重要的战

---

① [美]威廉·J.克林顿、小阿伯特·戈尔著,曾国屏、王蒲生译:《科学与国家利益》,科学技术文献出版社1999年版,第15页。

略目标之一。在基础研究中引入国家目标，意味着基础研究的方向选择必须首先考虑国家的利益，为国家目标服务。在由政府主导社会资源配置的背景下，科学家的选择只有被纳入国家规划和计划，才能获得实现的机会。如此一来，科学家的个人自由空间便在很大程度上不得不交由国家控制。然而，科学研究的基本特点是具有高度的不确定性，科学史上的任何一项重大突破，并不都是按照某种事先规定的操作程序、按部就班地加以实现的。这就提出了如何在科学规划和科学家个人自由之间维持平衡的问题。

这个问题的研究在中国有特别现实的意义。

新中国成立之初，面对国内经济贫困和文化落后而西方国家又对中国实行政治上孤立、经济上封锁、军事上包围的严峻局面，第一代领导集体清醒地认识到："科学是关系我们的国防、经济和文化各方面的有决定性的因素。"[①] 在这种背景下，国家对科学事业实行了政府资助和计划管理，这种资助方式和管理方式在当时是有积极意义的，因为通过这种方式毕竟集中了国家有限的力量，为重大科学项目的研究注入了活力，从而在相当程度上推动了科学的振兴，然而，随之而来的负面效应就是科学自主发展的作用被掩盖了起来。其后由于政治路线的偏移，科学发展中的实用主义倾向日亟，科学家的兴趣完全服从于经济建设的计划目标，"为科学而追求科学"的精神被当做阶级社会的特征予以否定。这种以政治任务统御科学的做法，妨碍了科学的进步。

改革开放以后，科学家在政治方面得到了解放，加上科学事业拨款制度改革，科研管理中引入了竞争机制，扩大了科研机构的自主权，从而在很大程度上调动了科研人员的积极性和科学创造的热情。然而，由于无论是在思想认识方面，还是在管理体制方面，都没有从根本上解决国家目标和科学家个人自由的关系问题，因此又以另一种形式违反了科学发展的规律。这个问题具体表现如下：

---

① 《周恩来选集》下卷，人民出版社 1984 年版，第 181 页。

（一）科学研究管理的短期行为违反了科学发展的规律

科研竞争机制下强烈的"政绩"意识，促使一些层级的政府部门急功近利地把注意力放在"数字政绩"上，把科学研究视同政府行政工作，不顾科学本身固有的积累性发展规律，要求在短期内"快出成果，出大成果"，致使多数科学家把时间和精力投入到平庸、重复和易出成果的工作中去，将科学混同于技术，结果使本来就弱化的基础研究更加得不到重视。就是在以承担基础科学研究为主的部分大学中，其科研项目也以应用性项目居多，致使人才培养功能弱化，造成浮躁之风蔓延、学术腐败频生。国家行政管理取代科学内部事业的管理，对基础研究普遍采用工程技术管理的方式，科学共同体在荣誉授予、人事安排等方面屈从于权力意志，致使科学界正常的学术讨论和学术批评不能真正建立起来，学术争论往往通过政治性的裁决来解决。如此一来，新的管理机制不仅不能使科学家个人获得真正的自由，相反还产生了市场和计划双重挟制的效应。这种挟制的后果，从软的方面看，缺乏一个催化科学创新思维的自由、民主温床，不能为原创性基础研究留下适当的空间；从硬的方面看，科学界的功利行为直接导致了对原创性基础研究的投入不足，"80 年代至 90 年代初的十多年间，国家对基础研究支持力度的弱化是一个不争的事实"①。这就很难养活一批耐得起清贫和寂寞的纯粹科学家。从 1995 年起，我国科技体制改革全面启动，国家集中财力、物力、人力不断加大了对重大基础研究的资助。在由应用研究引导逐渐占据主流的时代，国家调用相当的力量发展大科学是适应我国经济社会需要的明智之举，也是为国际经验证明的科技发展成功之路。然而，国家对计划项目的管理往往采取自上而下的研究体制，存在着较强的定向性和计划性，过于细致的目标和具体研究路线、与职位捆绑的数量型"成果"考核，极大地制约着科学家创造性的自由发挥；畏惧失败的心理又使科学家们不敢将新的思想付诸实施，科学研究成为科学家的一种

---

① 李真真:《我国基础研究问题的探讨与思考》,《科学学研究》2003 年第 4 期。

被动行为，他们的求知欲和好奇心不能够充分地得到满足，内心自由受到了极大的限制。在对一些大科学计划项目的选择上，我国科学家盲目跟踪国际科学前沿，以西方的科学和技术发展为标准，不重视发掘本土的科学资源，科研规划和立项以模仿和跟踪科技发达国家为主（大概有90％—95％属于跟踪立项），而属于开拓领域或具有原创性，引导别人跟着我们去进行研究的领域项目却很少。

（二）科学家个人的逐利行为违反了科学发展的规律

随着科学技术与经济结合日益紧密，从基础研究到技术开发的周期日益缩短，尤其在高技术领域，基础研究与应用研究、技术发明的界限日渐模糊，这些基础研究越来越被证明是经济上高度获益的工作。如此一来，基础研究从一个消耗社会资源的纯认知、求是的文化过程，转变为产生丰厚收益的生产力，知识成为资本，知识资本化引导企业进入基础研究领域，同时科研经费中来源于企业的投入不断增加。这样，科学的功利性导向日益强烈，而科学发展所需要的自主性受到削弱，科学家的精神境界受到物质利益的侵蚀。在现时代，科学的职业化已使得充裕的资金来源和充分的研究自由二者不可兼得。正如贝尔纳指出的那样："科学家即使过去曾经是一种自由自在的力量，现在却再也不是了。他现在几乎总是国家的、一家工业企业的或者一所大学之类直接间接依赖国家或企业的半独立机构的拿薪金的雇员。由于他需要维持生计，因而科学家真正的自由实际上仅限于支付薪金的人所容许的活动。"[1] 随着科学之社会影响的速度和力量以几何级数倍增，[2] 科学的发展越来越离不开公众的理解与支持，因而从社会的边缘走到社会的核心。科学研究不仅对经济生活的影响越来越大，而且越来越成为社会道德的主导力量。与过去的科学家相比，现代科学家担负着更多的社会责任，科学家

---

①　［英］J. D. 贝尔纳著，陈体芳译：《科学的社会功能》，广西师范大学出版社 2003 年版，第 450 页。

②　［美］B. 巴伯著，顾昕等译：《科学与社会秩序》，生活·读书·新知三联书店 1991 年版，第 242 页。

的多重角色使其活动很难保持业余科学时代的特色。在国家目标引导下，科学家的活动总是在某种有意识的计划约束下进行的，它不再是过去那种单纯地追求真理的价值中立性的活动，而是有了功利目的和功利需求。在求真目标和求利目标的双重身份下，科学家如何在保持科学活动的活力和适应社会环境之间进行平衡，就成为一个亟待解决的问题。

基于以上两个因素，尽管科研投入在加大，但是我国的基础研究的自主创新能力并没有得到相应提高，科学研究的成果绝大多数停留在跟踪性创新和一般性难题的解决上，缺乏引领世界科学潮流成果以及世界一流的大科学家群体。① 这一状况已严重地制约着国民经济的提升和国家发展目标的实现。当前，中国正在快速成为亚太地区乃至整个世界的一支主要经济力量，但在国际科学舞台上并没有取得与自身经济力量相称的较高地位，"总体水平还没有进入到科学研究的核心国家之列，也没有进入到科学研究的强国之列"。② 然而，众所周知，许多科学家一到国外便展示出了创新才华，这一事实说明中国科学家的巨大潜能并未充分释放。虽然近年来国家不断加大了对科技活动的资金投入，但是，政府给予基础研究的经费仍然严重不足。国家对于基础研究采用竞争拨款的管理方式，尤其是课题的通过和科学家个人的薪金紧密联系在一起，身处于不断增加的压力之下的科学家，为了获得项目评审通过，往往放弃那些可能带来重大进步的冒险性长期工作，倾向于选择一些易于成功的题目，这就必然使课题内容虚化，原始性创新思想受到遏制，最终阻止了优秀创新人才和重大科学成果的产生，手段本身变成了目的，这是与科学的探索精神相违背的。

新中国成立以来，我国科学家在经济状况十分困难的条件下，曾做出了许多令世界瞩目的成绩，使国家科学技术紧逼世界科学的发展

---

① 陈佳洱:《基础研究:自主创新的源头》,《光明日报》2005 年 11 月 8 日。

② 张文天:《浮躁:科技界流行瘟疫（上）》,《科技日报》2001 年 8 月 13 日。

潮流，为社会主义的现代化建设做出了重大贡献。我国研究人员的聪
慧、勤奋及良好的训练，已受到国际科学界普遍的赞誉。但是，从总
体上说，目前科学家发挥创造性的学术环境和科学家个人的价值观念
都存在着重要的缺陷，从而在相当程度上制约了科学自主创新水平的
提高和综合国力的增强。然而，科学家的个人自由是不可缺少的，它
不仅是科学家的一种权利，还是实现科学进步的条件，是科学家的一
种责任。因此，如何正确处理国家目标和科学家个人自由的关系问题
就成为一个迫切需要解决的现实问题。

二　相关问题研究的历史
与现状分析

　　自由是实现科学创新的基本条件，是科学事业成败的关键，也是政
府在科学政策制定中必然要面对的重要现实问题。关于科学中的自由和
计划的关系问题，长期以来，在职业化科学史上是一个反复引起争论的
问题。国外学者对于这一问题存在着两种相互对立又错综复杂交织在一
起的观点：
　　一种是"自由至上主义"的自由观，主张对科学和科学家的活动应
采取自由放任的态度，反对接受政府的计划控制。英国化学家和哲学家
波兰尼（M. Polanyi）和美国重要的科学活动家、美国战时研究与发展
局长布什（V. Bush）的观点是这方面的典型代表。从 20 世纪 40 年代
初至 60 年代初，波兰尼发表了系列文章，极力主张对科学家的活动应
该完全自由放任，反对科学接受政府计划或福利目标的控制。他指出，
科学是一项完全自主和个人的事业，科学的目标不是实现普遍的"公众
福利利益"，而是引导"一种合意的知性而道德的生活"①，科学探索活
动如果接受政府规划，"意味着尝试放弃科学的内在目标，并以政府设

---

　　① ［英］M. 波兰尼著，王靖华译：《科学、信仰与社会》，南京大学出版社 2004
年版，第 90 页。

定的旨在实现公共福利利益的目标取而代之"①。在波兰尼看来,科学研究和知识的生成是通过个人知识实现的,而对科学实施的任何计划或福利目标的安排,必然破坏科学的独立性,"将削弱真实的科学实践,使之日益狭隘;它们会扭曲科学实践正直的秉性,削弱科学实践的自由"②,这样一来,以追求真理为目的的科学也就不复存在了。

布什的观点集中表达在 1945 年他提交于美国总统的著名报告《科学:没有止境的前沿》之中。布什从战时的经验出发,一方面强调,基础研究是一项国家资源,"科学进步和政府有着而且一定有着极其重要的利害关系"③,所以政府应当对科学研究加强资助;另一方面又认为,科学本质上是一种完全由科学家的好奇心驱动的活动,政府资助必须保证科研机构和科学家完全的独立性。④在这里,布什明确了政府和科学家各自的角色,即政府负责为科学家提供资金和条件,而科学家以保留在科研和社会组织上的自主性为基本权利,负责提供社会所期待的知识发现和发明。布什的理想代表了大多数学院科学家们的观点。美国著名科学社会学家默顿(R. K. Merton)从考察 19 世纪的学院科学制度出发,于 1942 发表文章《科学的规范结构》,首次为学院科学概括出四条规范,1957 年默顿又对该问题进行了进一步讨论,从体制的角度突出了科学的自主性。他首次明确提出,科学事业具有一个能够自我管理的独特的规范秩序,"通过类似于市场的互动能够进行有效的自我管理和自我引导"⑤。

20 世纪 90 年代以来,随着科学与技术对社会进步作用的凸显,科学和技术之间发展了一种紧密的关系,不仅技术依赖科学,科学也同样

---

①　[英] M. 波兰尼著,王靖华译:《科学、信仰与社会》,南京大学出版社 2004 年版,第 85 页。

②　同上书,第 86 页。

③　[美] V. 布什著,范岱年、解道华等译:《科学:没有止境的前沿》,商务印书馆 2004 年版,第 53 页。

④　同上书,第 54—55 页。

⑤　希拉·贾撒诺夫、杰拉尔德·马克尔、詹姆斯·彼得森、特雷弗·平奇编,盛晓明等译:《科学技术手册》,北京理工大学出版社 2004 年版,第 427 页。

离不开技术的支持；基础研究既受到科学家好奇心的驱动，又日益被技术和商业进步探索的问题加以丰富，市场和应用的考虑已成为基础科学的动力之一。在这样的背景下，英国学者基莱在《科学研究的经济定律》（1996）中提出对科学的资助应该奉行高度自由的市场化机制。基本理由是：首先，"基础研究被证明是商业上高度获益的"①，一个公司做的基础研究越多，它的生产力增长越大，其利润就越多，所以应该把科学研究完全交由自由市场，无须政府的干预。其次，科学创新的本性是自由探索，只有自由市场能够最大限度地发挥企业家或个人的创新积极性，促进技术进步，从而促进科学的发展，但政府对科学的"计划"容易导致"官僚统制主义"②，使经济活动走向低效和衰败，同时也损害了科学的自由发展。

另一种是"功利主义"的自由观，主张对科学实行政府计划控制。这一观点的代表人物有科学学奠基人贝尔纳（J. D. Bernal）、美国国会参议员基尔格（M. Kilogore）、著名科学社会学家巴伯（B. Barber）和普赖斯（D. Price）等。

贝尔纳在《科学的社会功能》（1939）中，通过对许多世纪以来发展起来的科学、工业、政府和一般文化之间的复杂关系的考察分析，率先提出科学应当由国家实行统一组织和规划管理，并赞美苏联的强计划管理体制是发展科学的理想模式。在贝尔纳看来，现代的科学自由关键是行动自由，③ 主张思想自由服从行动自由，科学中的自由应与政府计划相互协调，科学自由的实现需要社会为之提供充足的经费和完善的组织条件，"除非在某种程度上对科学工作加以规划，科学工作就无法进展"④。与前面的 V. 布什的理想对立，基尔戈（1945）强调科学要为国家的利益服务，对科学资源应该实行政府计划控制。普赖斯（D. Price）在《小科学，大科学》（1965）中阐述大科学的时代特征时指出，现代

---

① ［英］特伦斯·基莱著，王耀德等译：《科学研究的经济定律》，河北科技出版社 2002 年版，第 369 页。

② 同上书，第 425 页。

③ ［英］J. D. 贝尔纳：《科学的社会功能》，第 376 页。

④ 同上书，第 378 页。

科学在选题上、研究方法上以及科学产品的使用上都受国家的支配,但正是由于科学与社会和政治力量联合在一起,保证了科学家能够完成那些昂贵而又"浩大的科研项目"①,也保证了科学家在行动上获得了更大的自由。巴伯在《科学与社会秩序》(1970)中讨论了科学计划和科学自主性的问题,他指出:科学自由的合理性在于科学是"社会影响之最丰富的源泉"②,因此,对科学实施社会控制是必要的,也是可能的。科学自由与社会控制的关系是一个问题的两个方面。

20世纪90年代以来,围绕着基础科学与国家目标、自由与计划之间的统一性问题,先是在美国而后在其他国家引起了广泛的讨论和长久争论。齐曼(J. Ziman)在《真科学》(2000)中,在新历史条件下对默顿科学规范的合法性和适用性进行了全面审视,揭示了"后学院科学"的新特征。

在上述两种观点中,第一种观点主要是从知识论和心理学的角度考察科学的发展,把科学仅仅看做是由好奇心驱动的活动,主要强调了科学自由的目的价值。但波兰尼和布什的思维着眼点有着本质上的区别。波兰尼仅仅强调了科学本身的目的价值,认为科学本质上是个人的事业,以社会利益为目标必然会否定科学;社会发展的真正目标是为了自由,而不是社会福利的进步,"唯有精神领域的追求才是社会的本质目标所在"③。布什从认识论角度,一方面强调科学进步是"技术进步的先行官",以及"是社会福利的源泉",④科学家的自由研究创造知识储备;另一方面强调科学的进展有赖于科学家个人首创精神的自由发挥,而一旦让科学受命于不成熟的实际应用目标,就会断送它的创造力。

---

① [美] D. 普赖斯著,宋剑耕、戴振飞译:《小科学,大科学》,世界科学出版社1982年版,第97页。

② 巴伯:《科学与社会秩序》,生活·读书·新知三联书店1991年版,第247页。

③ [英] M. 波兰尼:《科学、信仰与社会》,南京大学出版社2004年版,第91页。

④ [美] V. 布什等著,范岱年、解道华等译:《科学:没有止境的前沿》,商务印书馆2004年版,第64页。

虽然博兰尼和布什二人对科学自由的目的的理解有区别,但他们都强调了科学本身的目的意义,这是科学创造的前提和源泉,因而有其合理性。但他们对于科学研究动机的揭示过于狭隘,不能理解科学发展的多样性。实际上,现代科学研究不只是一种由科学家兴趣导向的活动,而且主要是一种规模宏大的社会性事业,科学的发展是由"双力驱动"的:既有来自科学系统自身不断拓展和深化的内部需求的动力,也有来自经济社会发展需要的动力。如果不考虑应用目标,就不会有科学整体水平的提高,科学的发展最终将会受到阻碍:"除非社会能利用科学,它就一定会变得反对科学",① 因此这种不为功利的科学发展是难以持久的。实际上,近代科学自诞生以来便一直受到社会需要的推动,它最初是作为"文化上合法的经济效用目的"② 的手段发展起来的。只是后来随着科学自身力量的成长,手段变成了目的,③ 科学活动成为一种自由精神活动。但这种纯科学在历史上只有很短的时间。

第二种观点主要突出强调了自由的手段和工具价值。随着科学日益成为社会中最重要的事业之一,科学的自主性和科学家的研究自由离不开一定的社会控制。社会控制对科学自由既是一种约束,同时也是一种机会。贝尔纳等人认识到科学日益介入社会,并成为社会中最重要的事业之一的趋势,提出对科学资源应该实施政府控制的思想。然而,科学既不是完全自由的,也不是完全格式化的,过多地强调对科学的社会控制同样是危险的,将会削弱科学本身的独立自主性,危害科学家的个人自由。实际上,第二种观点使科学自由陷入另一意义上的理想主义,同样有损于科学的多样性。

国内学者在贝尔纳等人讨论的基础上进行了有益的探索,发展了贝尔纳等人关于规划科学的思想。

我国科学学专家赵红州在国内率先讨论了大科学规划和自由探索的

---

① [英]J. D. 贝尔纳:《科学的社会功能》,广西师范大学出版社 2003 年版,第 460 页。

② [美]R. K. 默顿著,鲁旭东、林聚任译:《科学社会学》上册,商务印书馆 2003 年版,第 362 页。

③ 同上。

关系问题。他提出,大科学规划体制的形成是科学自身发展及其与社会相互作用规律的客观必然,它使得"现代科学技术第一次获得国家级的社会科学能力的巨大推动,大大推动了社会经济的极度繁荣"[①];另一方面,自由探索的小科学由于具有巨大的灵活性,能够激发科学家的创造灵感以及保护科学家的研究兴趣,这是大科学计划所无法比拟的。但是,单纯的小科学研究因为过于分散、太柔太弱,不能形成社会的科学能力,所以它不能独自支撑现代科学的大厦,科学的发展应该兼顾大科学规划和科学家的自由研究,使它们构成刚柔相济和相互补充的关系。[②] 樊春良在文章《科学中的自由和计划》中指出,计划科学的发展是一个不断探索的学习过程,计划本身并不能消除科学研究所固有的不确定性,"按科学内部的逻辑自由探索和按社会经济需求计划或指导这两极之间丰富的张力,塑造着科学的发展"[③]。文学锋在樊春良讨论的基础上,区分了计划科学和科学计划两种不同的"计划",提出科学中自由的意义首先是科学家内心的一种需要,国家计划和自由之间的冲突是占有大量经费和设备的国家主体与生产知识的科学家个体之间矛盾的反映,[④] 因此,计划和自由的冲突不可避免。徐治立在《科技政治空间的张力》一书中讨论了政府对科学干涉的限度问题。他提出,当代科学活动与政治密切结合,既然科学和政治不是紧密联系的"无缝之网",也不是互不相干、绝对分离的"科技中性论",那么,政府对科学活动的干涉是必然的也是必要的,但在政治干涉之外应有科技活动的自由空间,"恰当的科技政策和规划是政治干涉科技活动的基本手段,是当今科技发展必不可少的重要条件"[⑤]。周光礼在《学术自由与社会干预》中,从现代大学制度建设的角度,讨论了学术自由的本质、教育行政与大学自主之间的关系以及高等教育的政策范式等问题,系统地讨论了大

---

① 赵红州:《大科学观》,人民出版社 1993 年版,第 383 页。

② 同上书,第 385 页。

③ 樊春良:《科学中的自由和计划》,《科学学研究》2002 年第 1 期。

④ 文学锋:《也谈科学中的自由和计划》,《科学学研究》2002 年第 6 期。

⑤ 徐治立:《科技政治空间的张力》,中国社会科学出版社 2006 年版,第 143 页。

学学术自由与社会干预的矛盾关系。他提出，学术自由意识实质上是一种大学自主与政府干预的边界意识，① 现代大学制度的建构与学术自由的实现具有内在的关联性。

近年来，有关我国科学家的创新环境问题受到学术界的关注。由曾国屏、陈冬生主持的国家软科学课题《基础研究人才队伍建设发展战略研究》，对我国基础研究队伍的现状及其所存在的问题进行了实证分析；② 柳卸林、赵捷则对我国基础研究的环境问题进行了实证研究；③ 李真真在《我国基础研究问题的探讨与思考》中，考察分析了改革开放以来国家在关于发展基础研究问题上的争论，指出现行科学资源配置和科研管理制度及运作方式与基础研究的发展规律之间的不适应性；④ 北京大学刘立的博士论文围绕 1978 年以来的基础研究政策变革，讨论了我国基础研究政策中的一些失误。⑤ 值得一提的是，英国《自然》杂志分别于2003 年岁末和 2004 年 11 月推出了中文专刊《中国之声》和《中国之声Ⅱ：与时俱进》，其作者都是来自海外华裔科学家和国内著名科学家，其中不乏有科学研究机构管理官员。他们在充分肯定近年来中国科学事业取得重大成就的同时，首次对科学家的科研环境进行了分析，从科研管理体制、科研经费分配机制到科学评价体系等方面存在的问题和弊端直言不讳地进行了尖锐批判，其中许多观点直接切中科技体制的"要害部位"。由于《自然》杂志本身的权威性以及这些作者自身在科学界的

---

① 周光礼：《学术自由与社会干预》，华中科技大学出版社 2003 年版，第 217—218 页。

② 参见曾国屏、陈冬生《关于我国基础研究队伍建设的战略思考》，《中国软科学》2001 年第 4 期；曾国屏、李正风：《我国基础研究队伍的规模、结构和水平问题初探》，《科学学研究》2001 年第 2 期。

③ 参见柳卸林、赵捷《我国基础研究环境恶化的 10 个方面——我国基础研究的环境研究之一》，《中国科技论坛》2001 年第 6 期；《改善中国基础研究环境的七个建议——我国基础研究的环境研究之二》，《中国科技论坛》2002 年第 2 期。

④ 李真真：《我国基础研究问题的探讨与思考》，《科学学研究》2003 年第 4 期。

⑤ 刘立：《1978 年以来中国基础研究政策及其争论研究》，《北京大学图书馆博士论文库》2002 年。

影响力, 在中国全面探讨科学研究中的自由和科学规划之间关系的重要性和迫切性得以凸显。中国科学院院长路甬祥对国内包括科学评奖运动、科学真理的评价标准以及科学的价值定位在内的问题进行了分析批判;中国科协主席周光召在 2005 年科协学术年会上公开对科学界的"官本位"现象进行了抨击;邹承鲁院士对科学道德和学术腐败问题进行了系统的揭露批判;另有不少院士和学者针对我国现行科技体制中存在的某些具体问题发表了个人看法。

从国内外研究的历史和现状看, 目前人们对有关科学自由问题的研究主要停留在科学组织的自治和政府控制之间的关系层面上, 众多学者只是针对科研环境中某一方面的不合理现象进行了讨论批判。总的来说, 关于科学自由问题的专门系统研究比较缺乏, 对该问题的讨论主要是围绕着科学的自主性和科学组织的自治问题展开的。然而, 当我们深入考察分析科学自由这一问题时, 可以发现, 它不仅涉及科学组织的自治和科学发展的自主性, 更重要的, 它是作为科学认识主体的科学家的自由, 科学的组织自治只是科学自由的一个层面, 它既可以为科学家的自由研究提供保护, 又在很大程度上可能对科学家的自由形成重要的约束力量。但是, 作为科学创造的主体, 科学家是科学活动的核心要素, 科学上的创新离不开科学家个人的自由探索。因此科学家个人自由对科学的发展至关重要。但是, 国内外学者理论的关注点一直是教育学上的学术自由, 而这里的学术主要是指人文社会科学。目前对自然科学家个人自由问题的研究在哲学和社会学领域基本上还是一个空白。造成学界这一研究状况的, 不外乎以下三方面的原因:

第一, 历史的原因。以自然科学家知识分子为对象的研究, 一向为科学技术史和科学技术哲学研究所长期忽视, 学者们的理论关注点主要在科学思想的历史以及科学与社会的互动作用问题上。

第二, 学术上的偏见。一种观点认为, 只有学术研究才需要有自由, 而"学术"这一概念在很大程度上主要指人文学科研究, 它属于学校教育的内容, 而自然科学研究长期以来一直被作为一种纯客观性的活动, 认为不涉及自由问题;另一种观点认为, 科学自由只存在于政府和科研机构关系的层面上, 而个人和政府之间的关系是间接的, 只要科研机构能够自治，就可以彻底保证科学家个人自由。

第三，也许是最重要的原因，科学家个人自由问题是一个敏感而又复杂的问题，对这一问题要做出全面系统的把握，需要广泛涉及包括科学社会学、科学学、心理学、管理学、政治学、法学、制度经济学以及科技政策研究等多学科的知识，所以有一定的难度。在现代学科分工日益细致、科学研究比较强调学科规范的背景条件下，这一问题的研究被忽视也就不足为奇了。另外，在中国，科学家个人自由问题又具有其特殊性。新中国成立以来，科学研究资源全部由国家统一控制，国家公共政策突出强调了科学的功利原则和科学的集体主义意识，科学研究本身的独立存在的意义被忽视。基于上述情况，在学术环境严苛的情况下，对这一问题的研究显然有很大的风险。所幸的是，随着社会大环境日益宽松，特别是当前原始自主创新问题被置于国家发展战略的高度，科学研究的精神价值逐渐被科学界和政府所认识，原来凝固于学术界思想上的坚冰逐渐消融。在这样的背景下，对科学家个人自由问题的研究变得必要而又可能。

由于上述原因的存在，造成了对科学家个人自由问题研究上的理论空白。因此，系统地研究考察科学家个人自由的历史演变，深入地分析讨论国家目标下的科学家个人自由的现实便成为本书的重要任务。

三 研究视角、方法与本书的任务

（一）分析视角的转换

自由是实现科学创新的基本条件，也是科学的基本精神，科学家个人自由问题贯穿于科学研究活动的各个不同环节。本书拟在全球性视野下，将如何现实地把握科学家的个人自由以及如何尊重科学的自主性问题确立为该研究的主题，力图对科学家个人自由问题从哲学上给出一个相对完整的回答，系统揭示科学研究在引入国家目标的条件下科学家个人自由的本质。具体地说，本书的任务主要围绕以下问题展开讨论：

（1）科学家个人自由的本质及其对科学发展的意义；

（2）科学家个人自由的历史演变规律以及影响的因素和机制问题；

（3）国家目标与研究自由之间的冲突与对立表现；

（4）国家目标下科学家的责任和权利问题；

（5）在中国，科学家的责任定位与科学家个人自由的实现。

科学家个人自由既不是绝对的，也不是可程序化的，就其实质而言，它是社会建构的。对科学研究的政府计划控制既可以扩展自由，也可以抑制自由。"自由至上主义自由观"把研究自由绝对化，将损害科学家享有的最基本的自由而陷入困境；"功利主义自由观"因从根本上忽视了自由本身的重要性，同样也是失之偏颇的。作者认为，自由既是科学的目的，也是促进科学发展的必要手段，因而是学者们从事高深学问探索的一项特殊权利。但在任何情况下科学家个人自由都是相对的、有限的，自由与责任相伴而生。责任以研究自由为条件，而研究自由要以科学家承担责任为基础，才能实现其丰富的多样性内涵。但在目前，无论政策制定者，还是科学家群体在对自由和责任的关系问题的理解上往往是二元分立的。本书以研究自由与社会责任之间的关系为主线，遵循逻辑和历史相统一的原则，将影响科学创造的内在因素和外在因素统一起来，探讨科学家个人自由的本质及演变规律；结合我国科研环境的实际，围绕自由研究与社会发展目标的关系这一核心问题对科学中的自由和计划的关系展开多层次的探讨；最后讨论科学家社会责任的实现与创新文化建设的体制性构想。

（二）研究方法特点与结构安排

国内外学者从心理学、认识论、科学政治学的角度对相关问题已进行了较多的讨论，但缺乏从科学知识生产方式、制度经济学、科学技术哲学等角度和方法进行的研究。本书在广泛吸收现有研究成果和方法的基础上，坚持把马克思主义唯物史观作为指导思想，采取以哲学认识论分析为主，以社会学、科学政治学等理论方法作为补充，努力对科学家个人自由问题给出一个有力度的系统全面地回答。研究方法具体体现为以下三方面的特点：

第一，哲学和社会学相结合。当代科学作为一种社会活动，科学家个人自由必然受到社会体制和文化环境的影响和制约，这就决定了对这个问题的讨论离不开对科学家社会角色的演变，以及与此相关的社会体制因素的分析考察。本书从对自由及其相关概念的语义分析入手，沿着从抽象到具体的思维方法，在社会学层面上作逻辑展开，揭示科学家个人自由的丰富内涵，然后从哲学上进行概括、总结。

第二，逻辑和历史相结合。新的概念的形成和理论方案的建构，必须做到逻辑的思辨与史实相统一。讨论科学家个人自由这一复杂问题，首先面对的是，科学家个人自由的演变有无规律存在？国家目标下的科学家个人自由应该是一种什么性质的自由，在科学家个人自由的实际体现和抽象的现实之间有没有差距？对这些问题的正确解决必然要遵循逻辑和历史相统一的原则。

第三，文献分析与对主要问题进行非正式专家访谈相结合。科学家个人自由是科学活动中最普遍的问题，但同时也是最抽象的问题，对这个问题的理解把握显然不能停留在直觉认识的层面上。人们长期以来不能对这个问题形成一定的共识，原因就在于此。本书通过对大量文献中所反映出的有关科学家自由的信息点滴进行分析和理论抽象，并结合实证调查研究的结果，使对这一问题的认识由点到面，最终为科学家个人自由描绘出一个相对完整的轮廓。

全书的内容分六章进行阐述，具体安排如下：

第一章，提出论题，系统评析国内外专家学者对该论题的研究，明确本书的研究任务和研究方法。

第二章，探讨与科学家个人自由相关的概念和理论问题。在概念分析方面，从语义学上弄清"科学"与"学术"、"科学家"与"学者"、"科学自由"与"学术自由"的区别与联系；在理论分析方面，探讨影响科学家个人自由的因素和动力机制，系统考察科学家个人自由的形态演变。

第三章，在系统阐释基础研究引入国家目标的历史必然性和国家目标确立的原则基础上，探讨当代科学家的利益需求与政府计划控制之间的矛盾对立与统一问题；考察分析国家目标下科学家所实际享有的自由的性质；探讨当代科学家共同体的社会规范与科学家个人自由之间的张力关系。

第四章，从责任概念出发，综合分析国家目标下科学家双重角色的责任问题，探讨科学家应该享有的个人自由的特征表现；讨论实现国家利益和研究自由之间的契合点。

第五章，把责任自由作为国家目标和研究自由相统一条件下的科学家个人自由的未来形态，从责任自由的双重含义即科学家对社会的责任以及社会对科学家的责任两方面出发，探讨责任自由实现的实质；针对中国科学家的研究环境存在的问题，分析责任自由在中国的实现问题。

第六章，概要总结本书的基本观点及理论创新；提出在本书基础上有待进一步开展的工作。

需要指出的是，本书的目标是从历史分析与逻辑分析的结合中，揭示科学家个人自由及其演变的一般规律和总体趋势。从该目标出发，在研究过程中就不得不撇开各种偶然因素和丰富多彩的历史细节，而把研究的重点放在政府和科学家个人关系的层面上；也不得不涉及西方发达国家科学发展历史的典范作用，而将主流之外的分支暂时忽略。所以，本书对科学家个人自由这一课题的研究只是完成了尝试性探索的第一步。

第 二 章

科学家个人自由及其历史形态

一　科学家个人自由的一般意义

（一）科学与科学家

1. 科学及其理解维度

在中国，"科学"是一外来词，古代汉语中原来没有"科学"这个词，与它的词义相近的是"格物致知"这一成语。其中，格物就是穷究事物原理，致知是指人们进行思辨的理性活动，那么，"格物致知"就是考察事物、获得知识的意思。后来，"格物致知"又被简化为"格致"，与西方的"科学"对应起来。大约在 1895 年前后，康有为受日本学者的影响，把"格致"改称为"科学"。在西方，"科学"一词源于中世纪的拉丁文"Scientia"，原义是指了解、知识或学问，英语中的"Science"就是由这个词衍生出来的，与"Knowledge"是近义词，都具有"知识"的含义。因此，"科学"的本义是知识。但是，日常用语中的知识概念的范围很广，按类别分，有自然的知识、社会的知识以及思维现象的知识；按性质分，有零星的认识、经验性的知识、系统化的理性知识等。但能够称为"科学"的知识只是其中的一小部分。在西方，科学主要指自然的知识，而知识又是指"对事实或思想的一套有系统的阐述提出合理的判断或者经验性的结果，它通过某种交流手段，以某种系统的方式传播给其他人"①。于是，科学便成为关于自然的有系统的认识。作为一个学科的存在，科学一词也相应成为自然科学的简称。20 世纪初期，中国近代科学的先驱在美国创建中国科学社和创办《科学》杂志时，即接受了西方科学专指"自然科学"的思想。

关于"什么是科学"这个问题，正如贝尔纳在《历史上的科学》中指出的那样，科学比任何其他人类事业都要善于变化，它从产生到现在拥有"多种形相，按照运用的联系就有若干不同意义"。贝尔纳提出了当代科学所取的一些主要形相：科学可作为一种积累的知识传统、一种方法、一种建制、一种维持或发展生产的主要因素，以及一种信仰和一种态度，但学术界关于科学的最基本的看法主要有以下四种界说：

第一种界说把科学定义为一种知识体系或"组织化的知识"。这是对科学最原始和最古典的定义，它包括广义和狭义两种含义。1936 年中华书局出版的《辞海》对科学的定义是："广义，凡有组织有系统之知识，均可称为科学，狭义则专指自然科学。"② 丹皮尔（W. C. Dampier）在《科学史》中的定义是：科学"是关于自然现象的有条理的知识，可以说是对于表达自然现象的各种概念之间的关系的理性说明"③。这里的科学又专指自然科学。上海辞书出版社 1980 年版《辞海》的定义是："科学是关于自然、社会和思维的知识体系。"④ 这又是从广义上对科学的定义。把科学定义为一种知识体系，体现了科学"是一种政治上中性的公共精神财富"⑤。

第二种界说认为，科学是一种社会活动。随着近代科学组织活动的产生与发展，人们逐渐认识到，科学不仅是一种知识体系，还是人类认

---

① 孙小礼主编：《自然辩证法通论》第 3 卷（科学论），高等教育出版社 1999 年版，第 4 页。

② 《辞海》下册，中华书局 1936 年版，第 232 页。

③ ［英］W. C. 丹皮尔著，李珩译：《科学史》，商务印书馆 1975 年版，第 9 页。

④ 《辞海（缩印本）》，上海辞书出版社 1980 年版，第 1746 页。

⑤ ［英］J. 齐曼著，刘郡郡等译：《元科学导论》，湖南人民出版社 1988 年版，第 6 页。

识世界的一种过程。马克思首先提出了科学活动是社会总劳动的一部分的思想。贝尔纳吸收了马克思的这一思想，指出"科学是科学家从事的劳动"①。巴伯在《科学与社会秩序》中明确提出，要对科学本身获得一个系统的理解，应该"首先从根本上把科学视为一种社会活动，看做是发生在人类社会中的一系列行为"。② 齐曼在《知识的力量》中也提出，科学是一种有组织的社会活动。

第三种界说认为，科学是一种社会体制。科学是一种社会体制的思想首次由默顿（R. K. Merton）在《十七世纪英格兰的科学、技术与社会》（1938）中提出，该书系统考察分析了科学体制与其他社会体制之间的相互作用关系，指出："近代科学除了是一种独特的进化中的知识体系，同时也是一种带有独特规范结构框架的'社会体制'。"③ 后来他在《科学的规范结构》（1942）中进一步讨论了科学作为一种社会体制的规范结构问题。齐曼也指出："只有把科学当做一种社会建制才能理解科学。"④ 在最近出版的《真科学》（2002）中他进一步强调提出：现代"科学最有形的方面，在于它是一种社会建制。它涉及不计其数的具体的个人正在按部就班地实施着具体行为，这种行为又被有意识地协调进更大的框架之中"⑤。

《自然辩证法百科全书》对科学有如下定义：科学是"反映客观世界（自然界、社会和思维）的本质联系及其运动规律的知识体系，组织科学活动的社会建制"⑥。这一定义涵盖了上面提到的关于科学是知识

---

① ［英］J. D. 贝尔纳：《科学的社会功能》，广西师范大学出版社 2003 年版，第 7 页。

② ［美］B. 巴伯：《科学与社会秩序》，生活·读书·新知三联书店 1991 年版，第 2 页。

③ ［美］R. K. 默顿著，范岱年等译：《十七世纪英格兰的科学、技术与社会》，商务印书馆 2000 年版，中文版序言。

④ 齐曼：《元科学导论》，第 8 页。

⑤ ［英］J. 齐曼著，曾国屏、匡辉、张成岗译：《真科学》，上海科技教育出版社 2002 年版，第 5 页。

⑥ 《自然辩证法百科全书》编辑委员会编：《自然辩证法百科全书》，中国百科全书出版社 1994 年版，第 264 页。

体系、社会活动和社会建制等三种规定。

第四种界说认为，科学是"一种解决问题的工具"，① 以及科学是生产力。这里是从科学的社会功能方面定义的，强调了科学的工具价值。马克思首次提出，科学是一般社会生产力，或者是一种知识形态的生产力，与生产结合，它就变为直接的生产力。因此，"科学的使命是：成为生产财富的手段，成为致富的手段"。② 马克思把自然科学定位于生产力系统，就是要把自然科学同其他社会意识形态区别开来，揭示科学的无阶级性。

本书所讨论的科学取西方国家的日常用法，主要是指自然科学。按照现代科学发展的实际情况，自然科学分为基础科学、技术科学和应用科学三大类；从科学实践的角度上看，自然科学又分为基础研究、应用研究和发展研究，它们共同构成一个系统。但是由于基础科学和基础研究是自然科学的根基，所以，在后面的论述中，科学又主要限定于基础科学和基础研究。

2. 科学家的界说

科学家，顾名思义，是指从事与科学活动有关的人员。这一概念最早是由英国学者惠威尔（H. Whewell）首次提出的。1833 年，惠威尔在"英国科学促进协会"在剑桥召开的一次会议上首创了"科学家"这个词，用以称呼协会所接纳的成员。他在报告中提出，"哲学家"这个传统的词汇显得"太广泛太崇高"，应该把过去称为"自然哲学家"的研究者，称为科学家。所以，"科学家"一词的原意是指"那些缺乏正规训练，或者与研究机构的关系并不密切，但在科学上却很有能力的人"。根据这一规定，古代的学者，如亚里士多德（Aristotle）、托勒密（Ptolemy）、阿基米德（Archimedes）等，以及近代的哥白尼（N. Copernicus）、伽利略（G. Galileo）、开普勒（J. Kepler）、牛顿（I. Newton）、拉瓦锡（A. Lavoisier）等自由研究者都可以称为科学家。

19 世纪以前，科学研究只是少数人的业余爱好，没有成为一种稳

---

① 齐曼：《元科学导论》，湖南人民出版社 1988 年版，第 6 页。
② 马克思：《机器 自然力和科学的应用》，人民出版社 1978 年版，第 212 页。

定的制度。进入 19 世纪以后，随着科学研究逐渐深入，研究工作难度增大，仅仅依靠业余爱好已难以支撑。1840 年左右，在大学、工科学院等高等教育机构中，随着实验室制度的建立以及科学教育的逐渐制度化，学科开始有了分化，在"大学和研究所而以专门从事科学研究和科学教育为生计的专业人员"[①] 开始出现，并逐渐成为支配科学的社会机构，[②] 这就是早期的职业科学家角色。科学家角色的出现意味着科学研究对哲学的完全独立，同时还象征着科学活动在产业革命以后已成为社会的重要构成部分。在这样的时代背景条件下，惠威尔在 1840 年出版的《归纳科学的哲学》中对 1833 年他所提出的"科学家"这个词做出了新的阐释，正式采用了"Scientist"这个词表述之。他说："对于一般培植科学的人很需要予以命名，我的意思可称呼他为科学家。"[③] 因为科学家的英文写法"Scientist"中带后缀"-ist"，具有"专门的职业者"的含义，所以，科学家是指专门以科学研究为职业的人。现在许多的科学社会学著作，一般都确认科学家的职业角色产生于 1840 年左右的西方国家。这一论断，一方面源于惠威尔正式提出这一概念的时间，另一方面也符合当时科学的历史事实。从此以后，科学家这个词已失去了最初的含义，它指专门以科学为职业的专业人员。例如，《自然辩证法百科全书》对科学家这样定义：科学家是指："以科学研究和开发为社会职业的人……他们接受社会各方面的资助，完成社会委托或自己兴趣所导致的重大科研课题，生活在这样的社会群体之中，又以科学研究为社会职业的人，就可以称作'科学家'。"[④]

在今天，科学家这一概念整合了以上两方面的含义，有日常用语和统计学上的用语之分。从日常语言的用法看，它是指那些在科学上做出了重要成就、在科学研究工作中具有一定地位的人；从科技统计上的用法看，科学家是指具有一定科学研究能力并从事科技活动的人。然而，

①　[日] 伊东俊太郎、坂本贤三等编，樊洪业、乐秀成等译：《科学技术史词典》，光明日报出版社 1985 年版，第 608 页。

②　《科学史词典》，湖北科学技术出版社 1988 年版，第 399 页。

③　《历史上的科学》，科学出版社 1959 年版，第 7 页。

④　《自然辩证法百科全书》，中国百科全书出版社 1994 年版，第 284 页。

关于科技统计上使用的科学家概念，不同的国家用法也不完全统一。在美国，科学研究人员分成三类，即工程师、科学家和技术员；在日本，研究人员、技术人员和技术教育人员统称为科技人员；在苏联，"科学家"一词包括科学院院士，或有科学博士、副博士学位的人，或教授、讲师、高级研究员等。正如东欧和苏联事务专家里奇（V. Rich）所说："在苏联，科学家这个名词实际上包括了所有可以想象得到的是在做科研工作的和具有较高科学水平的每一个人。"[①] 在中国，科学家和工程师是指"科学技术活动人员中具有高、中级技术职称或职务的人员，和不具有高、中级技术职称，但具有大学本科及以上学历的人员"[②]。

本书所讨论的科学家概念主要取其科技统计上的用法。

3. 马克思主义的个人自由观

古汉语中，自由一词古已有之，它是指由自己做主，不受限制和约束的意思。例如，古乐府《孔雀东南飞》中有"吾意久怀忿，汝岂得自由"之句。在英文中，表达自由的词有两个：Freedom 和 Liberty，它们都有特权或解脱、免除约束的含义。自由和束缚、压抑、强制相对立，按照其词义，自由指通过有意识的活动对束缚的摆脱和控制，人以外的事物只能盲目地接受必然性的束缚，因而没有自由可言，所有的自由都是指人的自由。

人们对自由的理解存在两种观点：消极自由和积极自由。按照伯林的理解，消极自由是一种放任自己、免于干涉的自由，是个人对个人以外的干涉力量持否定态度，在个人与国家、社会之间划定一个清楚明确的界限。[③] 因此，在消极自由中，人们注重的是自我利益和个人品位，这是一种"己重群轻"[④] 极端个人主义的自由，缺乏社会责任感。积极

---

①　叶继红：《"科学家"职业的演变过程及其社会责任》，《自然辩证法研究》2000 年第 12 期。

②　国家统计局、科学技术部编：《中国科技统计年鉴（2004）》，中国统计出版社 2004 年版，第 391 页。

③　胡传胜：《自由的幻像》，南京大学出版社 2001 年版，第 82 页。

④　黄克武：《自由的所以然——严复对约翰弥尔自由主义思想的认识与批判》，上海书店出版社 2000 年版，第 3 页。

自由最基本的含义是自主和控制，① 它强调自由之人必须具有克己的精神，个人要对群体具有责任感，因而是一种"群己并重"或"群重己轻"的自由。持积极自由的人对生活持进攻性、进取性、干涉性的态度，与应该、使命、责任联系在一起。如卢梭（J. J. Rousseau）在《山中书简》中写道："自由不仅在于实现自己的意志，而尤其在于不屈服于别人的意志。自由还在于不使别人的意志屈服于我们的意志。"②

马克思主义的自由观是一种积极自由。马克思（K. Marx）强调指出，自由是人在现实关系中的自主活动状态，而这种自主活动状态始终要以人所处的外部关系的整体制约和限制为前提。人作为一种主体性的存在，在于它具有意识的能动性，意识的能动性使主体自身自觉意识到外界的束缚，并且使主体摆脱束缚和压抑而按自己的意志发展，让活动结果符合活动的目的。因此，按照马克思主义的理解，自由就是主体根据自己在现实关系中的权利及其所处的地位，按照自己的意志和愿望去决定自己的行动，体现着应该、使命和责任。

人的自由分为意志自由和行动自由。其中，意志自由是自由的内质。恩格斯（F. Engels）说："意志自由只是借助于对事物的认识来作出决定的能力。"③ 意志自由主要表现在对客体的认识、对目标的设计和对行为的选择上。行动自由是自由的外在表现，是指根据意志自由决定和选择支配自己活动并达到预期结果的能力。行动自由主要表现在主体对客体的征服、占有和支配上，④ 体现为自由主体对外部社会力量限制的控制。人的自由的实现是一个不断由意志自由向行动自由转化的过程，意志自由是行动自由的前提，行动自由是意志自由的外化。

马克思主义的自由观对人的自由的理解包括三个层面：

首先，作为哲学范畴，自由与必然相对，是指由意志支配的行为对

---

① 胡传胜：《自由的幻像》，第91页。

② 让·卢梭著，何兆武译：《社会契约论（节选本）》，商务印书馆2002年版，第30页。

③ 《马克思恩格斯选集》第3卷，人民出版社1995年版，第55页。

④ 高清海等编：《马克思主义的哲学基础》，人民出版社1987年版，第429页。

客观必然性的自主性。恩格斯说："自由就在于根据对自然界的必然性的认识来支配我们自己和外部自然。"①

其次，作为政治范畴，自由和法律、纪律限制相联系，它是指行动主体在一定社会关系中受到保障或得到认可的、按自己的意志进行活动的权利，如人身自由和言论自由等，"唯有服从人们自己为自己所规定的法律，才是自由"。② 这里强调了自由和服从法律的一致性，法律规定了行动自由的界限。马克思进一步指出："自由就是从事一切对别人没有害处的活动的权利。每个人所能进行的对别人没有害处的活动的界限是由法律规定的。"③

最后，作为道德范畴的自由，是指行动主体根据道德准则按自己的意志选择行为的权利。卢梭说："唯有道德的自由才使人类真正成为自己的主人。"④ 道德自由属于意志自由，主要和责任相联系，它是指理性自我对自己的行为所作出的某种选择应该同使命、责任联系在一起进行。个人的行为虽然是由个人意志自主选定的，但个人必须对自己的行为后果负责，责任是意志自由的界限，是内心道德准则对行为的要求。⑤

因此，对个人自由的一般理解是：自由是主体与客体统一的结果，是指行为主体摆脱了各种主客观因素的限制和束缚，在不违反其他个人利益或社会整体利益的前提下，做或不做某件（或某些）事情的自主性。

（二）科学自由对科学繁荣的意义

1. 学术自由、科学自由

早期的科学探索作为一种追求纯知识的活动，主要是由好奇心驱使

---

① 《马克思恩格斯选集》第3卷，人民出版社1995年版，第456页。
② 让·卢梭：《社会契约论》，商务印书馆1980年版，第30页。
③ 《马克思恩格斯全集》第1卷，人民出版社1956年版，第438页。
④ 让·卢梭：《社会契约论》，商务印书馆1980年版，第30页。
⑤ 高清海主编：《马克思主义的哲学基础》，人民出版社1987年版，第430页。

的。从近代科学诞生到第二次世界大战结束以前很长的历史时期里，当人们谈论科学的时候，主要是指在学院里进行的那类纯理论性的研究工作，其唯一目的是获得对自然界的完美的理解和认识，因而"为科学而科学"备受推崇。这种性质的自然科学研究连同人文学科研究被称为学术研究或学院研究，自然科学研究的自由也就是学术自由。关于学术自由的思想孕育于 18 世纪德国的理性启蒙运动，确立于 19 世纪初的大学改革中。① 在 19 世纪初德国大学的改革中，以洪堡（B. A. Humboldt）、费希特（J. G. Fichte）等为代表的人文知识分子，明确地把教学自由、学习自由和研究自由作为新型大学的核心原则，② 并把"为学术而学术"的传统进一步明确化，自由的研究受到格外的尊重，学术自由因而作为大学教育的基本理念取得了合法化。值得注意的是，这里的"学术"包括人文学科和自然科学等学科在内的理论研究，主要是指人文学科研究，因此学术自由主要也是指人文学科研究的自由，当时自然科学的独立地位不予承认。19 世纪 30 年代以后，随着大学中实验室制度的建立，自然科学研究的独立地位开始被承认，并首先在大学中体制化，科学家的角色以大学教授的身份被确立下来。与大学教育的目标是为社会培养高级精英人才相联系，大学教授从事科学活动的目标是培养年轻一代和增进人类对自然的理解，因而他们的研究工作较少与实用或可见的物质功利有联系，对政治和社会问题也一直保持着价值中立。

关于学术自由，美国《不列颠百科全书》的定义是："学术自由指教师和学生不受法律、学校各种规定的限制或公众不合理的干扰而进行讲课、学习、探求知识及研究的自由。"③ 这一定义明确了学术自由的主体是教师和学生，规定了教师和学生从事知识探索和知识传播应该享有的权利。《国际教育百科全书》的定义是："学术自由一般被理解为不

① 陈洪捷：《德国古典大学观及其对中国大学的影响》，北京大学出版社 2002 年版，第 18—19 页。

② 周光礼：《学术自由与社会干预》，华中科技大学出版社 2003 年版，第 36 页。

③ 美国不列颠百科全书公司编著：《不列颠百科全书》，中国大百科全书出版社 1994 年版，第 38 页。

受妨碍地追求真理的权利。这一权利既适用于高等教育机构，也适应于这些机构里从事学术工作的人员。不受外界干扰的教学自由、研究自由、出版自由，等等，是追求知识的必要手段。"① 这一定义指出，学术自由是学术研究的一种内在要求，是追求真理知识的必要条件；学术自由的主体既包括学者个人，又包括学术研究机构。就是说，学术自由包括了学者个人自由和科研机构自治两方面：一是学者个人从事知识探索和知识传播活动应该享有什么样的权利问题；二是科研机构自主地决定研究的方法和研究方向问题。

以上关于学术自由的定义，有两点值得注意：其一，"学术"这一概念包括了人文学科和自然科学在内的理论研究，而且主要是指学校教育的内容；其二，把学术自由定义为一种权利，主要是从学者的思想、观念、创新灵感、人格等是否有自由保障方面来定义的，它只是强调了政府的责任。

在笔者看来，以上关于学术自由的定义有两方面的局限性。其一，现代科学研究不仅仅限于高等教育机构，还大量存在于独立的政府研究机构和工业实验室；其二，把学术自由归结为学者的权利，似乎学术自由只要通过法律保证就可以得到实现，但实际上学术自由的实现远非如此简单，权利自由仅仅是学术自由的外部形式，它没有触及到学术自由的内在精神实质。

爱因斯坦（A. Einstein）给出了一个定义："我所理解的学术自由是，一个人有探求真理以及发表和讲授他们认为正确的东西的权利。这种权利也包含着一种义务：一个人不应当隐瞒他已认识到正确的东西的任何部分。"② 爱因斯坦的这一定义，不仅说明了学术自由是科学家应该享有的权利，而且指出它同时又是科学家的义务，是科学家的一种特有品质。在爱因斯坦看来，科学创造不是一种纯私人化的活动，它是科学家共同体合作的产物，科学家不能将自己做出的独创性发现视为个人

---

① T. 胡森、N. 波斯尔思韦特主编：《国际教育百科全书》第 1 卷，贵州教育出版社 1990 年版，第 13 页。

② 《爱因斯坦文集》第 3 卷，商务印书馆 1979 年版，第 323 页。

的私有财产，他有责任将其全部奉献给社会，使其融入人类知识的整体，改善人类生活质量，而他们从探索自然奥秘中得到的最大收益只能是通过自己的创造带来的心理上的美感愉悦。爱因斯坦说："我认为，为求得更广泛的见识和理解而斗争，是这样一些独立的目标之一。要是没有这些目标，一个有思想的人对待生活就不会有积极自觉的态度。"[①]就是说，个人创造力的发展，无疑是个人生命中最重要的财富，然而只有当它能给整体人类的生命带来价值时，才会有意义。因此，真正的学术自由是包含权利和义务的统一的自由，学术自由的实现不仅要靠法律给以保证，更重要的要靠科学家的自觉意识和理智努力来达到。

爱因斯坦对学术自由的定义弥补了传统关于学术自由定义中的缺陷，提出了一种以责任为基点的新学术自由观。当然，爱因斯坦关于学术自由的讨论仅限于学院式的纯理论研究。随着科学知识逐渐被纳入国家重要的战略性资源管理，原来的纯学术科学研究变成一种理想形态，在当代用基础研究来代替。为了与传统教育学上的学术自由概念区分开来，我们把自然科学研究的自由以科学自由取而代之。

2. 科学自由是科学繁荣的先决条件

科学研究作为一种精神生产活动，必然要遵循人类思维活动的规律。精神生产是一种只有在民主、自由的环境中才能进行的活动，自由是实现创新的必要条件，所以古希腊把学术称为自由的学问。自由的科学把自由看做科学的灵魂，崇尚无功利，求真是其唯一的目标。所谓自由是科学的灵魂，包含以下三方面的含义：

其一，科学研究是由科学家的好奇心驱动的事业。追求真理是科学的目标，也是科学发展的持续动力，但真理不是教条而是过程，独创性是科学独立性的标志，所以追求真理的人其思想上和行动上都应该是独立的，不为任何其他利益而寻求智慧，这是求知的最高境界，是追求真理的基本条件。科学史上，无论是牛顿还是爱因斯坦的奇迹都产生于不问功利的环境。牛顿因躲避瘟疫而离开剑桥到故乡度过的那几年（1665—1667）里，产生了关于万有引力的思想，而后创立了微积分，

----

① 《爱因斯坦文集》第3卷，商务印书馆1979年版，第290页。

提出了万有引力定律；将可见光分解为单色光，分别在数学、力学、光学三个领域都做出了开创性的贡献；爱因斯坦大学毕业后未能获得学校的助教职位，但他在专利局做技术鉴定员工作的几年里却做出了布朗运动、量子论和狭义相对论三方面的贡献，而其中任何一个成果都足以赢得诺贝尔奖。爱因斯坦这些科学成就的取得，得益于个人没有撰写晋升职称的论文的压力，而有闲暇来作自由思考的结果。[①]

科学创造离不开好奇心，好奇心是产生灵感的根本因素，自由的不受任何束缚的思考是灵感的源泉。卡文迪什实验室历经百年不衰，其秘诀就是长久以来一直实践着镌刻在其旧址的橡木大门上的一句拉丁文圣诗："主的创作是伟大的；所有那些对此感兴趣的人去发掘吧！"[②] 这句话所要表达的含义是：上帝创造这个世界的工程是博大的，凡对此有兴趣的人，才能把世界的奥秘揭示出来。[③]

其二，科学的发展是由其内在规律推动的自主运行过程，它有自己的目标、自己的方法和自己的纠错机制。自从近代科学诞生之日起，科学就在其自发的成长中逐渐形成了一整套高度概括化的概念框架，科学家以此作为进行科学探索的前提。法国学者魏因加特（P. Weingart）从科学的认知结构方面提出了科学的自我控制问题。他提出，科学系统的认知结构决定着一个学科或一个专业领域的内部结构和发展规律，它们对外部控制来说是一种主要的抵抗条件和抵抗因素。[④] 巴伯提出，科学内部"高度概括化的概念框架"决定着科学的自主发展，而且"科学之核心的概念框架越高度发达，科学具有的独立性范围就越大"[⑤]。正是由于科学的内在知识结构的存在，使科学自身产生了一种"自生殖"力

---

① 江晓原：《"爱因斯坦奇迹年"的启示》，《物理教学探讨》2003 年第 4 期。

② 阎康年：《卡文迪什实验室——现代科学革命的圣地》，河北大学出版社1999 年版，第 26 页。

③ 同上书，第 27 页。

④ 刘吉主编：《静悄悄的革命——科学的今天和明天》，武汉出版社 1998 年版，第 187 页。

⑤ 巴伯：《科学与社会秩序》，第 38 页。

量，推动着一个学科、一个领域的不断发展。① 苏联强树李森科
（T. D. Lysenko）人为地压制和排斥遗传学研究的失败，足以表明科学
认知结构在科学自治中占据着核心地位。近代科学史中的大多数课题是
由科学家根据科学自身的发展和需要而提出研究纲领的。据 1896—
1960 年世界自然科学重大科研成果统计，直接来自社会需要的选题占
14％，而由科学自身逻辑导致的选题占到了 86％。② 以上情况表明，独
立性是科学获得进展的基本条件。

　　其三，科学发现是人类的一门艺术。爱因斯坦说过，科学是人类思
维以其自由发明的概念和观念进行的创造。③ 任何科学思想和艺术的发
明进步，皆是在自由的园地里培育出来的，没有思想自由，必将阻隔通
往真理之路。哲学家斯宾诺莎（B. Spinoza）指出，思想自由“对于科学
与艺术是绝对必要的。因为若是一个人判断事物不能完全自由，没有约
束，则从事于科学与艺术就不会有什么创获”④。作为一种具有高度探
索性和创造性的活动，科学发现不是一种机械的产出，相反，创新活动
的开始往往是一种灵感、一种直觉，其主要特征就是不确定性和不可预
知性。英国科学家马克斯·佩鲁茨（M. Perutz）说，科学上的发现“如
同孩子们出外寻宝一般，科学家们并不知道他们将会找到什么宝藏”⑤。
对于独立的科学发现是如此，那么科学的总体进展同样具有不可预见
性。作为人类所能适应的最需要创造性灵感的活动，科学发现的这种不
确定性使研究过程成为一种艺术体验，同时也是一种探险行为。简逊
（H. W. Janson）在其《艺术史》中指出：“艺术创作是一种奇特而冒险
的工作，直到艺术家实际上创作出作品以前，他决不知道自己究竟在创

---

　　① 赵红州：《大科学观》，人民出版社 1988 年版，第 157 页。

　　② 同上书，第 156 页。

　　③ 阎康年：《卡文迪什实验室——现代科学革命的圣地》，河北大学出版社
1999 年版，第 512 页。

　　④ B. 斯宾诺莎著，温锡增译：《神学政治论》，商务印书馆 1992 年版，第 274
页。

　　⑤ 张春美：《佩鲁茨 M：科学不是一种平静的生活》，《自然辩证法通讯》2004
年第 4 期。

造些什么。艺术创作过程是一个寻求和探索的过程，创作者事先很难确切地说出他的探索目标，他对目标的了解本身就是一个过程。"① 这种对艺术实践过程的描述，在一定意义上同样适用于科学发现和科学创造。科学创造与艺术创造一样是一种标新立异，独创性是科学的灵魂，但它与艺术创造过程所不同的是，艺术创作仅仅是艺术家个体的活动，而科学创造却需要通过不同学术观点和学术思路之间的自由碰撞，激发创造的灵感。英国剑桥流行"在悠闲中治学"，卡文迪什实验室利用研讨会茗饮之际漫谈，其目的就在于营造一种利于学术思想交流的环境，以便使科学家的创造性智慧和灵感不时地得以迸发。②

综上所述，自由是科学繁荣的基本条件，科学探索活动具有自己的独立性和自主发展的规律，科学家只有在自由得到保证时才能有所创造，没有自由，就没有科学的生命。马克思说："一切创造力都需要有一个表现这种力量的场所，需要从它所引起的反应中汲取进行新的创造的力量。"③ 自由探讨的学术气氛，乃是表现创造力和从中获得新的创造动力的社会资源。因此，社会要发展科学，就必须创造必要的社会条件，保护科学家的探索自由。

（三）科学家应该享有的自由权利

1. 选择研究课题的自由

科学家应该有选择研究课题的自由，这是由科学的创造性本质所决定的。首先，科学中最重要的一点就是去追求一种意想不到的东西，因而科学发现和科学理论的突破是打破常规、不可预期、不可计划的。作为一种智力劳动，科学研究是一个最私人化的领域，兴趣是科学创造的内在驱动力，科学家只有在自己感兴趣的领域才能做出独创性成果。其

---

① 刘大椿：《科学活动论 互补方法论》，广西师范大学出版社 2003 年版，第169 页。

② 阎康年：《卡文迪什实验室——现代科学革命的圣地》，河北大学出版社1999 年版，第 512 页。

③ 赵红州：《科学能力引论》，人民出版社 1988 年版，第 140 页。

次，从科学问题的来源上看，科学的发展受两种动力因素的推动：一是来自科学系统自身不断拓展和深化的内部需求的动力，即内在动力的推动；二是来自经济社会发展需求的动力，即外在动力的推动。20 世纪70 年代以来，随着科学研究的重要社会功能凸显，科学的发展更多地和社会因素联系在一起，愈益受到国家目标和社会需要的推动，由社会需要产生的课题越来越占据主导地位，而直接由科学自身内部逻辑驱动的研究逐渐退居次要地位。尽管如此，从科学自身逻辑产生的课题对于社会需求仍然具有基础性地位，不仅一线工作的科学家和技术专家是提出新科学问题和解决问题的主导人物，是推动科学技术进步的主角，而且无论哪一种性质的课题，都需要发挥科学家的独创精神以及依靠科学家的自由探索。因此，社会应该给予科学家以自主决定研究课题、自行选择研究方案的自由。

一般地说，科学的正常发展是不能限制在简单的计划框架内的，尤其是对于那些真正有意义的创新成果，绝大多数是由个别科学家的自由选题研究创造出来的。1971 年美国尼克松政府提出名为"抗癌战争"的大计划，声称要在 1976 年战胜癌症。到现在 30 多年过去了，这一计划目标仍然没有实现，现在癌症领域的重大进展是由那些个人感兴趣的个别科学家取得的。[①] 不仅如此，通过自由选题研究的实际训练，对科学家素质的培养是一种宝贵的资源，它能够"培养青年科学家对科学的热忱、对自然的好奇心、做研究的风格和品味以及正直人格"[②] 等，科学家的这些优秀品质对科学的发展具有极其重要的基础意义。例如在德国宪法中，科学家的自由探索研究得到明确的保护，科学家和科研机构享有很大的自主权。德国研究理事会曾规定定向研究基金不应超过总经费的 10％，[③] 目的是为了最大限度地保护科学家的个人自由。正是自由探索的小科学造就了 20 世纪几代著名的科学家，它使个人的创造性得

---

① 孙英兰：《科技评价的"不科学"》，《瞭望新闻周刊》2005 年第 11 期。

② 蒲慕明：《大科学和小科学》，《自然》2004 年 11 月 18 日（中文专刊），http：//www. nature. com/nature。

③ 陈玉祥、朱桂龙：《科学选择的理论、方法及应用》，机械工业出版社 1994 年版，第 105 页。

到了最大程度的发挥。

在当代，国家成为基础研究投入的主体，科学家的研究工作被纳入体现国家利益的规划和计划之中。以美国自然科学基金会的成立为标志，发达国家普遍采用科学基金制和课题制的管理办法分配资金，把竞争机制引入基础研究，经费流动偏向那些最有前途的课题和最有前途的科学家，以实现整体科学发展的最大收益。这是从体制上充分尊重了科学家的自由选题的权利和立项申请上的平等对待的权利。我国基础研究课题的立项申请主要由 1986 年设立的国家自然科学基金集中管理，由于在其运行中，基本仿效了美国基金会的做法，充分依靠科学家群体进行民主管理，把"依靠专家、发扬民主、择优支持、公正合理"定为基金项目的评审原则，① 科学家的选题自主权受到尊重。随着国家经济实力不断增强，原始自主创新对一个国家的重要性日益突出，基础研究的战略地位得到提升，这就从客观上要求国家在制定有关科学的政策和计划时，更加充分尊重科学家的兴趣选题，鼓励并支持他们大胆探索、敢为人先的独创精神，让一些富有开拓精神的人才脱颖而出。

2. 从事科学研究的自由

所谓自由从事科学研究的权利，是指科学家从事科学探索活动所享有的基本研究条件保障。科学研究是一种代价高昂、具有高度创造性的活动，科学家之能够从事科学研究，必须要有供自己自由支配的足够的资金和充足的时间。

（1）获得资金支持的权利

现代科学研究日益成为一种耗费大量资源的活动，个人的薪金已无力承担其高昂的费用。在现代，制约科学家发挥潜能的主要因素就是科研经费的短缺。正如贝尔纳指出的那样："要是人们得不到经费，即使允许他们进行科研也是没有什么用处的。研究资金的缺乏像警察监视

---

① 刘溜、刘彦：《国家自然科学基金：一个可能的改革摹本》，《中国新闻周刊》2004 年第 47 期。

一样有效地妨碍科学发展。"[1] 普赖斯对科学发展的历史分析后也指出：大科学时代最无规的东西莫过于科学研究的经费问题了。科学经费的支出最无规律，然而从社会和政治的意义上它又处于一种相当高的支配地位。[2] 在现代，如果没有必要的经济和技术条件作保证，科学研究便难以展开，科学家个人自由也就无从谈起。这是因为，科学理论和新观念的产生离不开实验和观测事实作依据并得到其检验，高质量的研究工作需要有适宜的实验仪器和设备作基础。没有研究设施，科学家便无法在科学新领域开展研究工作，实验仪器和设备状况则在这一过程中起着决定性的作用。赵红州通过对科学的社会系统的计量学研究指出，在1550—1670 年，如果把创造力有效系数定为 1 的话，那么实验装备系数只有 3.86%，图书情报有效系数只有 0.76%。这一结果表明，近代科学的发展，主要依靠科学家个人的创造力，实验技术装备处于次要地位，图书情报的作用更是微乎其微。但到了大科学时代，实验装备和图书情报有效系数在整个科学能力中的地位大大提高了，实验装备的有效系数几乎是创造系数的 1300 倍，图书情报也有 240 倍。[3] 所以，大科学时代也是实验装备和图书情报在科学能力中占有绝对优势的时代。例如，现代研究发现越来越离不开高精确度、大能量和性能先进的实验仪器与设备的发明和使用，如果没有 2000 亿电子伏质子加速器和万亿伏正反质子对撞机，就不可能发现第五、第六种夸克来证实宇宙大爆炸理论的标准模型。[4] 然而，这类高精密仪器和实验装置造价昂贵，它需要调用一个国家的财力甚至通过国际合作来购置和维持。

　　科学中创新思想的形成有赖于科学家灵感的激发和创造性的发挥，经济上的压迫必然会影响到他们的思考，经费短缺是制约科学家发挥其潜能的主要因素。为了保护科学家独立思考的权利，社会应该在保证科

---

①　[美] 贝尔纳：《科学的社会功能》，广西师范大学出版社 2003 年版，第 374 页。

②　[美] 普赖斯：《小科学，大科学》，第 80 页。

③　赵红州：《科学史数理分析》，河北教育出版社 2001 年版，第 294 页。

④　阎康年：《世界一流研究机构应该是这样的》，《中国科学院院刊》2001 第 4 期。

学家基本生活需要得到满足的前提下，为他们提供能够从事研究工作的基本经费。爱因斯坦说，要使一切个人的精神发展成为可能，社会必须为科学家提供条件，让他们不会为着获得生活必需品而工作到没有精力去从事个人创造活动的程度。[①] 由于基础研究不能给投资者带来直接可见的功利，在资金分配上极容易受忽视。新中国成立以来，有一个颇令人深思的现象是，改革开放以后，国家的科技投入远远超过了"文化大革命"以前，但基础科学的成果却不能与"文化大革命"前的十年相比。"文化大革命"前17年，中国科学之所以能比较健康发展，其重要原因之一，就是"这段时期虽然在各种运动中对知识分子都有冲击，但知识分子物质待遇都比较高。那时国家经济的困难程度与现在远不可同日而语，而知识分子（包括文艺工作者和中小学教师）的收入却比许多社会阶层高出一大截，对有些旧知识分子甚至就养了起来。这是知识分子能认真从事研究的必备条件之一，也使得知识分子有一种使命感和压力感"[②]。今天的一批著名大学、著名的科研机构都是五六十年代办起来的，在当时的财力条件下能做到这一点，足见政府对发展科学、发展教育的决心和努力。但改革开放后的一段时期里，科学家的社会地位和生活待遇普遍偏低，知识分子得不到应有的尊重和重视，科研环境条件也比较差，例如，考虑进通货膨胀因素，从 1978—1987 年十年间，人均科研经费远不如 20 世纪 60 年代的水平。[③] 这就难以让他们全身心地投入到科研中去。

（2）自由支配科研时间的权利

科学研究是一项累积性、进展缓慢的事业，新思想的形成不是一朝一夕就可以达到的，它需要科学家付出长期艰苦的探索。科学活动的这一特征，要求社会必须在给予科学家经费支持的前提下，减少对科学活动过多的非业务性干预，努力创造一种宽松的科研环境，保证他们有充

---

① 《爱因斯坦文集》第 3 卷，商务印书馆 1979 年版，第 179—180 页。

② 欧阳志远：《关于科技管理的一些看法和建议》，《科学技术部办公厅调研室．调研参考汇编》2004 年，第 121—123 页。

③ 武夷山：《我国 1949 年以来科学发展的若干经验教训》，《自然辩证法研究》1997 年第 9 期。

裕的时间和精力，全身心地从事研究。充足的经费和时间因素对于科学家发挥其创造性都是最重要的。坎农（W. B. Cannon）说："这个时间因素必不可少。一个研究人员可以居陋巷，吃粗饭，穿破衣，可以得不到社会的承认。但是，只要他有时间，他就可以坚持致力于科学研究。一旦剥夺了他的自由时间，他就完全毁了，再不能为知识作贡献。"[①] 查德威克（J. Chadwick）曾经说过一句愤怒的话，"剥夺科学家的时间，等于公然摧残人类的知识和文明"[②]。科学探索是一种最具创新性的劳动形式，它不同于一般的劳动。一项创造性工作开展后，科学家只有在精力上连续投入，才能做出独创性成就，因此，应该让研究人员摆脱繁杂事务的干扰，让他们把主要时间和精力投入到研究工作中去。有资料指出，美国科学家人数不足 100 万，但却是全时科学家；而苏联科学家人数号称 100 多万，但他们的时间并没有全部用在科研上，折合全时科学家，人数不如美国。[③]

　　我国也存在类似的问题。科学家有效研究时间不足，繁多的非业务性工作占用了他们大量有效的科研时间。1956 年周恩来在《关于知识分子问题的报告》中指出："许多知识分子深感他们用在非业务性会议和行政事务上的时间太多，这些会议和有许多事务本来是可以不要他们参加的。差不多愈是著名的科学家、文学家和艺术家，被各种会议、事务和社会活动所占去的时间愈多，这是我国文化战线上的一个严重现象。中央认为，必须保证他们至少有六分之五的工作日（即每周 40 小时）用在自己的业务上，其余时间可以用在政治学习、必要的会议和社会活动方面。这个要求，应该坚决贯彻实现。"[④] 当时中央认识到，要充分调动和发挥知识分子力量，必须改善对他们的使用和安排，改变专家兼职过多、非业务性事务多的现象；同时要改善知识分子的生活条件

---

①　W. I. B. 贝弗里奇著，陈捷译：《科学研究的艺术》，科学出版社 1987 年版，第 159 页。

②　栾建军：《中国人谁将获得诺贝尔奖》，中国发展出版社 2003 年版，第 162 页。

③　同上。

④　《周恩来选集》下卷，人民出版社 1984 年版，第 171 页。

和工作条件，保证他们把主要的时间用于研究。科学家的时间权利问题被写入了国家第一个中长期科学技术规划，即《十二年规划（修正草案）》之中："为保证一切科学工作者能够集中精力于科学业务工作，必须更切实地贯彻执行中共中央关于保证科学家每周六分之五业务时间的决定。"① 在后来"两弹一星"的研制工作中，周恩来专门指示国防科工委的领导："不要让钱学森、朱光亚管非业务性的工作，要多搞科研，领导要放手，同时你们也要向他们学习。"② 1961 年，当时主管科技工作的聂荣臻在《关于当前自然科学工作中若干政策问题的请示报告》中又重新提出：今后"六分之五的工作时间必须有保证，不能占作他用"。改革开放后，邓小平于 1977 年在《关于科学和教育工作的几点意见》中指出："要保证科研时间，使科研工作者能把最大的精力放到科研上去。"③ 在翌年全国科学大会开幕式上，邓小平重新强调指出："科学技术人员应当把最大的精力放到科学技术工作上去。我们说至少必须保证六分之五的时间搞业务，也就是说这是最低的限度，能有更多的时间更好。"④ 时间问题很重要，但令人不解的是，从第一代领导人就已提出保证科学家六分之五的业务工作时间问题，这个提议直到现在没有得到过执行。中国科学家科研效率低下，除了资金投入方面的问题之外，恐怕时间问题也是一个很重要的原因。

3. 发表和交流意见的自由

科学的建制目标是增进知识，在科学制度中，独创性受到了特别的强调，科学社会是不承认重复劳动的，只有做出独创性贡献，才能证明他成功地履行了自己的角色。而发表和交流研究成果是科学家的角色认证方式，是个人成就取得社会承认的前提。按照科学的公有性规范要求，科学成果本质上是社会合作的产物，科学发现一旦做出，就应该及时地在学术界公开发表，使它变为公共财富，以促进科学交流。任何隐

① 《一九五六——一九六七年科学技术发展远景规划纲要（修正草案）》。
② 王文华编著：《钱学森实录》，四川文艺出版社 2001 年版，第 207 页。
③ 邓小平：《新时期科学技术工作重要文献选编》，中央文献出版社 1995 年版，第 12 页。
④ 同上书，第 28 页。

匿行为都被视为违犯了科学道德要求。同时，科学家发表与交流自己的研究成果和学术观点，通过接受同行评议，使自己的理论观点的真理性受到检验，错误得到纠正，也是使个人独创性获得社会承认的前提。

科学是人类思维以其自由发明的概念和观念进行的创造，创造性的意识和灵感产生在自由思考之中。任鸿隽说："学术思想的自由流通，乃科学发达的必要条件。""发展学术的天才"需要有"自由的空气"①。充分的学术交流是灵感产生的基础，也是科学家学术思想相互启发、相互纠错、相互印证以及获得真理的有效途径。由科学研究的高风险性决定，科学家必须享有不受限制地探索真理以及交换一切结果和意见的自由。创新总是有风险的，越是创新的思想往往同当下学术界的主流理论相左，但是社会不能因为它不合乎现有的理论范式就加以制止或干预，②对其正确与否的最好评价，只能是允许它发表出来，接受科学共同体的评议和检验，而不是诉诸当下少数权威人物的个人标准，否则就有可能扼杀一个原始创新思想的诞生。英国学者密尔（J. S. Mill）在《论自由》一书中提出："迫使一个意见不能发表是一种特殊罪恶乃在它是对整个人类的掠夺。"因为"假如那意见是对的，那么他们是被剥夺了以错误换真理的机会；假如那意见是错的，那么他们是失掉了一个差不多同样大的利益，那就是从真理与错误冲突中产生出来的对于真理的更加清楚的认识和更加生动的印象"③。马克思曾为争取思想自由和言论自由，将批判的锋芒指向普鲁士的书报检查令："你们赞美大自然赏心悦目的千姿百态和无穷无尽的丰富宝藏，你们并不要求玫瑰花和紫罗兰散发出同样的芳香，但你们为什么却要求世界上最丰富的东西——精神只能有一种存在形式呢？……每一滴露水在太阳的照耀下都闪现着无

---

① 李醒民：《中国现代科学思想》，科学出版社 2004 年版，第 221 页。

② 何中华在《学术的边界》一文中展开论述了学术原创和学术规范问题。他指出，过分地强调学术边界和学术规范，就会形成一个领域的话语霸权，使得学术对话成为不可能，必然阻止人们的思想和学术的自由创造，无形之中便是鼓励了学术的平庸化，因此学术需要宽容，学术边界和学术规范不应该绝对化。参见何中华《学术的边界》，《书屋》2003 年第 1 期。

③ J. S. 密尔著，程崇华译：《论自由》，商务印书馆 1959 年版，第 17 页。

穷无尽的色彩。但是精神的太阳，无论它照耀着多少个体，无论它照耀着什么事物，却只准产生一种色彩，就是官方的色彩。"①

　　科学创新有其自身的客观规律，创新的过程往往需要长期坚持不懈的奋斗，而创新结果的生成是长期积累能量的瞬间释放，因而是不可预期的。对于基础研究人员，如果人为地要求科学家在某个时间内产生多少创新成果，不符合基础研究的规律，它只可能把科学家引向心浮气躁、急功近利，不可能静心做出高水平的研究成果。但是，为了发挥竞争机制的激励作用，时下那种对发表学术成果普遍实行量化考核的做法，使科研人员面临着"不发表，就灭亡"的命运，迫使严肃的科学研究走向"快餐化"，已经从根本上偏离了自由公开发表学术观点的目的本身。古希腊哲人说，"闲暇出智慧"，但在时刻面临生存危机的压力中，科学家很难获得创造性的灵感，进而做出独创性贡献，这种体制将"促使教授去发表质量不高的作品，在著作尚未成熟之前就急着拿出去发表，或者以同样的思想或发明只作稍微的变化一再地拿来发表"②。大量事实证明，这种量化考核的竞争机制，虽然带来了科学发展的一片繁荣景象，但并没有产生多少真正的科学大师，只是一种学术泡沫效应。美国一学者揭露了这种数量化考核的危害："平庸学识的过度生产是当代学术生活的最为夸大其辞的做法；它会因单纯的篇幅而隐匿了真正重要的著作；它浪费了时间和宝贵的资源。"③ 这种为发表论文而写论文，把手段当做目的的行为，同样背离了科学家自由交流与发表成果的基本原则，所以是应该受到遏制的。

　　总之，为了保护科学家的自由探索和首创精神，社会应该营造一种宽松的制度环境，允许持有不同学术观点的科学家自由地交流、发表学术思想，宽容各种新想法和"离经叛道"的新思想，保护他们独立思考的正当权利，使科学家之间形成互相切磋、互相争论的良好风气，让科

---

　　① 《马克思恩格斯全集》第1卷，人民出版社1995年版，第111页。
　　② J. 里茨尔著，顾建光译：《社会的麦当劳化 对变化中的当代社会生活特征的研究》，上海译文出版社1999年版，第109页。
　　③ 同上书，第112页。

学真正"扎根于讨论"。正如阎康年指出的那样，学术机构为科学研究造成的好的治学环境应是宽松的，鼓励各种"标新立异"思想的成长及其尝试，允许犯错误，提倡科学原创性和冒险求真的精神，为科学家消除无益的干扰，使他们既无生活上的后顾之忧，又无创新路途上的障碍。① 这一切无论对于世界一流研究机构的成长，还是世界一流人才的造就，以及世界一流成果的产生都是重要的。

（四）科学家的内在自由与外在自由

科学活动的特点是创造，创造性存在于大脑中，它是人脑的一种高级功能，需要科学家丰富的想象力和长期的思维训练。这种功能在科学劳动过程中，只有"物化"在知识产品上才能得到体现，而这一过程的实现必须要有一定的经济和制度条件作保证。由此，科学创造过程离不开两个方面的条件，一是关于科学家自身的，二是属于社会的，它们是科学家个人自由不可缺少的两个方面。爱因斯坦就把这两个方面分别称为"内心的自由"和"外在自由"。

内心的自由即内在自由，是就科学家个人而言的，它是指科学家"在思想上不受权威和社会偏见的束缚，也不受一般违背哲理的常规和习惯的束缚的自由"②。内在自由属于精神层面的意志自由，意味着科学家思想上超越任何权威和一切世俗因素的限制，在多种诱惑面前，都能冷静自持，不随波逐流，始终保持独立自主的人格和质疑一切的批判精神。内在自由是科学创造的源泉，也是创造性活动不可缺少的精神品质，是大自然难得赋予的一种礼物，也是值得个人追求的一个目标，外界对内在自由的控制只会限制思想的发表和传播，却不能使它屈服。爱因斯坦说："虽然外界的强迫在一定程度上能够影响一个人的责任感，但绝不可能完全摧毁它。"③ 总之，内在自由本质上是科学家的一种独

---

① 阎康年：《世界一流研究机构应该是这样的》，《中国科学院院刊》2001 年第 4 期。

② 《爱因斯坦文集》第 3 卷，商务印书馆 1979 年版，第 180 页。

③ 同上书，第 286 页。

立意识和独立人格。

外在自由是科学活动的社会环境，有两种外在自由：第一种外在自由即外在的政治条件，是社会保证科学家"不会因为发表了关于知识的一般和特殊问题的意见和主张而使他的生活遭受到任何危险和严重的损害"[①] 的权利，这种自由必须由法律来保证。但是，爱因斯坦提出，单靠法律还不能保证发表的自由，为了使每个人都能表白他的思想观点而无不利的后果，还需要在全体人民中培育宽容的精神。[②] 第二种外在自由即外在的经济条件，是科学家"不应当为着获得生活必需品而工作到既没有时间也没有精力去从事个人活动的程度"[③]，实质上是科学家能够自由地从事科学创造的经济和时间保证，它通过合理的社会分工和资源的公正分配来解决。没有一定程度上的经济保障，一切个人的精神发展就不可能，发表的自由对他就毫无意义。[④] 由此可见，外在自由是社会为科学家探求真理、传播和发表新思想新观点提供的经济和政治条件。它不仅包括社会为科学家成果的发表和陈述提供的政治保证，保证他们自由地进行创造而不受非学术性力量的干扰或迫害；还包括为科学家提供从事科学探索活动所必需的经济条件，以及自由支配的时间。

只有不断地、自觉地争取内在自由和外在自由，精神上的发展和完善才有可能，人类的物质生活和精神生活才有可能得到改进。[⑤] 因此，科学家个人自由应该是内在自由和外在自由的辩证统一。

科学家个人自由是内在自由和外在自由的统一。在这个统一体中，内在自由和外在自由之间是相互依赖、相互制约的。一方面，外在自由是科学家实现其创造力的外部控制因素，它既可以促成科学家内在自由的实现，也可以抑制其成长。只有当外在社会环境能够满足科学活动的需要，或者说科学家享有外在自由时，内在自由才有可能实现，否则就会损害内在自由。

---

① 《爱因斯坦文集》第 3 卷，商务印书馆 1979 年版，第 179—180 页。

② 同上。

③ 同上。

④ 同上书，第 188 页。

⑤ 同上书，第 180 页。

　　首先，科学家从事科学研究是一项花费昂贵而又不获利的劳动，需要社会为之提供稳定的生活来源和足够的经费，保证科学家的创造性和科学上的奇思妙想能够充分拓展。这是内在自由实现的基本条件。科学研究的基本特点是具有高度的不确定性，科学史上的任何一项重大创新往往出自一些边缘人物之手，如果社会没有接纳"边缘人"的机制，科学家的非常规思想得不到应有的社会承认，他们的创造性就会因得不到足够的资源而不能实现，内在自由就将处在受压抑状态。

　　其次，科学研究是一种艰苦的脑力劳动，尊重客观规律和诚实性是科学家工作态度的精髓，科学成果的获得要靠科学家踏实勤勉的努力，需要连续投入足够的时间和精力，所以必要的科研时间保证对内在自由的保持很重要。如果社会给科学家的创造活动以过多的行政束缚以及过多的责任要求，使科学家自由支配自己行动的权利被剥夺，那么在强大的压力之下，科学家就将难以保持内心的平静，其结果必然导致学术界的急功近利和浮躁之风的蔓延，损害内在自由。

　　最后，科学家需要自由表达新思想和发表创新成果，科学探索的不确定性要求有一个宽松的文化环境。社会通过鼓励和保护科学家的大胆创新，为科学家营造一种既肯定成功，又容许失败的文化氛围，保护科学上的独特创新思想。这是实现内在自由的必要社会民主条件。反之，如果社会缺乏民主原则和学术民主氛围，科学家的研究活动受到社会意识形态或少数权威人物的严格控制，那么科学家的创新精神便会受影响。更为严重的是，如果科学研究与权力政治结合在一起，对科学上的创新思想和创新方法实行高压和以政治手段进行打击阻挠，将不可能有内在自由的实现，意志坚定者会遭遇生命的困扰乃至危险，意志薄弱者将随波逐流，成为权力的附庸。

　　另一方面，内在自由是科学创造的源泉，也是科学家的一种独立意识和独立人格。纵观科学史，在促成重大成就获取的所有因素中，内在自由始终是第一位的。由科学的探索性和不确定性特点决定，科学研究就如同一种探险活动，途中充满了艰辛和曲折。为了获得真理，科学家要有足够的勇气和胆识，有锲而不舍的毅力，还要有自甘寂寞和清贫，甚至甘愿付出健康和生命代价的精神，否则是难以真正步入科学殿堂的。为此，科学家必须做到自觉和自律。如果没有科学家的自觉和内心的自律，再充足的外部条件都将于事无补。内在自由可以对外在自由产生积极的影响。外在自由属于科学家的权利范畴，它的实现取决于政治因素和社会公众的支持。科学家通过主导公众舆论和社会价值取向，可以成为一种强大的精神力量，影响并作用于外在制度建设，使其更加适应人类知识发展的要求。内在自由对外在自由的积极影响有两种基本途径：一种是科学家自觉的行为。为了保护研究自由不受到任何侵害，科学家在政治上积极行动起来，有勇气表明自己的信念和观点，并通过合法组织和集体的行动，促使社会提供从事科学活动所必需的基本的经济和政治条件；通过向公众进行科学教育，积极促进科学成果的最广泛普及，提高公众的科学素质，而公众对科学及其应用的知识越多，对科学的支持也就越大。①另一种是科学家的自发行为。科学家在其具体的研究工作中，始终不渝地坚持守真求实、不畏艰险、勇于奉献、甘于淡泊、开拓创新的科学精神，努力做出独有的成就；始终以谋求人类的幸福为目的，以促进现代人和后代人生活质量的提高为己任，保持一个知识分子的社会良心。科学家个体行为通过这种潜移默化的力量影响到身边的科学工作者，由个体意识上升到群体意识，继而上升到社会意识，促使科学家成为公众可以高度信赖的群体，从而赢得公众对科学事业的理解和支持，扩大外在自由。

总之，科学家的内在自由和外在自由之间是相互依赖、相互制约的。如果外在自由缺乏，意味着科学活动的基本条件不具备，那么内在自由只能是一种理想的存在；如果内在自由缺乏，那么就意味着科学活动失去灵魂，外在自由便失去了存在的意义。

在西方，自19世纪初科学家职业化以来，政府历次进行的大学改革、国家科学政策调整以及科学技术体制改革等，都不可避免地涉及如何正确认识和处理国家利益和科学家个人自由之间的关系问题。从20世纪40年代到90年代初，围绕科学要计划还是要自由的问题，曾有过

---

① 英国皇家学会编，唐英英译：《公众理解科学》，北京理工大学出版社2004年版，第45页。

三次著名的争论，争论的双方分别从不同的角度去把握和理解科学研究中的自由和计划，最终都没有化解这个矛盾。对于这一问题要从学理上梳理清楚，必须追本溯源，从自由科学时代开始考察。

二　古代业余科学与无待自由

（一）古代科学活动的性质

1. 前科学时期科学家的自由研究的特点

科学家个人自由问题是伴随着近代科学产生的，而古希腊文化是近代科学的源头，所以追溯科学家个人自由的历史应该从对古代希腊的考察开始。

（1）古希腊自然哲学家活动的特点

古代希腊学者所从事的哲学探索被称为是自由的学问，它对近世科学的最大贡献，就是确立了科学探索的理性主义原则，即探索真理的自由与传播真理的自由。古希腊社会的奴隶主城邦民主制度为这种理性自由提供了社会保障，处于上流社会的思想家们可以不受约束地思考宇宙万物。但在古代希腊社会中不存在科学家的专业角色，正如本－戴维（J. Ben-David）指出的："即使是西方科学祖先的古希腊科学，也缺乏科学家这种社会职业。希腊社会把一些现代可称之为科学家的人看成是具有某种特殊兴趣或技能的专家。"① 在古希腊时代，创造和掌握科学知识的人，通常是一些技术专家或哲学家，实际上他们也没有把自己当做科学家看待，而更多的是把自己当做哲学家、医生或占星家，② 从事自然知识的探索只是某些哲学家或占星家的业余爱好，由好奇心驱动，没有任何功利目的。亚里士多德（Aristotle）说："因为人们最初是被好奇心引向研究［自然］哲学的——今天仍是如此……所以如果他们钻研哲

---

① 赵佳苓：《科学的角色与体制化》，《自然辩证法通讯》1987 年第 6 期。
② J. 本－戴维著，赵佳苓译：《科学家在社会中的角色》，四川人民出版社1988 年版，第 89 页。

学可以避免无知的话，那么，他们为求得知识本身，不考虑功利应用而从事科学活动，就是一种人的权利。"① 在古希腊，一些具有科学气质的哲学家对自然事物进行理论探索，开创了抽象性研究的先河，同时他们在历史上也开创了对宇宙思索的非功利性追求。例如，亚里士多德就是以自己的形而上学信条作为理论前提，建立了一个有关自然界运动规律的庞大的百科全书式的知识体系，但这一理论体系"在工程、医疗或者国家事务中没有任何可能的应用"②。伯里（J. B. Bury）在《思想自由史》中，明确地把古希腊与罗马时代称为"理性自由的时代"。他说："我们细看古希腊、罗马的全部历史，直可说那时的思想自由——如我们呼吸的空气，视之为当然而不做细想……有知识的希腊人所以能保持宽容态度，就因为他们是理性的朋友，并无权威支配着理性。"③

　　古代自然哲学家进行的这种毫无实用价值的研究，是得不到政府的支持或资助的。他们从事学术活动要么依靠自己的私有财产，要么以担任私人教师、医师或工程师获得生活补助。如著名的柏拉图学园是由柏拉图（Polato）建立的私立学校，专门从事着哲学和自然哲学的讲学和研究；吕克昂学园是由亚里士多德个人建立的，直到他去世前，仍然没有成为一所正式学园。当然也有例外。在古希腊后期，希腊国王托勒密（Ptolemy）创立的亚历山大博物馆是一所得到官方支持和提供经费的研究机构。在博物馆中，有工作室、讲演厅、解剖室、花园和一个天文台，另有一座壮观的图书馆以及其他设施。博物馆里的人员享受俸禄，完全靠国家提供经费从事他们自己的兴趣研究和讲演活动。这里的人员因为享受着如此的特权，被人们称为"养在镀金鸟笼里的'金丝雀'"④。很显然，能够进入博物馆从事科学探索活动的不过是少数人，因为没有实用目的，国王支持这种抽象理论研究的动机，不过是个人对

---

　　① J. E. 麦克莱伦第三、H. 多恩著，王鸣阳译：《世界史上的科学技术》，上海科技教育出版社 2003 年版，第 82 页。

　　② 同上书，第 81 页。

　　③ J. B. 伯里著，宋桂煌译：《思想自由史》，吉林人民出版社 1999 年版，第24 页。

　　④ 《世界史上的科学技术》，上海科技教育出版社 2003 年版，第 91 页。

知识的爱好和对智者的尊敬，或者为了"获得好名声来加以炫耀"。这种缺乏社会基础的资助活动，一旦遇到政治或经济的重大变故，就会荡然无存。

通过以上分析可以看到，古希腊的自然哲学家们开创了对自然进行抽象性研究的先河，培育了科学的理性主义精神。这是它对后世科学的重要贡献。在古希腊时期，科学家享有绝对的思想自由，但其缺陷也是很明显的，主要表现有两点：其一，科学活动并不直接触及当时主要的实际问题，更不用说运用它去解决那样的问题。实际上，从苏格拉底时期开始，学者们就蔑视体力劳动，排斥学术的任何实际的或经济上的应用。其二，由于科学活动在社会生活中没有清楚地显示其作用，几乎不存在得到社会支持的思想和政治基础，因而"缺乏一种能得到社会承认和尊重的科学家角色，也缺乏一个能建立与非科学的事务相对独立而又有自己目标的科学共同体"①。总之，古希腊科学家的思想自由因缺少外在经济条件和制度的保证，便决定了它衰落的命运。随着时间的推移，古希腊科学家的创造力逐渐丧失，总体活力降低，到后来，他们的活动渐渐趋向考注，不再能够发现新知识。

（2）欧洲中世纪科学活动的特点

在中世纪的欧洲，教会居于社会的统治地位，学者们的研究活动受到了宗教教义的禁锢。但在中世纪后期，从 11 世纪开始学术研究便有了重要转机，社会上掀起了一股学习古代文化的热潮，由此带来了 12 世纪大规模的翻译运动，并最终导致在教会的统治区内诞生了现代意义上的大学。这种由教会控制的大学迅速在全欧洲拓展开来，成为历史上学术研究走向制度化的一个重要转折点。

中世纪大学起源于古罗马的"学者行会"，并继承了行会实行自治和自我管理的传统。大学学术研究不需要依赖国家或个人的资助，它不是国家机关，而是一种典型的自治机构，本身享有独立的立法权。由于大学仅仅受教会和国家的松散管理，大学教师和学生能够生活在一个自

① J. 本一戴维著，赵佳芩译：《科学家在社会中的角色》，四川人民出版社 1988 年版，第 83 页。

治的知识分子共同体中，享受着相当充分的自由，他们可以任意选择自己感兴趣的方面进行探索。在自治机制的保护下，大学讲授的科目中开始出现天文学和自然哲学课程，使得一定数量的准科学问题成为大学课程的构成部分，并逐渐地在大学教师群体中出现了一个"神学家—自然哲学家"阶层，西方现代意义上的知识分子即肇始于此。"中世纪自然科学界一些最赫赫有名的人物，如罗伯特·格罗斯泰特（R. Grosseteste）、尼古拉斯·奥雷姆（N. Oresme）和朗格斯廷的亨利（Henry of Langenstein），他们全都是活跃的神学家，但并不认为自己的信仰与对自然秩序的研究这两者之间有什么冲突"[①]。由此可见，在信仰高于理性的中世纪，思想虽然受禁锢，但大学却成为一种特权机构。在大学自治的保护下，学者们可以在有限的理性空间里凭兴趣自由地从事自然知识的探索，从而为未来职业科学家的诞生奠定了良好基础。

但在这些中世纪大学中，数学和自然科学的地位都比较低下，自然研究属于很边缘的领域，科学家并没有成为独立的角色，大学的主要功能是培养法学家、公务人员、教士和医生。而一名学者要获得一个自然研究方面的教职，除了要求在自然研究方面有较高的造诣外，他还必须获得一个神学、法学或医学方面的学位。[②] 这种体制在很大程度上限制了学者的自主权，显然不可能刺激多数学者把精力集中在自然方面的科目上，从事自然研究的人"仅仅属于上流社会某些赏识此类新奇活动的显贵周围的小圈子，并没有成为一股真正的社会力量"[③]。正因如此，当后来以布鲁诺、伽利略为代表的少数科学家努力为科学争取研究的自由时，轻而易举地就被教会当局给镇压下去了。

2. 西方近代科学家活动的特点

中世纪末期，在文艺复兴和宗教改革运动的推动下，欧洲国家民主自由主义思潮兴起，首次提出了个人自由的概念，主体意识被唤

---

① A. E. 麦克格拉思著，王毅译：《科学与宗教引论》，上海人民出版社 2000 年版，第 3 页。

② J. 本一戴维著，赵佳苓译：《科学家在社会中的角色》，四川人民出版社 1988 年版，第 101—102 页。

③ 赵佳苓：《科学的角色与体制化》，《自然辩证法通讯》1987 年第 6 期。

醒，理性开始取代宗教信仰的地位，古希腊的理性自由获得新生。特别是 16 世纪由哥白尼（N. Copernicus）天文学引发的科学革命，标志着自然科学研究摆脱了神学侍婢的地位，开始独立于宗教、修辞学、法律和政治，登上了历史舞台。在新兴资产阶级带领的思想解放运动的影响下，学者们从事自然研究的兴趣被空前激发，科学探索也由古代统治者阶级的特权发展为一般公民的权利。凡是对科学有兴趣的人，即使出身贫寒，也可以自由地从事研究活动，做出科学贡献。到 17 世纪中叶，自然科学成为一个开放和进步社会的最重要象征，近代意义上的科学家角色也开始出现。但是，当时的大学作为"教会的灰姑娘"，仍然受控于教会组织，这时经院哲学已完全成为阻碍着大学学术思想发展的路障。于是，学者们生存的自由空间只有到大学之外去寻找。

为了培育新的实验科学精神，使之能够发现自己，就必须建立一种新的、本质上真正世俗的组织。首先是某些爱好科学的人建立了私人实验室，并热心资助对实验科学感兴趣的人成立非正式的组织，定期聚会在一起进行实验以及探讨自然问题。这种"无定形"的科学家私人社团后来逐渐发展成为由官方认可的正式组织。17 世纪下半叶开始，欧洲国家在大学之外建立了各种被官方认可的科学社团，如意大利的西芒托学院、英国的皇家学会、法兰西皇家科学院等。这些学院的出现，为科学家从事研究和交流研究成果提供了世界上首批有组织的社会空间。在这些学术组织中，科学家可以自由地探索他们感兴趣的关于自然的理论和实验问题，自由地讨论和交流自己的研究成果，而把神学和政治排除在他们的讨论范围之外。

科学组织活动的建立，导致社会上产生了相当数量的科学家，但是，这一时期科学研究并没有成为一种专门的职业，像牛顿、波义耳（R. Boyle）、拉瓦锡（A. Lavoisior）等，他们研究科学是出于个人对科学本身的爱好和追求，并不以科学研究作为谋生手段，[①] 社会上也没有出现一种由国家支持的、专为科学研究提供经费的机构，科学研

---

① 赵佳苓：《科学的角色与体制化》，《自然辩证法通讯》1987 年第 6 期。

究是一种业余活动。科学家是一些业余的科学爱好者，他们必须用从事其他职业的收益来维持个人生活以及支持科学活动。虽然像法兰西科学院这种专职的研究机构，设有专家院士和助手等不同的级别，院士们以科学研究为自身的职业，并且由国家为他们发放薪金。但是，科学院的院士职位只是一种象征性的精英职位，是对少数配得上的人的一种酬劳，它离后来的职业科学家角色还有相当的距离，"这些职位不允许尝试把科学工作变成一种固定的职业"①。后来法兰西科学院甚至一度沦为一个管理公众事务，处理工业、农业、教育、市政和军事等方面的问题的组织，因此，有人说它更像一个管理机构，而不是纯粹的研究组织。事实上，直到法国大革命（1789）之前，科学家中的大多数来自上层资产阶级和贵族阶层的业余科学爱好者，他们的科学工作主要依靠自助，"甚至当时最像职业科学家的拉瓦锡也不得不当一个包税人，而且每周只有一个全天做科学工作，其余时间都是边从事商业边搞研究"②。

　　总的说来，直到19世纪初，科学研究从根本上说是科学家个人的事业，几乎所有的科学家都是业余爱好者，"甚至那些有大学职位的人，也不被期望从事做独创性研究。科学很大程度上是那些有其他生活来源的人作为次要职业的业余爱好"③，社会作为整体并没有明确规定并普遍认同他们的工作，因而没有发展成为一种职业。这一时期，科学研究依然保持了古希腊学者研究的风格，保持着个体独立的自由探索、自由发表研究成果的特点，研究经费主要来自个人自助或"道德恩主"的资助，科学家从事科学研究在很大程度上是一种自慰性的工作，它存在于社会之中，但不是社会的一部分。普赖斯把这种高度自由的科学称为"小科学"（Small Science）。个体研究、自由选题，以及"只求知识，不问应用"是其典型特征。

　　但是，近代科学家所享有的这种自由是有严重缺陷的。虽然这一时

---

① J. 本—戴维：《科学家在社会中的角色》，第161页。
② 同上书，第188页。
③ ［英］J. 齐曼著，曾国屏等译：《真科学》，第61页。

期科学活动的价值得到了官方认可，政府为科学工作不同程度地提供资金，但由于当时科学力量还比较弱小，缺乏具体实用的价值，因而官方的支持也一直保持在一个比较低的水平上。就连法国皇家科学院这种有形的科学组织，作为当时世界上最完善的从事科学研究的机构，也仍然面临着严重的财政危机，科学院院士们本来不足的工资经常被拖欠。①由于缺乏政府制度化的经费支持，致使研究活动没有保障，所以，近代科学家从事科学活动的自由一直处于不稳定的状态，受资金的约束，平民百姓很难进入科学领域。

（二）无待自由的提出

从古代科学萌芽到 19 世纪初期，科学家都是业余的，几乎没有人靠选择从事科学工作谋生，科学研究只是一种业余活动。业余科学家们不以科学为求生的手段，科学也不作为手段被社会利用。在他们看来，科学探索就是一种单纯的"求真"过程，科学家应该培养一种非实用、非功利的"爱智"精神，所得科学成果要经得起客观实践的检验；同时还应该具有一种忘我的精神，科学活动需要什么样的品格，科学家就应具有什么样的品格。默顿（R. K. Merton）在《科学的规范结构》（1942）中为这种无功利性追求的科学理想总结了四条基本的行为规范，即普遍主义、公有性、无私利性以及有条理的怀疑主义。这四条规范塑造着科学家的整体形象，维护了科学研究的纯洁性，同时否认了科学作为手段的意义。

业余科学时代的科学家个人自由以求真为基本特征，是一种主要表现为内在自由的自由形态，这种自由就是"无待自由"。

"无待"一词的含义源自《庄子·逍遥游》中的一句话："若夫承天地之正，而御六气之辩，以游无穷者，彼且恶乎待哉？"这里的"恶乎待"就是无所待，或"无待"。"无待"与"有待"相对应，这两个概念是由向秀和郭象首次在《逍遥义》中明确提出来的，他写道："物之芸

---

① 《世界史上的科学技术》，上海科技教育出版社 2003 年版，第 430 页。

芸，同资有待，得其所待，然后逍遥耳。唯圣人与物冥而循大变，为能无待而常通，岂独自通而已！"① 这是迄今为止找到的"无待"一词最早的出处。

所谓"无待"，就是无所依赖、无所对待。其原意是指圣人由于掌握了客观规律而可以超越外界条件的限制，从而使自己能够随心所欲，任意而行。② 所谓"有待"，就是有所依赖、有所对待，它是指物的运行或人的某种愿望、要求的实现不能不受到一定客观条件的限制，因而不能不有所凭借、有所依赖。

在庄子那里，"有待"和"无待"意味着人生的两个层面：人的活动如果"有待"，意味着这种活动就会受其所依赖的外在事物的控制，比如，被世俗的功名利禄所束缚，那么即便想做一只孤独的小猪也不可能，更不要说追求属于个人的意志与行为的自由了；反之，如果人的活动是"无待"，意味着个人的思想、行动不会为外物所役使，而是让活动本身成为目的，那么个人就会在金钱与地位面前表现得自在逍遥，才可能有思想上和行动上的自由。

在庄子看来，只要"心无所待"，就能悠然自得，不被世俗欲望所支配，达到"万物与我为一"的超凡脱俗的境界，从而达到真正的自由。否则，就会陷入由种种束缚带来的痛苦之中，不得解脱。"无待"是庄子所追求的至高理想，它不需要借助任何外在力量，只是凭借自然的本性，顺应六气变化，独与天地交往。按照庄子的认识，"无待"的人只对永恒不变的"道"感兴趣，但对扰攘的现实世界是不关注的。

由此可见，"无待"作为一种处世哲学，意味着一个人突破了功名、利禄、权势和地位的束缚，使自己的精神无牵无挂，从而达到绝对自由的境界。这种绝对自由的境界只有通过"至人无己"（就是忘却自我）、无功（就是不求有所作为）和无名（不求得到赞誉）的内心修养才能

---

① 侯外庐、赵纪彬等：《中国思想通史》第 3 卷，人民出版社 1957 年版，第 216 页。

② 赵沛霖：《试论庄子"无待"的神话学意义及其局限性》，《南开学报》1996 年第 2 期。

达到。

庄子所处的时代是一个霸权纷争、生灵涂炭的年代，普通老百姓没有任何个人自由可言，庄子不可能也没有通过与现实作"绝望的抗争"去改变社会，但他能固守书斋，对混乱的现实社会视而不见，去追求一种超现实的独立人格，在众多诱惑面前，却能够"举世而誉之而不加劝，举世而非之而不加沮"①，乐忧不入，宠辱不惊，以一种超然的姿态冲破和摆脱各种名利的羁绊，崇尚并保持着一种"无待而逍遥"的精神追求，从而维护了一个知识分子的思想独立性和自主性。庄子的这种"无待"的人生境界，其力量之源就是对于"道"的执著信仰。②

庄子的"无待而逍遥"的人生观与业余科学时代的科学家的价值取向是相吻合的，二者都保持了知识分子的独立意识和独立人格。自主性和独立性是科学家从事科学探索的基本要求，也是科学家自身的生命意义之所在。在很大程度上，业余科学家探索自然奥秘是出自一种内在的生命冲动，是重要的人生选择，而不是为了任何世俗的功利性。所以，业余科学时代的科学家个人自由是一种"无待自由"。

所谓"无待自由"，是指不受任何外在事物和外部条件的控制、只凭内心意向去求取的自由。无待自由具有思想和行动上的独立自主性：从思想上，科学家抛弃了一切世俗利益的干扰，不受外界诱惑，在探求知识的活动中保持思想上的独立性，让思想服从于对真理的理智的真诚，而不屈从于某些实际利益的牵制，使追求自由本身成为唯一目的；从行动上，个人做出的选择不受任何组织机构的控制，不受政治的干涉，思想信念和行动都是独立的、自主的。

在业余科学时代，科学家只是"为求知而研究"、"为自由而学术"，并把尊重和维护学术的独立品格视为最高价值，而不屈从于任何权威力量。亚里士多德说，求知是人类的本性，是为了消除愚昧和无知，也可

① 王先谦注：《庄子集解》，上海书店 1986 年版，第 3 页。
② 徐春根：《论庄子"无待"的自由观》，《广西师范大学学报》（哲学社会科学版）2005 年第 2 期。

以说是为了自由。为求知而从事学术，不为任何其他利益而寻求智慧，这是求知的最高境界。近代天文学家第谷（B. Tycho）说："当政治家或其他人使他不胜烦恼的时候，他就应该坚决地带着他的财产离去。人在各种条件下都应该昂然挺立，无论至何处都是上有青天，下有大地，对一个具有活力的人来说，每一个地方都是他的祖国。"① 18 世纪的英国物理学家亨利·卡文迪什为了科学理想终身未娶，把自己的整个一生都奉献给了科学。这就是近代科学家的科学追求和人生理想，他们献身于科学只是由于好奇心和求知欲望的驱动，求真是其唯一目的，而不是为了任何世俗的功利目标。按照余英时的观点，西方所谓的"知识分子"即源于这种近代型的业余科学家知识分子形象，② 他们坚持自己的思想上的信念，代表着社会的良心。"无待自由"的科学家为了自己内心所企及的真理，不论在任何情况下，他们都能拥有自己的独立意志和自由精神，始终保持一种独立的人格。唯其如此，学者才能有所创新，对社会做出特殊贡献，才能成为社会的良心和人类价值的维护者，为社会提供精神力量。

总之，在无待自由状态下，科学家以追求真理为唯一目的，没有掺入任何功利的和非自然的个人情感的因素，因而无待自由本质上是一种主要体现为内在意志自由的自由形态。

（三）无待自由的基本特征

在无待自由状态下，科学家以追求真理为唯一目标，不掺入任何功利的和非自然的个人情感因素。这是科学创造的源泉。但是，科学作为社会文化的一个组成部分，它并不是存在于文化真空中的；相反，研究者的利益和社会因素都会对科学求真的结果产生影响。正如巴伯所说："时而是这个，时而是另一个社会因素对科学有影响，有时是相对有利于科学的成长，有时是相对妨碍之，这是不可避免的法则，对于科学来

---

① 莫里斯·戈兰：《科学与反科学》，中国国际广播出版社 1988 年版，第 14 页。

② 余英时：《士与中国文化》自序，上海人民出版社 1987 年版。

说，没有什么东西是与社会相脱离的。"① 无待自由既不是单纯地顺应自然，也不是盲目妄为，而是在众多因素的牵制下坚持科学的价值中立性。价值中立性对于保证科学知识的客观性以及科学求真的目标实现是重要的。

1. 无待自由是科学探索活动的基本要求

（1）无待自由是科学家的一种最重要的科学品质

科学求真作为一种探索未知的活动，它不是对自然的简单机械复制，科学真理也不是对自然的一种镜像反映，而是有主体的观念参与其中的能动的复杂的认识过程，研究者的动机将影响对研究结果的解释。

无待自由作为一种主要体现为内在的意志自由的自由形态，首先意味着科学家一旦选择了科学作为其毕生事业，就要淡泊名利、甘于寂苦。现实社会存在多种诱惑，科学家只有超越了对各种现实功利目标的直接追求，使自己受一种原初的学术独立意识的激励，才能做出独创性的知识贡献。相反，如果一个科学家不能保持自己的独立意识和独立人格，放弃对自由的追求和恪守，为追逐名利而屈从于外界压力，就不会有真正的科学创造，那么也就等于葬送了自己的学术生命。现实社会充满多种诱惑，既然选择了科学研究作为自己的事业，就应该克服世俗浮躁的心态，以执著、淡泊、创新的精神从事科学探索，不随波逐流。

其次，无待自由还意味着，学者在从事学术活动时做出的任何选择或得出的任何学术结论，遵从的都是他自己的理性判断和对真理的执著信念，而不是任何权威。真理的探求是一项艰苦的独立思考性的劳动，它要求科学家全身心地投入，必须将自己奉献于科学理想，"科学之热爱、创新之冲动和献身科学标准之愿望"② 这三者是科学家

---

① 巴伯著，顾昕等译：《科学与社会秩序》，生活·读书·新知三联书店 1991年版，第 36 页。

② ［英］M. 波兰尼：《科学、信仰与社会》，南京大学出版社 2004 年版，第 69 页。

将自己寄托给科学的前提。如果一个科学家不能保持自己的独立意识和独立人格，放弃对自由的追求和恪守，为追逐名利而屈从于外界压力，就不会有真正的科学创造，科学之树就会被蔓草绞杀，那么也就等于葬送了自己的学术生命。

最后，无待自由是科学家的基本价值追求。独创性是科学研究的核心要素，它的一个重要特征在于"厚积薄发"。科学探索是一种有延续性的事业，它的发展是一个积累过程，在科学上没有什么捷径可走，科学史上的重大科学创造皆源于科学家长期科学积累能量的瞬间释放。1831 年，法拉第因在实验中发现了电磁感应定律而著称于世。为了研究这一有趣现象背后的规律，前后共花去他十年时间。总之，科学探索活动是一项充满艰辛与曲折的劳动，许多科学家倾毕生精力未必能获得成功。然而，一旦做出新发现，它给人带来的激动却是人生最大的乐趣。"做出新发现时感到的快乐，肯定是人类心灵所能感受的最鲜明而真实的感情"①。这就是无待自由的精神境界，对于他们来说，为寻求真理的努力所付出的代价，总是比不担风险地占有真理要高昂得多。

（2）无待自由体现了科学规范的基本精神

无待自由并非仅仅限于自由意志天国中的漫游，科学研究的自由不等于没有任何限制，任何科学之所以是自由的，正是因为有科学规范作基础，自由是科学规范的灵魂。所谓科学规范，是指科学研究活动中用于指导和调控科学共同体行为、具有普适性的规则、价值观等的总和。在科学活动中，科学规范是自由的产物，同时它从制度上和方法论上维护了科学的自主性，因此遵守规范与自由探索是辩证统一的。

首先，科学规范是自由的产物。任何科学规范都不是依靠法律从外部强加于科学研究之上的，科学规范作为产生一系列科学研究典范的规则或框架，它是在科学家共同体长期的自由探索中逐渐确立的，科学的独立性联系着科学规范的形成。在 17 世纪以前的社会中，科学知识生

---

① 贝弗里奇：《科学研究的艺术》，科学出版社 1979 年版，第 147 页。

产没有从其他劳动中分离出来，科学活动的正当性没有得到社会的普遍认同，也就不会存在制约科学求真活动的独立规范。随着近代科学的独立发展，科学在其自发的成长过程中形成了规范的特有的结构和功能。科学规范包括两方面内容：一部分是方法论的，这部分包括经验证据的充分性和可靠性与逻辑一致性的认知或技术规范，它对应着科学是一种理性认识活动，它属于库恩（T. S. Kuhn）的范式范畴；另一部分则是道德论或制度性的，对应着科学研究是一种知识生产制度。制度性规范是随着科学知识生产的专业化发展确立起来的，在科学求真的专业化活动中形成了一套用于约束、协调科学共同体行为的基本规范，这就是由默顿提出的公有性、普遍主义、无私利性、原创性以及有组织的怀疑五条研究规范。这些规范从不同侧面排除了任何社会因素和人为因素对科学研究工作的干扰，也摆脱了物质功利主义对科学的束缚，进而规定了科学家的基本行为方式。

其次，科学规范是维护科学的自主性的条件。科学规范一旦形成便具有了相对的独立性和稳定性，科学规范中的各要素之间相互作用，具有自我组织、自我控制、自我评价和自我纠错的功能，因而科学规范是一个有生命力的综合体，决定着一个学科或一个专业领域的内部结构和发展规律，它们对外部控制来说是一种主要的抵抗条件和抵抗因素。科学创造过程是分阶段的，在自由探索时期，遵循规范既是科学创造的前提，又为新的社会规范的建立确定了方向。"（科学）自由就是对普遍意志的绝对服从"①，这里的普遍意志就是指自然现象本身的秩序以及科学自身的概念框架和知识体系，而不是任何其他外在的权威力量。为追寻科学理想而服从于科学规范体系，无私利地积极从事研究活动，乃是科学家自由精神的体现。随着科学知识生产的发展，规范本身会发生变化，但规范中的独立精神是不可抛弃的。抛弃了这种自由的精神，就等于抛弃了科学。

2. 无待自由的局限性

---

① ［英］M. 波兰尼：《科学、信仰与社会》，南京大学出版社 2004 年版，第69 页。

　　无待自由以追求最新知识为根本目标，对于弘扬科学理性、培育精神生活，有效控制科学中的功利主义取向和科学家的逐利行为，都具有不可替代性。但由于无待自由本质上是一种脱离世俗的自由，仅仅强调科学的目的价值，它的首要目的是获得一种心理上的满足，因而科学活动处于社会的边缘。科学只要处在社会的边缘，就不能保证有持续的研究活动。"因为教学和研究的组织完全是非正式的。"[①] 作为一种极具私人性的研究活动，业余科学缺乏得到经常性的社会支持的经济和政治基础，常常在物质和精神的双重挤压下不得不中断下来。例如，第谷（B. Tycho）逝世不久，鲁道夫（Rudolph Ⅱ.）皇帝授予开普勒（J. Kepler）以"帝国数学家"称号，让他继承了第谷的职位。然而由于薪俸削减，而且不是定期发放，所以他一直处于经济困境，因而不得不再去教点书和搞点占星术来挣些外快。正如开普勒自己所说："如果女儿'占星术'不挣来两份面包，那么'天文学'母亲就准会饿死。"[②]因此，没有外在条件的支持，无待自由终究不会持久。近代科学史上这样的例子还有许多，比如声名显赫的大科学家牛顿（Newton, Sir Isaac），他的收入仅能满足基本需要，后来不得已接受了造币厂的厂长职务，放弃了不获利的科学事业。[③] 惠更斯（C. Huygens）的助手尼·佩品设计了制备真空的抽气机，因得不到政府和社会的资助与支持，最后穷死在伦敦街头。[④]

　　总之，业余科学时代，科学研究只能是那些能够负担起时间和金钱、准备献身于科学的少数人的活动。随着科学的深入发展，研究成本在不断增长，经济上的压迫会越来越明显，当科学家个人不能负担得起这种重压时，无待自由也就相应进入了历史。

---

　　① J. 本—戴维：《科学家在社会中的角色》，四川人民出版社 1988 年版，第93 页。

　　② 亚·沃尔夫著，周昌忠、苗以顺、毛荣运等译：《十六、十七世纪科学、技术和哲学史》，商务印书馆 1985 年版，第 147 页。

　　③ 张田勘：《牛顿该不该弃研经商?》，《世界科学》2004 年第 1 页。

　　④ 赵红州：《大科学观》，人民出版社 1988 年版，第 275 页。

三　近代科学研究的职业化与
职任自由

在业余科学时代，科学家的无待自由本质上属于内在的意志自由，它是科学家个人自由的内质，也是求真活动的基本要求。但是，任何自由都不可能仅仅是停留于内在精神层面就能实现的，无待自由将会因无法得到社会的保障而难以长久地维持下去，科学家个人自由的合理化发展，必须实现由意志层面的无待自由向行动层面的"有待"自由转变。

（一）近代科学研究的职业化和科学家社会角色的形成

1. 近代科学研究职业化的历史必然性

在自由职业时代，科学活动是极其私人化的，科学家从事研究的经费来自个人自助或道德恩主的施舍，因而不需要对社会承担任何责任。然而，科学研究并不仅仅是一种满足人的心理需求的纯粹精神性活动，科学的实践性本质决定了它的应用能给人类带来物质馈赠。近代科学发轫之初，科学研究就不只是被当成以"闲逸的好奇"精神追求真理为目的的活动，它主要被看做是"实现文化上合法的经济效用目的"① 和颂扬上帝的手段。早在中世纪后期，近代科学的始祖培根（F. Bacon）十分明确地把科学的功能定位于实用。他提出，科学的真正合法的目标，是把新的发现和新的力量惠赠给人类生活。② 培根的这一思想反映了近代西方资本主义兴起时期经济的发展对科学和技术的需求，作为一种时代精神，它影响了近现代欧洲科学的发展。英国皇家学会就是在他的这一思想的影响下成立的。雷恩（C. Wren）在学会成立章程的草案里写道："我们明白，再没有什么比提倡有用的技术和科学更能促进这样圆满的政治的实现了。通过周密的考察，我们发现有用的技术和科学是文

---

① 默顿：《科学社会学》上册，商务印书馆 2003 年版，第 362 页。
② 培根著，许崇清译：《新工具》，商务印书馆 1985 年版，第 8 页。

明社会和自由政体的基础。……这项工作最好由有资格研究此种学问的有发明天才和有学问的人组成一个团体来进行。他们将以此事作为自己的主要工作和研究内容，并组成拥有一切正当特权和豁免权的正式学会。"① 胡克（R. Hooke）在为皇家学会起草的第二次章程中进一步指出："一切为了替上帝增光、为国王添荣誉……为他的王国带来好处，并为人类普遍造福。"② 查理二世之所以能够给研究学会的成立授予皇权保护和鼓励，主要是把科学作为一种对社会改良非常有用的工具，当做一种具有实际价值的、值得花精力的事业，用他自己的话说，就是"彼等探索自然之卓著劳绩证明自己真正有恩于人类"③。

由此可见，1662 年成立的英国皇家学会，它作为历史上出现的第一个被官方认可的科学家组织，学会的宗旨和任务是以功利目标为核心的：即通过实验增进关于一切自然事物的知识，并改进一切有用的技艺、制造方法、机械作业和技术发明；科学家可以以自由探索的方式在关乎实践需要的领域进行选题，而不受任何行政方式的限制。有人通过对早期皇家学会活动的分析发现，大多数成员（大约占 2/3 的人）对用于实际日的的"成果的实验"比为单纯发现事物原因的"启发的实验"更感兴趣，"他们力求把科学用于实际事务，用于采矿、航海、大地测量、射击之类的军事技术、纺织工业等"④。默顿的研究工作揭示，从 1561—1688 年间英格兰公布的 317 件专利中，约有 75％与煤炭工业有关，⑤ 英国皇家学会会员选择研究的科学问题，从 1661—1687 年间，占 50％以上的选题与社会经济需要有关。⑥ 这些数据表明，当时占压倒

---

① 贝尔纳：《科学的社会功能》，广西师范大学出版社 2003 年版，第 28—29 页。

② 同上书，第 459 页。

③ 同上书，第 29 页。

④ 汉伯里·布朗著，李醒民译：《科学的智慧》，辽宁教育出版社 1998 年版，第 20 页。

⑤ 《十七世纪英格兰的科学、技术与社会》，商务印书馆 2000 年版，第 191 页。

⑥ 同上书，第 256—257 页。

多数的研究课题是从解决生产中的实际问题中产生出来的。正是在这个意义上，恩格斯说："社会一旦有技术上的需要，则这种需要就会比十所大学更能把科学推向前进。"① 可见，在典型的自由研究的小科学时代，科学的功利目的是显而易见的，只是因为当时的科学还很弱小，不能有效解决生产中出现的问题，相反科学则更多的从物质生产技术中获益。

随着科学水平的不断提高，科学技术对社会的馈赠性日显。马克思说："仅仅 J. 瓦特的蒸汽机这样一个科学成果，在它存在的头五十年中给世界带来的东西，就比世界从一开始为发展科学所付出的代价还要多。"② 一方面，社会对科学越来越广泛的需要，使企业或政府愿意投资科学，以便享有对接受其投资的科学家工作成果的独占权；另一方面，科研费用的巨额增加，排除了科学家自我寻求资助的可能，科学家们的研究活动要得以维持，就必须寻找能为其提供研究所需设备和资金条件的机构。这两方面因素的结合就使得科学活动作为一种专门的职业成为必要。

2. 科学教育的制度化与科学家的职业角色的出现

科学研究的职业化是社会有持续科学活动的标志，而科学教育的制度化是科学研究职业化的保证。按照 J. 本—戴维 (J. Ben-Daivid) 的说法，这种情况主要"发生在 1825 年到 1900 年间的德国"③。历史上，科学成为一种专门职业首先是通过德国 19 世纪初的大学改革最早实现的。从 18 世纪开始，宗教势力逐渐退出大学，为了适应经济社会发展的需要，苏格兰率先对大学进行改革。改革的措施，就把教学与研究结合起来，依据社会需要设置课程，强化课程的功利色彩，从而使大学贴近生活。通过此次改革，自然科学开始在苏格兰大学课程中占有一席之地，19 世纪德国的大学改革实际上是苏格兰大学改革的继续。1809 年，以

---

① 《马克思恩格斯全集》第 39 卷，人民出版社 1974 年版，第 198 页。
② 《马克思恩格斯全集》第 1 卷，人民出版社 1956 年版，第 607 页。
③ J. 本—戴维：《科学家在社会中的角色》，四川人民出版社 1988 年版，第 211 页。

德国普鲁士教育大臣洪堡（B. A. Humboldt）为代表的一批人文主义者，主张为了适应学术的发展，应该彻底改变传统大学中重宗教、法律和医学等实用学科而轻视以追求真理为目的的哲学学科的状况，建立一种以哲学为中心的新型大学。在这次大学改革中，有两个措施对科学家的角色产生了重要影响：一是学术自由和自治，二是收费讲师和教授的设置。前者保证了科学研究的自主性，意味着教师可以凭自己的兴趣进行专门的研究工作；后者则表明教授成为位居收费讲师之上的一个权威阶层，收费讲师要想晋升为教授，就必须进行独立的研究，取得一定的成果，最后由教授组成的评议会进行考核。[1] 这种职称设置和考核制度，使柏林大学彻底克服了原先大学中的教师只从事教学而不从事研究的倾向，成为一种教学与科研紧密结合的新型大学。

但是，这次大学改革的缺陷也是很明显的。因为洪堡所倡导的大学改革主要是面向哲学和人文学科，在改革后的德国大学中，哲学成为传统学科中最重要的学科，而数学、物理学等自然科学"被当成是可怜的第三等级，位居思辨哲学和人文科学之后"[2]，它和人文科学都被包容在哲学学科中，这一状况一直持续到 19 世纪 20 年代末。这就是近代德国历史上的"自然哲学"时期。尤其是在 1810—1820 年间，德国大学里甚至否认自然科学研究的独立性，专业的自然科学家的角色处于边缘学科的位置。因此，改革后的大学体制仍在很大程度上限制着自然科学的发展，甚至出现了这样一个事实："德国的新型大学建立之后马上产生的效果是经验自然科学的衰退。"[3]

对科学家的职业化影响最大的是德国大学实验室制度的建立。19世纪 20 年代，著名的化学家李比希（J. V. Liebig）从法国学成归国后，于 1826 年在吉森大学建立了集教学与科研于一体的现代化学实验室，并面向来自世界各地的青年化学家讲授化学研究方法。大学实验室的建

---

① 马佰莲：《西方近代科学体制化的理论透视》，《文史哲》2002 年第 2 期。

② J. 本一戴维：《科学家在社会中的角色》，四川人民出版社 1988 年版，第 221 页。

③ 同上书，第 227 页。

立，使德国科学找到了一条适合自己发展的道路。首先是精密自然科学教授教席借助于实验室赖以设立，年轻的大学生可以通过成为实验室的研究助手的方式，与教授一起进行实验研究和学术讨论活动，这种科研与教育一体化的结构为德国培养了新一代的科学家。在研究实验室里，一名教授（导师）与众多的高级研究者一起工作，他们的大部分时间都在做研究。于是，科学开始作为社会系统中的一个独立的子系统而存在，科学组织的作用逐渐增大。随着大学实验室的建立与发展，到19世纪中叶，德国大学已经转换为新型的、以实验研究为主的大学，从事精密科学研究的大学教师在实验室和研究所中找到了自己的位置。[①] 他们既是大学教授，也是科学家。有人把这种大学从纯教学机构向教学和研究相结合机构的转变称为第一次学术革命。[②] 以此为标志，科学研究的专门职业化在德国首先形成，科学家的社会角色已经实现。

在德国大学改革的影响下，从19世纪中叶开始，欧洲其他主要工业化国家先后加强了科学教育，设立研究实验室，并相应地建立了保护科学独立性和科学工作者自主权的配套制度。到1840年前后，科学研究逐渐变成了一种专门职业，"科学组织开始变成科学活动中的一个重要决定因素"[③]，科学研究的形式也开始改变，由业余时代的个体研究向集体研究过渡。

3. 科学研究的职业化发展

（1）工业实验室研究的兴起

大学中有组织的实验室研究的兴起，不仅使受过严格训练的研究者从中产生出来，而且从中有可能产生一种新的应用工作，即一个以集体形式工作的小组在短时间内就可能开发出某些实用的技术。于是，科学和经济之间便有了联姻的可能性。一般地说，科学和经济的结合有两种方式：一种是工业企业组建自己的研究实验室，从事相关领域的研究探

① 马佰莲：《西方近代科学体制化的理论透视》，《文史哲》2002年第2期。
② H. 埃兹科维茨、L. 雷德斯多夫著，夏道源等译：《大学与全球知识经济》，江西教育出版社1999年版，第152页。
③ 赵佳苓：《科学的角色与体制化》，《自然辩证法通讯》1987年第6期。

索；另一种是企业加强与大学之间的合作，实业家给大学科研提供研究经费，而科学家的研究方向和成果都由提供资金的企业支配。随着科学成果应用的经济回报日益丰厚，一些有远见的实业家，直接创立了工业实验室以从事新产品的开发和部分科学研究。最先建立工业实验室的国家是德国。1865 年德国的巴迪舍苯胺和苏打工厂（简称 BASF）以高薪聘请著名化学家卡罗（H. V. Caro）建立了附属于工厂的实验室，化学家克莱蒙（Clemm Carl & Augst）兄弟以及勃隆克（H. V. Brunok）、格拉塞尔（C. Glaser）等人都就职于该实验室。到 1898 年，该公司拥有化学家 116 人。BASF 公司的做法在德国产生了良好影响，许多企业纷纷效仿，聘请科学家进入企业，参与新产品的研究和开发。但是大规模地创建工业实验室的举动发生在美国。1876 年，发明家爱迪生（T. A. Addison）在明洛公园建立了美国第一个从事应用与开发工作的实验室，网罗了一批从事科学研究的专门人才，于 1882 年建成了世界上第一个电力工业体系。爱迪生的实验室开创了工业研究的新时代，即科学与技术、科技与生产相结合的时代。19 世纪 90 年代，通用电气公司建立了自己的研究实验室。此后，杜邦公司、IBM 公司，以及石油、化工、橡胶、冶金等方面的公司纷纷都建立自己的实验室，并做出一系列的发明与创造。进入 20 世纪，企业中有组织的研究有了更大更快的增长。以美国为例，在整个美国社会，工业企业中的研究实验室自第一次世界大战以后增加很快，从 1920 年的约 300 个增加到 1940 年的 3480 个，1956 年增加到 4834 个。与此相对应，在同一时期受雇在工业界的科学家和工程师人员从近 9300 人增加到 7 万多人，到 1957 年，这个数目达到 728000 人。[①] 这些工业实验室，不但拥有进行科学研究的各种现代化设备，而且还拥有各种附属设施，如图书馆、报告厅、体育及各种生活服务设施等一应俱全，它们同时进行着基础研究、应用研究和开发研究。在某种意义上，工业实验室就是一个独立的科学社会。企业较高的基础研究投入，既为它们培养造就了大量高素质的创新人才，

---

① ［美］巴伯：《科学与社会秩序》，生活·读书·新知三联书店 1991 年版，第 188 页。

巩固了技术开发根基，也提升了企业的技术需求水平，孕育出技术创新能力。

如此一来，科学家开始以工业工程师的角色出现。

（2）军事科研：科学研究的建制化发展

虽然科学家作为大学教师的身份在 19 世纪中叶实现了职业化，但是科学研究的资助主体主要还是私人性质和社团性质的，随着科学的开拓能力不断提高，科学家从事研究所需技术和经费的增长逐渐超出自我资助的范围，[①] 政府或大企业集团资助就成为必不可少的因素。但总的说来，整个 19 世纪政府对科学家的资助是相当吝啬的，"按照提出的标准，没有一个科学家能得到他应得到的钱"[②]。到了 20 世纪初，随着国家工业化的推进，科学进步既能促进技术发展，又与政治和社会问题有关的本质日益受重视，以科学研究为职业的科学家越来越多，科学活动因而开始从社会的边缘走向社会中心，科学家的职业化不断得到扩展，从大学研究扩展到工业研究和政府研究机构，研究组织由科学的个人主义时代进入到集团运动时代。第二次世界大战后，又进入科学的国家主义时代。

政府制度性地支持科学的思想始于第一次世界大战。第一次世界大战期间，一些国家建立了协调科研的政府机构。首先是美国成立了国家研究委员会，英国于 1917 年成立了政府所属的科学和工业研究部，管理着各种各样的实验室，同时资助大学研究。在苏联，科学和科学家更是享有当时在西方国家从未有过的地位，政府制定有关政策，把科学研究纳入中央集权的计划经济体制中，以期更好地为社会主义建设服务，科学家备受推崇。正如洛伦·格雷厄姆（L. Graham）（1967）说的那样："历史上没有一个政府如此公开而积极地支持科学。只有苏联政府的革命领袖把自然科学同时看做是解决精神问题和社会问题的答案。"[③]

---

① 赵红州：《大科学观》，人民出版社 1988 年版，第 231 页。

② 同上书，第 232 页。

③ 希拉·贾撒诺夫、杰拉尔德·马克尔等编，盛晓明等译：《科学技术论手册》，北京理工大学出版社 2004 年版，第 444 页。

值得注意的是，直到第二次世界大战结束以前，无论是英国还是苏联，政府发展科学的重点都是国家安全目标，尤其是军事目标。政府对与军事技术有关的研究机构及其活动予以了大力支持并投入重金，从而首先在军事科研领域实现了建制化。例如，前面提到的英国科学和工业研究部，其科研工作主要偏重于同军事科学相关的问题研究。统计数字表明，以 1936—1937 年政府的资金分配与 1950—1951 年度的相比较，英政府用在军事科研上的经费增加了 67 倍，而同一时期的工业科研经费则只增加了 10 倍，农业科研只增加了 8 倍，对进行基础研究的大学给予的补助经费只增加了 6 倍。[①] 在军事科研建制化发展阶段，科学家通过与政府部门，尤其是与军事部门签订科学合同，科研经费和时间问题有了保障，科学家不再用到处筹措经费，从而获得了从事研究的外在权利自由。

但是，这种以政治目标为导向的科学政策会在某些领域对科学研究产生强劲的推动，但总的来说，它与科学发展的本性是有严重冲突的。处在严格军事管制下的科学家只有在服从政治任务的前提下得到有限自由，科学研究本身需要的自由探索精神在很大程度上已经丧失。在这样的体制下，科学家的自由只可能在社会的一个很边缘的地方艰难地维持着。

总之，自 19 世纪中期以后，科学研究已从原来的一种社会游离性的活动成为一项专门的职业。到 19 世纪末，西方社会已为大学、工业和政府机构接受大量科学家进入一种专门角色营造了条件，科学研究实现了广泛的职业化。这时科学家个人自由也完成了从业余时代的无待自由形态向职业时代"有待"自由形态的转变。

（二）科学研究的职业支持与科学家的自由权利的合法化

1. 科学家个人自由权利的合法化

科学研究的职业化使得科学家和政府之间建立了一种社会契约，契

---

① ［英］斯蒂芬·梅森著，上海自然科学哲学著作编译组译：《自然科学史》，上海译文出版社 1980 年版，第 567 页。

约双方作出了各自的承诺：一方面政府对科学活动提供经济的和政治的支持，科学家的外在自由得到合法保护；另一方面，科学家从事科学的好奇心必须服从政府的需要和制度安排。如果说，在业余科学时代，影响科学家研究活动成效的主要因素是个人兴趣和内在创造力，科学与社会的相互影响很小，那么，职业科学家的研究活动则主要受制于科研机构和国家政策的约束，个人兴趣和创造力则成了次要的因素。因此，职业科学家享受到的自由是"有待"的。"有待"自由实质上是社会为发展知识的需要给予科学家的一种特权。按照布鲁贝克（J. S. Brubacher）的观点，科学家从事研究的合法权利应该从以下三个维度上去把握。

首先，从认识上，社会要利用科学成果以造福于人类，就必须呵护科学家的独创精神。自由是追求真理的基本条件，学者应该享有这种追求复杂的、深奥的高深学问的自由。这是因为，第一，科学的最大特点就是实践性和客观性，为了保证科学知识的准确和正确，学者的活动必须服从真理的客观性标准，而不应受任何外界压力，如教会、国家政治和经济利益等的影响。① 第二，由科学创造的不确定性决定，社会必须保证科学家的探索自由。科学的探索性本质决定了科学的进展是以无法预料的步骤实现的，具有不可预知性和不可计划性，能够丰富和发展现有科学体系的只有个体探索者们。"科学在广阔前沿的进步来自于自由学者的不受约束的活动，他们用探求未知的好奇心所支配的方式，不断地研究它们自己选择的课题。"② 为了保护科学家首创精神的自由发挥，社会应该"将独立最大限度地归还给我们的科学机构和科学家"③。第三，科学活动是一种创造性的智力劳动，独创性是科学独立的标志。作为一种社会化的精神创造活动，思想自由不在于它存在于个人的头脑里——虽然在思想上保持个体的独立性对科学创造很重要——而主要在于科学家的创新思想、独特见解的发表是否会受外来因素的干扰和控

---

① ［美］J. S. 布鲁贝克著，王承绪、郑继伟、张维平等译：《高等教育哲学》，浙江教育出版社 1998 年版，第 46 页。

② ［美］V. 布什等：《科学：没有止境的前沿》，商务印书馆 2004 年版，第 54 页。

③ 同上书，第 55 页。

制。齐曼说:"独创性有两个层次的要求。在世俗的层次上,每篇科学论文对于科学文献来说必须有某种新的贡献,它必须提出新的科学问题,建议新类型的研究,提交新数据,论证新理论或提出新学说。在理想的层次上,它应该同时具备这几个优点。"① 为了给科学家新思想的自由发表和表达以宽松的学术环境,科学家的交流活动不应受到过多的学术权威和行政权力的干预。

其次,从政治上,社会应该给予科学家的探索自由和言论自由以法律保障。随着科学研究成为一种专门的职业,国家政治权力取代宗教对科学发展起着主导作用。国家为科学提供研究资助和支持,使科学和政治不可避免地联系在一起。一方面,今天的科学不再能保持过去那种纯粹的形象,它已经变成"一个政策范畴"、一种政治化的存在,科学研究业已与政治联姻,受制于其"典型的职业角色",在总体上受着国家利益和相关的科技政策的导引。科学研究是职业科学家的一种谋生手段,同时也是促进生产发展的手段,社会必须首先保障科学家经济上的独立地位,使他们有足够的时间和精力从事探索活动。另一方面,随着科学研究从社会的边缘走向社会权力中心,它已深深地陷入了错综复杂的社会力量的网络之中。在现代,科学研究总是摆脱不了应用目的及其与政治的联系,这就决定了科学家应该抱着对社会负责的态度,对社会的弊端客观地表达自己的思想。如果对有争议的问题保持价值中立,就意味着既放弃了自己的判断,又放弃了人类利益。② 所以,科学家的理性探索和言论自由应该受到法律的保护,保证科学家不会因为发表了关于知识的一般和特殊问题的意见而遭受危险或者严重的损害。

再次,从道德上,保护科学家的自由就是保护了科学道德。科学家的自由权利是以对学术道德的遵守为前提的。科学是人类自己的事业,也是为了人类自己的事业,追求真理无疑是科学的目标,但它不

---

① [英] J. 齐曼:《真科学》,上海科技教育出版社 2002 年版,第 51 页。

② [美] J. S. 布鲁贝克:《高等教育哲学》,浙江教育出版社 1998 年版,第 51—52 页。

是唯一的、终极的目标。科学的真正旨趣在于成为人类美好生活的向导，有助于增进人类幸福和减轻人类的痛苦；自由看似是专业特权阶层自我服务需要的表现，实质上这种自由存在的基本理由完全是"为了公众利益"，个人"追求真理也是出于个人的道德责任感"。[①] 在现代科学的视野中，科学发展和社会的发展日益紧密地结合在一起，科学家比过去负有更多的社会责任。既然社会把伦理道德责任给予了科学家，他们就必须行使好这一重要角色，必须重视自己的活动及其结果对于人类的利弊功害，自觉地对社会承担起自己的道德责任。因此，只有符合道德、对社会负责的科学研究，才会得到社会的支持，而科学家只有享有充分的外在自由权利，才能独立、深入地开展研究工作，才能在科学发展的旅程中激发出为科学事业献身的热情，达到较高的学术道德境界。

2. 职业科学家活动的特点

同其他职业一样，科学研究作为一种社会职业得到了社会政治上和经济上的支持，外在自由得到了合法保护。然而，任何一项依靠外来资助维持的活动，无疑都会受到相应的外界条件的限制。科学的职业化保证了科学家从事科学探索的特定权利，同时也被赋予了特定的责任和义务。正如贝尔纳所指出的：职业科学家"在经济上受到双重挟制，不但他个人的生计，取决于他是否能讨好他的雇主，而且作为科学家，他必须有一个往往成为他自己主要生活动力的工作领域。为了取得这个工作领域从事科研的机会，购置设备和雇佣助手的经费，必须讨好施舍金钱的当局"[②]。职业化时代科研组织的出现以及良好的科研设施的提供，都是围绕特殊目标而产生的。作为对等关系，科学家必然受资助者的影响，必须承担特定的职业组织下的责任。概而言之，政府或企业通过对科学家的研究活动提供资金资助，必然将政治目的或企业利益带入科学

---

① ［美］J. S. 布鲁贝克：《高等教育哲学》，浙江教育出版社 1998 年版，第 48页。

② ［英］J. D. 贝尔纳：《科学的社会功能》，广西师范大学出版社 2003 年版，第 451 页。

中，也将科学带入政治或经济中，只要科学发展的逻辑屈从于国家意志以及企业盈利目的，必然会削弱科学的自主性。

首先，政府掌握着科学活动所必需的大量经费，而政府资金的支持往往基于政治或经济的功利考虑，而不是基于科学本身的目的。因此，为了获得从事科学研究的权利，科学家必须迎合政府急切的功利需要，成为政府的雇员，自由研究的价值则得不到重视。特别是当社会开始认识到投资科学能够带来巨大利益回报的时候，政府对科学的资助具有明显的功利取向，并希望得到投资的效率回报。国家政策中的这种"唯效率原则"，必然会导致各种"急功近利"行为。而急功近利的价值观念往往让科学研究服从非学术权力的控制，使得科学家在选题上、研究方式上以及成果完成的时间上都要受国家的严格控制，自由研究被定向研究所取代。在这种以任务为导向的研究体制下，由于科学家面临立即产生成果的压力，便很自然地倾向于选取那些能够在短期内成功的项目，而有意回避一些独创性大、风险性高的选题；对于政府指派的那些定向研究任务，往往采取保守方式，而不会尝试使用新的方法和探求新的可能性。但是，只要科学研究本身的目的被近期的功利目标所取代，任何知识的重要性问题与其应用相比都变成次要的，研究人员就再也无法保持内心的宁静。不仅如此，资助者必然要求科学家定期给出研究报告，占有并支配科学家的研究成果，科学家就如同变成了完成一定的指标任务的"机器"。例如，美国政府的专利政策规定，不论是大学教授，还是政府研究机构成员，接受政府资助的科学工作者都是政府的雇员。他们取得成果的发明专利权不属于发明者个人，同时也不属于其所在的研究机构，所有权只能属于政府。[①] 直到 1980 年美国出台新的专利法案《1980 年专利与商标修正法》，开始改变这种由政府占有科学家的个人成果的规定，把科学家的创造发明专利权归接受项目合同的机构所

---

① A. 杰斯顿费尔德著，王恩光、吴仁勇、谢婉若译：《美日科学政策透析》，科学出版社 1986 年版，第 241 页。

有。① 日本政府的专利政策同美国相似。②

其次，企业资助科学研究期望获得更大收益，而这部分研究本质上属于应用定向研究。第一表现为企业投资建立研究实验室，其目的绝不只是为了增加新知识，而是有其他方面的原因。巴萨拉（G. Basalla）在《技术发展简史》中列举了企业成立研究实验室的几种动机：

其一，解决一些技术难题，统领某一技术领域；

其二，为了给自己的企业增添科学光环；

其三，增加公司的科学人才储备；

其四，通过专利阻止竞争；

其五，掌握该领域的发展动态，进行技术创新，以便抓住新出现的商业机会，等等。③

在这里，增加新知识、技术创新仅仅是公司创建研究实验室的几种功能之一，尤其是在公司实验室初建时期，其支持研究工作的目的是为了竞争而阻止技术创新，或者获取竞争者无法得到的知识，以保持自己的垄断地位。事实上，在一般情况下，即使企业对知识创新进行投入，也大都选取一些短期内可以获利的项目，科研选题严格地受制于资本家或企业的利益，科学家的内在自由受到严重束缚。杜邦公司高级科学顾问西蒙（H. E. Simmons）指出："对我们来说，基础研究已是商业需要，并非是奢侈品或出于好奇心。在当前竞争的环境中，基础研究必须成为战略计划的重要因素，必须与公司的基本竞争力紧密结合起来。"只是到了 20 世纪 80 年代以后，西方大工业公司及其工业实验室管理者面对存亡攸关的竞争环境，希望从更高层次把握先机，这时他们真正地认识到，工业技术开发中许多重大课题，都带有基础研究的性质，涉及大量的学术问题。为了满足未来的发展需要，让企业获得持久的竞争

① ［美］D. 博克著，徐小洲、陈军译：《走出象牙塔》，浙江教育出版社 2001 年版，第 218 页。

② A. 杰斯顿费尔德著，王恩光、吴仁勇、谢婉若译：《美日科学政策透析》，科学出版社 1986 年版，第 247 页。

③ G. 巴萨拉著，周光发译：《技术发展简史》，复旦大学出版社 2000 年版，第 138—140 页。

力，研究工作就必须深入到更广泛的科学领域。工业公司这一研究观念的转变，为科学家的自由研究提供了一定的生存空间。

再就是为工业企业对大学科研的支持是利润导向的。研究和教育是相互协同的活动，大学是新知识的主要源泉，是培养科学家和工程师的摇篮，因而大学顺理成章地应该成为基础研究的重心。然而，工业界向大学提供经费资助，主要考虑的并不是科学意义，而是公司本身的利润需要，是直接为实用性质的活动服务的，企业的资助给科学事业带来的是追求商业和经济效益的新动机。就是说，如果仅仅从产业需要出发支持和资助科学，那么，科学研究既丧失了目的性，科学家的自由研究受到严格限制，又造成科学资源不能自由流动，损害了整体社会收益。事实上，直到第二次世界大战结束以前，在发达的资本主义国家，政府对于大学科学研究的资助一直相当有限，这部分经费主要依靠私人工业公司或由社会慈善机构捐赠的少量经费来维持，大学董事会也主要由工业界和企业界的巨子们组成，[①]国家对大学教授的自由探索活动一般采取自由放任的态度，学者的研究活动拥有较大的独立于政治的自由空间，但他们却在相当程度上因受制于经济压力而失去了自主性。

总之，随着科学自身力量的发展壮大，科学研究更多地和社会过程结合起来了：它不再是研究者个人探索的事情，不再是一种优雅的娱乐与高级的消遣，而是一种有组织的社会活动；它不再是一项纯学术性的事业，而是被赋予了政治的和经济的内涵；科学家被雇用是因为他们可以解决专门问题，而不是因为他们具有创造性的想象力；科学家的研究工作也不是单纯为了追求知识，而是有了实用目标。科学家从事什么课题研究、如何从事研究等问题不是由科学家个人决定的，而是一个政治化或商业化的运作过程，科学家的研究自由越来越多地受制于制度环境和经济条件的满足，受控于公共政策，"无待自由"开始让位于职任自由。

---

① 周光礼：《学术自由与社会干预》，华中科技大学出版社2003年版，第98页。

（三）职任自由及其基本特征

1. 职任自由与行动自由

科学研究一旦作为一种职业在社会生活中建立起来后，就具有了一种谋生的性质，原来完全受个人兴趣驱动的个体自由研究，开始被定向的集团协作劳动所取代。科学作为一个相对独立的子系统存在，既要最大限度地争取得到社会支持，又要尽可能地保持科学系统自身的自主性，科学家的研究活动同时受到了组织和社会的双重控制。这种态势下职业科学家所享有的自由是一种"职任自由"。

所谓职任自由，是指科学家个人为完成自己的定向任务而享受到的权利。"职任"一词在现代汉语中有两种含义：一指官员的职位和职责，以及职责范围内的事项。《盐铁论》中有"古之进士也，乡择而里选，论其才能，然后官之，胜职任然后爵而禄之"① 词句；清代蒋士铨在《临川梦·星变》中指出："汝等受谁之爵？食谁之禄？乃敢旁观避过，无斥奸去恶之思，职任何在？"② 二指某项具体的任务派遣。也就是说，职任是指具有一定社会地位的行为主体应该承担的责任、任务，是指"食他人之俸禄"不得不去做的事，它强调的是必须和命令，因此具有强迫或被动的意义。

职任自由与无待自由是对立的两极，它是一种"有待"的自由。无待自由作为一种以追求真理为唯一目的的自由，它可以对社会不承担任何义务，因而是一种"只问是非，不计利害"的超功利的理想主义的自由观。但是，无待自由作为主要体现为内在自由的自由形态，因为缺乏外部经济和政治的支持而难以持久地存在。与无待自由相反，职任自由是科学家把自己作为掌握某项专业技能的工具而换取的自由，因而职任自由主要实现了权利层面的外在自由。然而，世界上绝没有任何经济制度只是为了让科学家个人消遣一番就予以经济条件和制度的支持的，外

_____

① 《诸子集成》卷八，上海书店 1986 年版，第 37 页。

② 罗竹风主编：《汉语大词典》第 8 卷，汉语大词典出版社 1992 年版，第 709 页。

在自由作为一种权利，必须以承担一定的责任和任务为前提。社会能够支持科学乃基于对科学的如下信念：科学知识是一种独立的善，作为一种功利性的存在，它在适当的时候会带来各种各样的实用结果，满足人类其他的利益需求。随着科学研究从业余活动演变为一种重要的职业，科学家的行动即受到了来自社会各个方面的牵制，受到了国家科学政策与相关法律的导引，科学家的自由研究的权利往往被雇用他的研发机构买断，他们不过是作为能够完成各项任务的专家，只能从事特定的发现和发明工作，内在自由受到极大限制。

总之，由于职任自由的获得在很大程度上是以内在自由的缺失为其代价的，它是一种主要体现为行动自由的外在自由，这就使得他们不得不屈从于某些实际利益而失去捍卫真理的尊严，对社会弊端失去了应有的批判性和社会正义感，从而在很大程度上失去了个人的空间。由于内在自由缺乏，职任自由之主要作为外在自由不可能真正完善。

2. 职任自由的基本特征

科学研究是一项代价高昂的事业，经费和时间对于科学家的创造性都是很重要的，而科学研究的职业化保证科学家有了稳定的生活来源，他们不再用为生计而四处奔波，可以有足够的经费和时间从事研究。正是有了政府或企业的资助，科学共和国的公民们才由一个19世纪的"乞儿"变为现代社会的"宠儿"，得以在一个组织团队中从事定向研究。然而，科学家为这种自由权利的获得付出了牺牲好奇心的巨大代价。在社会系统中，科学家的研究活动从属于特定的社会目的和特定的社会安排，必须承担特定的职业组织下的定向责任。具体地说，职任自由具有如下特征：

首先，科学上的个人主义被科学研究的集体主义所取代。职业化把科学家带入到科层制的研发组织之中。在高度组织化的活动中，科学家不再是"只身"的个体科学家，科学不再是一种个人的事业，而是一种有组织的事业；不再是由科学家掌控的活动，而是一种集体化和政治化的运行过程，科学家的研究活动被并入到一定的行政机构中去，像政府的公务员那样受控于政府机构或企业集团，科学研究实际上变成了只能完成那些由提供经费资助的机构所规定的任务的活动，科学家个人自由支配的时间被买断。这样一来，科学家较少有机会自由地参与科学共同体的各类事务，从而失去了智力活动的主动性。对于那些与政治利益攸关或者与企业核心竞争力有关的项目，研究成果更是必须严密封锁，科学家只能秘密地工作，与同行自由交流成果的权利被剥夺，科学家发现的优先权也得不到应有的保护。20 世纪五六十年代，我国"两弹一星"的功臣们，原先都是国内各领域中的一流的科学家。但是，为了祖国的建设需要，为了增强国家的综合实力，他们甘愿放弃自己的兴趣，默默无闻地从事国防研究二十多年。他们的工作是不出论文或者不能出论文的，个人独创性湮没在集体荣誉之中。这是一种以科学中的集体主义取代科学上的"个人主义"的价值取向。值得肯定的是，集体主义精神保证了科学研究中的无私利性原则，它可以使科学家抛弃狭隘的个人功利主义，进行充分的交流与合作，这在一定时期和一定范围内能够激发科学家创造的热情，但从长远来说，如果个人的贡献始终得不到科学共同体的承认，必然会使科学家失去持久的内在创造动力。

其次，科学家的自由探索被任务定向的研究所取代。在科学的职业化时代，科学家直接被政府或企业研发机构雇用去做全时的研究工作，研究过程和研究成果被置于雇用他们的机构的控制之下，完成定向研究任务。正如齐曼所说："研究不仅仅是发现。它是为着特定目的获取特定知识的一种有意识的行为。科学研究总是在某种有意识的计划下进行的，即使是最具有探索性的研究也不例外。"① 科学创造过程是一种个性化的活动，其创造成效取决于研究人员难以言传的知识和能力，而任务定向研究总是围绕着把自由作为实现具体目标的手段，而不是根据科学研究的规律安排的。在定向研究过程中，科学家的研究活动受外部机构或局外人的权力所控制，研究所需要的自由探索精神在很大程度上受到遏制，从而影响了科学家创造潜力的发挥。关于这一点，苏联物理学家卡皮查（P. L. Kapitsa）（1938）曾略带沮丧地指出："在青年时代，曾给予我们无比乐趣的、自由地从事科学研究工作的快乐日子永远地消失了，科学已失去了它的自由。科学已成了一种生产力。她已变得很富

---

① ［英］J. 齐曼：《真科学》，上海科技教育出版社 2002 年版，第 18 页。

有，但也沦为了奴隶，她的真面目已部分地被面纱所掩盖。"①

　　最后，科学的实用主义导致科学的目的意义丧失。在现代科学研究的进程中，无论是由政府还是由企业资助的科学活动，功利目的一直处于至高无上的地位，经费总是向着有明显实用特色的项目倾斜，科学研究仅仅成为为社会服务的实用工具。然而，如果社会过于强调科学的实用功能，就必然造成对基础研究的严重忽视。基础研究不仅是技术发明的源泉，它对于人才培养具有不可或缺的作用，国家如果不发展基础研究，就不会有科学事业的繁荣，技术创新资源就会枯竭，政府和企业投资的效益就无法保证。新中国成立不久，"两弹一星"等研制工作之所以获得成功，主要受益于从国外学成归来的第一代科学家，② 他们在国内外都受过严格而系统的科学训练，有着深厚的基础理论研究根底。20世纪五六十年代，中国科学事业取得了一系列国际一流水平的成就，与这些科学家的贡献是分不开的。然而，随着人们越来越把科学视为现代社会体系中颇为有用的一部分，原来建筑在个人首创精神基础之上的科学萎缩了。罗素（B. Russell）曾不无忧虑地说："科学所呈现给我们并曾使我们对之抱有信心的世界，现在变得越来越没有目的和意义了，如果这个世界上还有我们的地方的话，那么，身处这个世界之中，我们的思想今后必须找个安息之地。"③ 罗素的这段话虽然是针对当时人们滥用科学阐发的，但它同样也昭示出基础研究面临的困境。

　　任务定向和实用主义，本质上是科学的国家主义。如果国家全力发展实用科学，不仅会造成科学本身固有的精神境界的缺失，阻碍着科学的持续健康发展，而且从根本上阻碍科学的物质价值的实现。任鸿隽曾提醒人们警惕："我们不要忘记，科学的国家主义，和其他国家主义一

---

　　① ［美］D. 博克：《走出象牙塔——现代大学的社会责任》，浙江教育出版社1999年版，第166—167页。

　　② 中国科学院网站公布的1955—1957年新中国第一批科学院院士190人中，绝大多数是在国外取得硕士或博士学位后学成归国人员，他们约占院士总数的87％，纯由国内培养的科学家约占13％。

　　③ ［英］莫里斯·戈兰：《科学与反科学》，中国国际广播出版社1988年版，第28页。

样，将不免狭隘偏私、急功近利等种种毛病。这和科学的求真目的既不相容；与大道为公，为世界人类求进步的原则亦背驰。所以我们以为在计划科学成了流行政策的今日，私立学术团体和研究机关，有其重要的地位，因为它们可以保持一点自由的空气，发展学术的天才。"① 发展私立科学，可以保证社会中以追求知识本身为目的的少数人的存在，而不会因为国家"崇拜实业就把科学家搁在脑后了"②。在现代世界中，科学是一种决定社会命运的力量，是立国的根本，但是，国家发展科学首先应该是科学精神的弘扬，然后才能获得科学的"应用之宏和收效之巨"。任鸿隽提出："为科学而研究科学、为人类爱真之念所驱迫，不必以其实利与应用而始为之，社会上明理达用之少数人当暂负其责任。"③科学发展具有多样性，国家不仅要大力发展实用的科学，而且还应该给予科学家的自由探索研究以高度重视；这种以追求知识为目的的研究虽然不会太多，但却是最为根本的部分，只有同时兼顾，科学事业才能繁荣发展。

3. 职任自由的局限性

透过以上分析可见，职任自由不可避免地具有如下两个缺陷：第一，由于科学仅仅被看做是政府或企业产生效益的工具，是国家创造财富的动力，科学的精神价值会被忽视，这就使得社会对科学的支持极容易因为受到社会主流价值观念的影响而中断，最终使科学持续发展的动力不足。第二，科学家在政府机构或企业中从事特定指向的研究工作，他们的选题自由和发表自己思想的自由权利被剥夺，提供资助的当局一般也不允许他们承担专业以外的其他职责。如此一来，科学家的自觉能动性受压抑，不能自主地担负其应有的社会责任。例如，在曼哈顿计划中，被政府召唤参加核武器研制工作的科学家，不仅他们的言行受到严格的保密制度的束缚和限制，每个科学家只知晓自己所负担的研究任

① 李醒民：《中国现代科学思潮》，科学出版社 2004 年版，第 220—221 页。

② 樊洪业、张久村编：《科学救国之梦——任鸿隽文存》，上海科技教育出版社、上海科学技术出版社 2002 年版，第 185 页。

③ 同上书，第 269—271 页。

务，而不知道研究工作的实际目的，而且在是否对日本侵略者使用核武器的问题上，他们也没有实际的或决定性的发言权，虽然他们被看做是能够提供新思想、新发明的"智囊人物"。[①] 由于以上两方面缺陷的存在，致使职任自由状态下的科学家不能真正地担当起科学求真和造福于人类的责任。随着科学活动的社会建制化发展，职任自由必然被一种新的高一级的自由形态所取代。

总之，从 19 世纪中叶到第二次世界大战以前，科学研究主要在军事科研和工业研究领域实现了建制化。为了获得从事科学研究的权利，科学家必须迎合政府或企业的功利性需要，从而成为政府或企业研发组织的雇员，被研发机构雇去做全时的研究工作，从事着任务定向的研究。与此相应，研究过程以及研究成果也就都被置于雇用机构的控制之下。于是，科学中的个人主义和自由研究被集体主义、任务定向和实用主义所取代，科学研究成为向社会提供物质支持的功利性手段，而科学本身的目的意义及其固有的精神价值式微，基础研究被严重忽视。但是，这一时期，存在于大学中的基础小科学仍然主要依靠私人基金会和社会慈善机构的少量资金来维持，少数学者仍然可以凭个人兴趣从事自由探索研究。总的来说，这一时期内在自由保留有一定的成长空间。我们把这一时期科学家的个人自由称作"弱职任自由"。

随着现代科学对社会的渗透和影响日益广泛和深入，科学研究成果的独创性日益受到世界各国政府的高度重视，科学家的自由研究问题遂成为政府科学政策关注的重点，在基础研究中引入国家目标。那么，在基础研究中引入国家目标的情况下，科学家实际享受到的是一种什么性质的自由？政府对科学研究干预的合理性根据及其限度各是什么？在下一章我们重点讨论这一问题。

---

① M. 戈德史密斯、A. L. 马凯著，赵红州、蒋国华译：《科学的科学——技术时代的社会》，科学出版社 1985 年版，第 32 页。

第 三 章

国家目标与职任自由

自第二次世界大战结束以后,基础科学研究进入了规划科学的时代。在由政府主导科学资源配置的规划科学背景下,科学家的选择只有被纳入国家规划和计划,才能获得实现的机会。随着冷战的结束和国际局势的变化,基础研究进一步引入国家目标,政府通过科学规划和各类计划进一步控制着基础研究的方向、方式和应用,科学家被政府的效用规范驱动着,科学家的自由空间便在很大程度上不能不交由国家控制。与第二次世界大战前的阶段相比,他们拥有较少的自主性和较多的政治约束,这时科学家所享有的自由将进入一个新的历史阶段。

一 基础研究的国家目标化

(一) 大科学时代的产生

1. 大科学的出现

传统的基础研究被称为纯科学研究,是一种凭个人兴趣出发进行选题、个体独立的自由探索式研究,不需要对社会承担什么义务,人们把这种高度自由的科学称为"小科学"。这是西方 17—19 世纪科学活动的基本特点,历史上这一时期被称为"小科学"时代。但是,这种以自由探索为特征的"小科学"受到了现代科学的挑战。进入 20 世纪,科学活动出现了不同于 19 世纪的新特点:第一,科学研究难度增大。这是剥夺科学家个体研究的首要因素。第二，经费问题。科学研究的成本和技术不断升级，致使赞助人和工业界已经支持不了现代方式的科学研究，常常需要调动一个国家的经济力量，甚至几个国家的经济力量才能办到。第三，科学问题的跨学科性，致使单个人难以胜任，个人的创造性只能在集体力量中发挥出来。第四，科研人员从事一项研究所需的科技情报、图书等，往往超出他个人能力之外，信息资料获取的不完备性直接影响到了研究工作的质量。

赵红州指出："由于以上诸种因素的影响，就在全社会范围内造成一种力量，即超越任何科学家个人之上的力量。这种力量作为一种异己的力量凌驾于每一个精神生产者之上，这种力量作为一种集体的力量，开始无形地作用于每一个人的研究方向。"[1] 按照赵红州的说法，这种力量就是"社会的科学能力"[2]，它的形成离不开国家出面对原来分散的科学进行集中和规划管理。贝尔纳在《科学的社会功能》（1939）中明确提出了现代科学事业需要由国家来统一组织、统一管理的思想。这一著作的问世被称为是预示着大科学时代到来的宣言书。

但是，从小科学到大科学的过渡是有条件的，中间经历了近一个世纪的酝酿过程。从19世纪下半叶开始，科学家职业角色的出现使科学劳动的个体生产方式转向大学研究小组和企业集团的研究，研究选题开始受到社会生产和经济的支配，科研的目的不再仅仅是追求知识，更主要的是追求知识的应用与开发。然而直到第二次世界大战结束之前，基础研究没有清楚地显示其重要的物质功利价值，于是，基础研究和应用研究被分成两个不同的阵营，二者之间缺少实质性的联系，应用研究主要依靠企业投资，并且在企业研究实验室进行，而基础科学研究主要依靠私人基金会和社会慈善机构捐赠的少量经费艰难地维持。

第二次世界大战的军事科学实践，充分证明了科学家们的才智对现代社会的价值。第二次世界大战期间，科学家在"曼哈顿工程"等武器的研制中的积极主动作用，改变了战争的进程，充分展现了基础科学的

[1]　赵红州：《大科学观》，人民出版社1988年版，第1—8页。
[2]　同上书，第8页。

巨大功利价值。这一事实使政府逐渐认识到：基础研究可以有应用目的，应用研究也包含有大量的基础理论问题。基础研究上的创新属于源头创新，一旦取得重要理论突破，就会使以科学为基础的新技术得到迅速成长。如此一来，基础研究和应用研究由原来分离的两个不同阵营开始走向融合，特别是战后逐渐兴起的高技术，强烈地依赖于基础研究工作，高技术本质上是对基础理论应用的首次探索和技术实现，具有基本规律研究成分较高、学科综合性强、所需资金巨大、社会效益重大、风险高等特点。一旦成功，能够对社会发展产生重要影响。但是，基础研究的发展，单靠传统的主要来自慈善机构和其他私人的捐赠已明显不足，唯有政府拥有大量资源，需要介入国家力量的干预。布鲁贝克说："高等教育越卷入社会的事务中就越有必要用政治观来看待它，就像战争意义太重大，不能完全交给将军决定一样，高等教育也相当重要，不能完全留给教授们决定。"① 这个道理同样也适合于科学事业。现代科学发展丰厚的社会回报，致使科学活动被纳入国家的公共政策进行整体规划管理已成为必然。以第二次世界大战的科学动员为契机，以曼哈顿工程的出现为标志，基础研究成为政治系统实现一系列国家目标的手段，成为具有突出战略意义的国家资源，科学事业实现了由职业化早期的"中科学（Middle science）"② 阶段向大科学时代的过渡。

　　战后美国联邦政府在布什的著名报告《科学：无尽的前沿》的影响下，于1950年成立了国家自然科学基金会（NSF），使大批政府资金得以进入基础科学领域。以此为开端，世界各工业化国家都开始加强对科学事业的规划管理，确立了大科学研究体制，设立专门委员会来规划、控制与本国经济、国家安全密切相关的大项目，③ 并由政府投资和组织实施各类科学计划，科学活动被完全置于国家直接的控制之下。

---

① 布鲁贝克：《高等教育哲学》，浙江教育出版社1998年版，第32页。
② 从19世纪中叶科学职业化形成到第二次世界大战"曼哈顿工程"产生以前的时期，科学研究处在小科学向大科学的过渡期，这一时期，科学知识的生产方式由业余时代的科学家个体生产阶段进入到了集体主义生产时代，因此可以把它称为"中科学"阶段，以便与业余时代的"小科学"区分开来。
③ 赵红州：《小科学大搞，大科学小搞》，《科技导报》1995年第1期。

随着第二次世界大战的结束，同时也揭开了冷战的序幕，军事研发在和平时期成为一项大规模、制度化的活动，各国政府主要对某些与本国经济和防务息息相关的大项目予以巨大支持，大科学得到迅速发展。尤其是受 1957 年苏联人造卫星的成功发射的巨大刺激，许多国家把大量资金投放到有限的目标，即军事、核能和空间研究领域。例如，为了同苏联进行军事优势争夺，美国始终把国防科研放在优先发展的重要位置上，大力发展军事高技术，以国防带民用，联邦政府对国防科研的经费投入份额一直保持占研发总投入的 50% 以上。以"曼哈顿工程"计划为开端，美国联邦政府相继推出了阿波罗登月计划（20 世纪 60 年代）、星球大战计划（20 世纪 80 年代）、信息高速公路计划等特大工程项目。以这些大科学（工程）计划项目为依托，分解成许多包括基础研究、应用研究和发展研究在内的课题任务，以合同的方式交由大学以及包括私人企业在内的各种研究机构来完成。这些带有国防性质的大科学计划的战略意义在于，它能够充分综合利用前沿科学技术成就，积极占领科学技术的制高点，利用它，对于整体科学技术发展和国民经济的提升具有较强的辐射和放大作用。[①]

新中国成立以来，出于对国家安全的考虑，从 20 世纪 50 年代初到 80 年代，中国科学技术发展的战略重点一直是与国防事业有关的尖端技术，"两弹一星"是这一时期取得的具有代表性的成就。

总之，直到"冷战"结束，世界各主流国家对科学事业投入的重心一直是军事科学研究和国防事业。1996 年，联合国教科文组织在该年度报告中首次提出了"大科学"概念，表明当今的科学研究和技术开发需要在大科学的引领下进行。

2. 大科学的基本特征

"大科学（Big Science）"这一概念最早是由美国物理学家艾尔文·温伯格（A. Weinberg）于 1961 年 7 月的《科学》杂志上发表的一篇文章中提出的，其原意是指像"曼哈顿计划"这种"大规模的科学"。受其

---

① 马佰莲：《战后美日科技发展模式比较及启示》，《理论与改革》2006 年第 1 期。

思想启发，1962 年科学史家普赖斯在《小科学，大科学》一书中，第一次使"大科学"成为一个科学概念。他总结指出，大科学具有如下四方面的特点：第一，规模大。一曰科研课题庞大，大集体合作研究获得大发展；二曰从业人员多。第二，科学发展的速度惊人。[①] 第三，需要社会巨大资助。一个大科学事业的科研经费，是随着杰出科学家人数的四次方增长的，或者是随着科学家数量的平方增长的。[②] 第四，科学活动与国家目标结合紧密，社会功利目标是其存在的前提："大科学往往对标新立异的一些表现加以限制。科研协作和无形学院的出现，以及良好科研设施的提供都是为着科研中的特殊目标而发生效应的。"[③] 普赖斯的大科学观念揭示了现代科学活动所代表的整个时代的特征，强调了科学研究与国家目标的结合。英国科学社会学家齐曼在《知识的力量——科学的社会范畴》一书中，具体考察了现代科学研究在规模上、复杂程度上以及研究费用方面的重要特征，并特别强调了科研管理在大科学时代的必要性和重要意义。[④]

赵红州把普赖斯等人的"大科学"概念同以苏维埃为代表的社会主义科学事业结合起来，提出，同小科学相比，大科学首先是"规划科学"的思想。在赵红州看来，大科学研究是一项由国家管理的事业，课题由国家直接控制，并且由国家规定目标和任务，经费由国家资助，因此，规划性是大科学时代的首要特征。[⑤] 宋毅和何国祥把大科学特点概括为如下四个方面：第一，大科学是规模宏大的科学，不仅指课题项目巨大，而且指社会中的科学知识大量积累；第二，大科学又是一种多层次、多学科、互相联系协同发展的一体化科学；第三，大科学活动是一种社会化的集体活动，科学与社会形成了相互依赖的密切关系，是科

---

① 普赖斯：《小科学，大科学》，世界科学出版社 1982 年（内部资料），第 5 页。

② 同上书，第 80 页。

③ 同上书，第 95 页。

④ 齐曼：《知识的力量——科学的社会范畴》，上海科学技术出版社 1985 年版，第 208 页。

⑤ 赵红州：《"大科学"的由来及发展》，《光明日报》1994 年 4 月 6 日。

学、技术、经济与社会高度协同的科学;^① 第四,科学研究的目的不只是创造知识,更重要的是服务于社会和经济所面临的各种实际问题。

综合上述分析,可以给出一个大科学的定义。所谓"大科学",是指在已有的基础理论的突破和技术创造基础上,适应当代科学活动高度综合化的发展趋势,进行多学科相互交叉渗透和集成创新性的研究开发、以实现社会意义宏大的科学目标和经济目标为根本目的,由国家直接控制和组织开展的规模庞大的科学研究活动。具体来说,它具有如下特点:

第一,大科学首先大在其规模上。它是一种高度社会建制化的科学,研究课题庞大而复杂,大集团协作研究是其主要运作方式。

第二,研究目标宏大。课题由国家直接控制、资助和协调管理,由国家规定目标和任务,一旦成功,其科学意义和技术意义巨大。

第三,大科学项目的综合度、集成度极高,往往是多技术和多学科问题的综合集成。

第四,规划性是大科学的首要特征。一方面,大科学课题都是通过详细规划、慎重选择和充分论证后确定的,具有比较明确的、而且可以完成的目标,并依照现代工业的形式组织起来并加以管理的科学;另一方面,政府把科学资源纳入国家政策之中,进行统一控制和管理。

在大科学的这四个特点中,最根本的是如下两个方面:

首先,大科学是规划科学。科学研究是一种探索性的事业,因而也颇具风险性。由于大科学研究费用额度巨大,组织者必然要对它的风险性进行考虑,以及对大科学项目进行一整套详细的规划、反复的论证和严格的审批。^②

其次,大科学是基础研究成分高的科学,研究目标宏大。它又分为两种情况:其一,大科学是能够带来重大社会效益的基础研究,与高技术关系密切。高技术所实现的是前沿基础科学成果的首次应用突破,只有拥有雄厚的基础科学知识方面的储备,才能开发出具有较高竞争力的

---

① 宋教、何国祥:《大科学观》,中国青年出版社 1991 年版,第 8—12 页。
② 赵红州:《小科学大搞,大科学小搞》,《科技导报》1995 年第 1 期。

自主的核心技术，世界各国高度重视加强基础研究，其主要原因就在于此。其二，大科学研究是基础研究的一个重要组成部分，主要目的是获取科学知识，加深人类对宇宙自然的认识，同时为解决社会发展和科学进步中的重大问题提供知识上的准备。

由于基础科学产出的科学知识具有共享性和非消耗性的特征，把大科学定位于基础研究，意味着"大科学研究往往是国际性的，国际合作是开展大科学研究的有效途径"①。

总之，大科学时代是以规划科学为主的时代，这一时代的突出特征是大科学体制的出现。大科学体制以规划科学项目为核心，以自由选题的小科学项目为外围辅助部分。于是，科学研究步入由国家资助并由政府控制管理的时代。

（二）基础研究国家目标化的形成

1. 大科学时代科学研究的基本特征

大科学时代的产生是科学的社会化和社会的科学化、科学的综合化以及科学与经济、社会高度协同化等诸流汇合的必然产物，它使现代科学研究具有一系列有别于自由小科学时代的重要特征。

（1）科学研究的合作性加强

当代科学发展的总趋势正在各学科精确研究的基础上，向着多学科交叉研究的方向发展。科学问题的性质已由原来的主要局限于一个学科内部或分支学科内部的单一问题，过渡到学科内部多分支学科或近邻学科之间的问题群的形式，并进而发展到需要众多学科联合攻关的问题堆的形式。在当代，重大的原始创新普遍具有跨学科或交叉学科的性质，以前那种专门人才已不能完全适应当代科学技术发展的新要求，时代呼唤交叉学科的通才，或需要多学科的科学家之间进行合作交流和思想碰撞。美国曾对 1300 多位科学家进行为期五年的跟踪调查，发现有成就的科学家中，只有很少一部分人是精通一门专业的专才，绝大多数科学

---

① 何传启：《我国的"大科学"研究与国际合作》，《科技导报》1997 年第 5 期。

家都是以博才取胜的。从 1901—1992 年间，获诺贝尔奖科学奖的人都活跃于跨分支学科领域，有 1/5—1/3 的科学家属于跨学科选题。

随着科学的深入发展，科学问题日趋复杂，许多研究课题需要多层次、多学科和多技术的综合集成才能完成。因此，科学研究的规模越来越大，从集体规模、国家规模一直发展到今天的国际规模，科学发展由原来的小科学过渡到了大科学。大科学驱使着科学家参与团队工作，个人进取心和创造力被整合到全局的科学技术工作中，20 世纪后期科学史上的重大科学突破，几乎都是通过有组织的大规模研究活动取得的。当代科学研究主要不再是靠个人奋斗的事业，而是在高度体制化的科研组织中，研究组织的成员进行协作型的科学研究，以互助合作为特征的科学家集团，已成为大科学时代科学研究的主导性力量，也是科学研究的主要社会建制，这与 19 世纪那种依靠个人的天才和发明的时代有重要的不同。

（2）科学研究的功利性凸显

传统社会中，基础研究也称为纯科学研究，它是由科学家的好奇心驱动的研究，研究的目的是求真，不考虑任何应用目标。在当代，这种以追求知识为目的的纯学术研究依然存在，并仍然处于基础地位而日益发挥其重要作用。但是，随着新技术革命的蓬勃发展，科学与技术之间的相互作用不断加强，不仅技术需要科学，科学也同样离不开技术的支持，基础研究既直接受到科学家好奇心对一般知识追求的推动，又日益被技术进步探索的问题加以丰富，应用的考虑已成为基础科学的最主要的推动力量。而这种"应用语境"的研究的目的不仅是要推动知识的进步，更要通过知识生产解决具有经济和社会目标的科学问题。① 在当代，随着科学研究的边际成本递增和研究规模的扩大，有限的科学资源已难以给予所有有价值的研究活动以充分的支持，致使科学研究的组织管理、资源配置以及研究方向的选择等问题与科学研究的效用紧密联系在一起。面对日益严重的预算压力，政府在进行资金投入的时候，不得

---

① 李正风：《科学知识生产方式及其演变》，清华大学出版社 2006 年版，第 293 页。

不考虑多方面的利益均衡问题，不仅考虑科学研究的经费投入应该保证多大的份额，还要考虑经费支出能否获得有效的回报。为了说明投入的合理性和效用性考虑引导着科学研究越来越趋向经济、政治和军事等功利目标。例如，在 20 世纪五六十年代，美国的国家科学基金会（NSF）主要支持大学里的好奇心引起的基础理论研究；到 90 年代，作为 NSF 主管的国家理事会要求 NSF 应该从两个方面考虑经费的分配：一是资助属于知识前沿的许多点上的一流研究工作；二是将相当的经费安排在战略研究领域，以响应为国家目标服务的科学机遇。①

当代科学技术的发展表明，除少数纯基础研究主要依靠科学家个人的素质和兴趣外，大量的基础研究将是定向的，以未来科学技术发展方向和未来技术市场的需求为导向。在过去，研究和开发的预算主要被描述为"研究和研究的开发"或"研究和为更多研究进行开发"。现在的研究和开发越来越多地被看做本身就是开发和研究，R&D 变成了 D&R，甚至在某种程度上变成了"开发和为开发的研究"②，多重效用的要求自始至终都发挥着重要的作用。

（3）科学研究的评价是共同体评价与应用评价的统一

科学家的基本职责是为社会提供公共知识，并通过创新知识改善人类生活。在近代小科学时代，科学研究依靠个人自助或私人基金会的资助即可实现，而且由于由公共知识转化为社会物质财富的过程缓慢，对科学工作的评价主要依据科学家对增进新的自然知识的贡献。随着基础研究朝着规模大、成本高、社会影响巨大的大科学方向发展，科学研究进入到经济生活的核心，数据的量化、知识在专业学科中的组织以及出版物呈现指数增长，使得知识的生产本身成为一种经济活动，具有可测量的投入和产出。

20 世纪 90 年代以来，对基础研究进行效用评价受到世界各国的

---

① 司托克斯著，周春彦等译：《基础科学与技术创新》，科学出版社 1999 年版，第 107 页。

② 费多益：《大科学的模式转换——从"研究与开发"到"开发与研究"》，《中国人民大学学报》2004 年第 1 期。

高度重视，成为管理科学研究的重要手段。在大科学的运作方式中，有限的科学资源与规模庞大的研究队伍、昂贵而复杂的基础设施以及科学的各分支学科方向选择之间的合理调配，是提高科学研究整体效率的关键。因此，与传统评价相比，当代对科学研究的评价具有了新特征：第一，从内容上看，当代科学评价不仅是针对科学研究输出的研究成果的评价，而且要对研究课题预测评估以及对科学研究的过程进行评价，科学研究的评价贯穿于研究的全过程；第二，从评价的标准看，不仅评价研究活动在生产知识方面的贡献，而且更加重视科学研究主体的多重社会责任，强调科学研究对于解决具有应用目标的科学问题的绩效，绩效评估成为科研管理的重要手段。而且在特殊的应用背景下，研究问题的意义和结果的评价标准不仅是由同行确定的，而且是由持不同价值观念和利益取向的社会、公众和科学家共同确定的。换言之，政府的"质量控制不仅要考虑学术标准，而且要考虑其他社会、经济和政治标准，如对国家利益的贡献，对社会和经济竞争力的贡献，研究过程中的成本和社会的可接受性等"①。

2. 基础研究的国家目标化被纳入国家公共政策

20 世纪 90 年代以来，随着高技术革命的蓬勃发展和知识经济的出现，科学技术进步与国家经济的发展紧密地结合在一起，国际竞争主要表现为经济竞争，尤其是高技术竞争，激烈的国际竞争导致知识保护的加强，基础研究成为国家重要的战略性资源。在当代，加强基础研究既是提升国家创新能力和积累智力资本的重要途径，也是跻身于世界科学技术强国的必经之路，因此世界各国普遍重视加强规划本国的基础研究以建立自身的科学知识储备，强化基础研究为国家经济和社会发展目标服务的政策方针。

以美国和英国为代表，世界各工业化国家为了应对未来知识社会的挑战，积极促进基础研究和国家目标的结合，倡导"基础研究面向国家目标"。自 20 世纪 90 年代以来，像英国这样一个历史上对科学研究一

---

① 李正风：《科学知识生产方式及其演变》，清华大学出版社 2006 年版，第300 页。

向强调市场的力量最有效，因而政府长期采取不干预政策的国家，也在
开始转变观念。在国际竞争的压力下，英国政府开始对科学事业实施强
有力的政策措施，强调科学技术发展要为国家经济建设服务，并把越来
越多的资助授予了目标导向的应用研究。为了这一政策方针的实现，
1992 年成立了政府一级的、直接隶属于内阁的科学技术办公室，如
1993 年该办公室提出：科学价值不是选择项目的唯一标准，经济和社
会发展的需求必须同时考虑，战略计划和优先领域是国家需求的导
向。① 美国克林顿政府 1994 年发布国家科学政策报告《科学与国家利
益》，非常明确地把"增进基础科学与国家目标的联系"② 作为冷战后
国家目标体系中的主要内容之一提出来。该报告强调指出：科学既是无
尽的前沿，也是无尽的资源，是国家利益中的一种关键性投资，③ "在
一个相当长的时期里，美国对基础研究的投资，必须同国家目标相匹
配"④，科学界在实现国家目标时应该付出更大的努力。战后成为第二
经济强国的日本，在 20 世纪 90 年代陷入经济低迷的情况下，为打破经
济的颓势，重新获得竞争力，政府内阁会议于 1992 年通过了《科学技
术政策大纲》，突出了振兴基础科学和促进重点领域的研究的政策导向，
提出在分配资金时，要考虑目标选择和技术需求两方面的重要性。1995
年又出台了新的《科学技术基本法》，明确把"科学技术创造立国"作
为基本国策，这一法案提出，政府发展科学的目标是"促进对日本经济
和社会发展的贡献，提高国家的福利，同时对世界科学技术的发展以及
人类社会的可持续发展做出贡献"⑤。

　　发达国家的这些不约而同的举措明确地传达着这样一个信息：基础

　　① 胡显章、杜祖贻、曾国屏主编：《国家创新系统与学术评价》，山东教育出版社 2000 年版，第 56 页。
　　② ［美］威廉·J. 克林顿、小阿伯特·戈尔著，曾国屏、王蒲生译：《科学与国家利益》，科学技术文献出版社 1999 年版，第 15 页。
　　③ 同上书，第 13 页。
　　④ 同上书，第 84 页。
　　⑤ 樊春良：《全球化时代的科技政策》，北京理工大学出版社 2005 年版，第 57 页。

研究应该更好地为国家目标服务已成为全世界的共识。1996 年，联合国教科文组织在该年度报告中首次提出了"大科学"概念，表明当今的科学研究和技术开发需要在有目标的科学规划的引领下进行。

通过以上分析可以发现，在某种意义上，当代科学事业繁荣的必由之路又回到了近代科学诞生时的"学者传统"和"工匠传统"相融合的传统道路上。随着科学、技术和社会一体化发展，科学与技术之间已经很难画出一条明确的界限，基础研究在物质和精神两方面的价值同时得到彰显。在科学研究成为国家战略资源的时代，基础研究在很大程度上被要求必须服从国家的政治和经济目标，科学家研究的自主权和国家目标紧密结合在一起，完全游离于国家目标之外的研究较少获得资助。

（三）基础研究的国家目标的确立

1. 国家目标的含义

国家目标，一般理解为事关国家利益的宏观战略指向，主要包括增强国家的整体实力、确保国家安全、提升社会的物质文明和精神文明的水平等。国家目标又有近期和远期、直接和间接之分。美国政府在 1994 年发布的国家科学政策报告中，将国家目标概括为公众健康、社会繁荣、国家安全、环境责任以及改善人民生活质量五方面的内容。[1]

在基础研究中引入国家目标，意味着基础研究的方向选择必须首先关注国家利益、为国家目标服务。1992 年，经济合作与发展组织（OECD）一位发言人奥贝特（J. Aubert）提出：新时期的科学政策"必须与国家背景和全球化变迁相联系。政府必须在自己国家的社会背景和制度背景下更加谨慎地规划自己的行动，同时必须更好地利用科技政策去解决在急剧变化的世界中出现的问题"[2]。换言之，新时期政府的科

---

① 威廉·J. 克林顿、小阿伯特·戈尔著，曾国屏、王蒲生译：《科学与国家利益》，科学技术文献出版社 1999 年版，第 84 页。

② 希拉·贾撒诺夫、杰拉尔德·马克尔等编：《科学技术论手册》，北京理工大学出版社 2004 年版，第 453 页。

技政策应该是"思考立足于全球，行动立足于本土"①，把科学发展机遇与国家战略目标紧密结合。20 世纪 90 年代，美国国家理事会指示国家科学基金会（NSF）在经费的分配上应更加关注社会需求引起的研究，应该在资助属于知识前沿的许多点上的一流研究工作的同时，考虑将相当的经费安排在战略研究领域，以响应为国家目标服务的机遇。②1995 年，我国在《中共中央、国务院关于加强科学技术进步的决定》中全面阐述"科教兴国"战略时，明确提出："在当前一个时期，基础性研究要把国家目标放在重要位置，把为国民经济和社会发展提供动力作为中心任务，重点解决未来经济和社会发展的基础理论和技术问题，创立新的技术和方法。"③ 朱丽兰提出："政府行为作用于基础研究，就是要基础研究的整体发展方向和国家目标一致。"④ 中国的这一政策导向与世界科学发展的总体趋势是相吻合的。

如何确认国家目标？基础研究怎样体现国家目标？基础研究的目标应当符合国家当前和长远利益，用朱丽兰的话说，就是科学发展的整体目标应该是"顶天立地，后来居上"。"顶天"就是要让国际上承认在世界科学中占有一席之地，"立地"就是要为国家的经济建设目标服务。只有"顶天立地"，才能"后来居上"。⑤ 基础研究的国家目标不同于一般的企业计划，而是着眼于国家科技整体水平和整体经济实力的提高。江泽民明确指出，加强基础研究应该"目光远大，筹划未来"，"要把为未来经济发展提供科技动力和成果储备，作为基础性研究工作的主要任务。要确定有限目标，突出重点，有所赶有所不赶，才能有所作为"。⑥

---

① 希拉·贾撒诺夫、杰拉尔德·马克尔 等编：《科学技术论手册》，北京理工大学出版社 2004 年版，第 453 页。

② 胡显章、杜祖贻、曾国屏主编：《国家创新系统与学术评价》，山东教育出版社 2000 年版，第 57 页。

③ 国家科学技术委员会编：《中国科学技术政策指南——科学技术白皮书》第 7 号，科学技术文献出版社 1997 年版，第 270 页。

④ 朱丽兰：《关于瞄准国家目标问题》，《中国科学报》1996 年 7 月 24 日。

⑤ 朱丽兰：《基础研究与国家目标》，《中国科学基金》1996 年第 1 期。

⑥ 江泽民：《论科学技术》，中央文献出版社 2001 年版，第 54 页。

在这里，江泽民一方面强调了科研工作要以"国家目标"为导向，那种脱离国家经济和社会发展需要、单纯为了追求同行承认的"象牙塔"式的研究倾向受到否定；另一方面又强调了科学研究要"目光远大"，应着眼于为"未来"提供知识储备，而不是解决当前的具体实际问题。国家自主创新能力和综合实力的提高取决于创新性的知识储备。2000 年，江泽民又重申了上述思想："中国政府支持科学家在国家需求和科学前沿的结合点上开展基础研究，尊重科学家独特的敏感和创造精神，鼓励他们进行'好奇心驱动的研究'。在未来 50 年甚至更长的时期里，中国的发展将在很大程度上依赖于今天基础研究和高技术研究的创新成就，依赖于这些研究所必然孕育的优秀人才。"[①] 由此可见，基础研究的"国家目标"包括三层含义：一是基础研究工作为未来经济发展提供动力和成果储备；二是科学发展要在国际科学前沿占有一席之地；三是为未来社会发展培养高层次的人才，增加智力资本。就是说，能够解决未来社会的经济和政治等重大战略需求任务的理论研究，以及为国家科学发展提供智力储备的研究都具有国家目标的意义。将国家目标用于指导基础研究，就是把科学发展的机遇和国家的需求有机地结合起来，从而达到双方的协调发展；意味着要在充分认识国家科学技术发展的重点和方向的前提下选择研究课题，使基础研究首先关注国家的利益，研究的成果能够首先为国家目标提供服务。

　2. 当代基础研究的性质与功能

以国家目标为基础研究导向，涉及如何评价基础研究的性质问题，进而影响到国家对科学的规划和计划。根据经济合作与发展组织的定义，基础研究是指"为获取以现象和观察事实为基础的新知识而进行的实验或理论工作"[②]，其目的在于拓展对宇宙自然的基本认识。20 世纪 80 年代以来，人们逐渐认识到基础研究包括纯基础研究即自由研究以及应用基础研究即目标导向型研究两种类型，两类基础研究分别体现了国家目标的不同内涵。其中，纯基础研究是由好奇心驱动的研究，或者

---

　① 江泽民：《论科学技术》，中央文献出版社 2001 年版，第 207 页。

　② ［美］司托克斯：《基础科学与技术创新》，科学出版社 1999 年版，第 6 页。

称为认识驱动型研究，这类研究学术性强，属于最基础、最"无用"的理论研究。这类研究的重要性首先在于，它有时候会为社会目标发现或创造未曾料到的新的可能性，想要在世界科学技术领域"占有一席"，必须充分支持和发展这类基础研究，期望对世界科学做出重要的贡献。由于这类基础研究究竟会在哪一领域、哪一时刻取得重大突破具有不可预见性，同时也很难预见其应用前景，任何个人或机构都不能说哪些领域与国家目标没有关系，因此应该给予这类课题预留自由的空间，对它的资助计划要灵活。只要有属于原始创新的苗头，就应得到支持。如果对这类研究的资助也要求按社会经济目标设立优先选择和路径的话，就极有可能错失取得重大突破的机遇，从而失去对实现国家目标有益的资源。

应用基础研究则是指期望能创造出坚固的知识基础，并在近期或中期内具有应用价值的研究，因而称为战略基础研究。战略基础研究也是知识取向的，但它与潜在重要领域的技术发展直接地联系在一起，其目的在于为工程技术和其他应用目的提供知识背景。OECD 对战略性基础研究的定义是："常在被认为对未来经济和社会发展有着重要影响的广泛的科学领域里，探索知识的前沿，一些应用的可能性被认为在中期是可预见的，尽管应用的具体方法目前还不得而知。"[1] 就是说，战略基础研究体现了国家战略目标要求，它是从促进或制约国民经济发展的问题中抽象出一定的科学问题、引导科学家进行的定向研究，希望它能为解决当前所认识到的未来的实践问题提供知识背景。由此可见，战略基础研究可以直接按照国家目标进行规划安排。

但是，不论哪一类基础研究活动，都有以下六项贡献：[2]

其一，增加有用的科学知识的储备；

其二，培养年轻科学家或优秀人才；

---

① 胡显章、杜祖贻、曾国屏主编：《国家创新系统与学术评价》，山东教育出版社 2000 年版，第 61 页。

② Robert J. W. Tijssen, Science dependence of technologies: evidence from inventions and their inventors, *Research Policy*, 2002, Vol. 31 (4).

其三，创造新的科学仪器和方法论；

其四，形成交流网络并激励社会互动；

其五，增强解决科学和技术问题的能力；

其六，创建新公司，或促进知识在经济和社会方面的运用。

基础研究的这几项产出都具有长期性和积累性特征，因此，对基础研究进行规划不应急功近利或急于求成。布什说："基础研究是一个长期过程——如果指望靠短期资助立即得到结果，它就不是基础研究了。"[①] 基础研究要达到一定的水平并取得重大理论突破，绝非一日之功，需要长期的投入和艰苦的探索，有时需要两三代人的努力。历史上，很多科学研究所引发的实际应用领域都与最初的工作方向有很大的差距。例如，电磁学的基础研究直接引起了现代通信技术的发展；固体物理的理论研究使晶体管的发明成为可能；传统被认为没有任何实用价值的高度抽象的数学也成了多个不同应用领域的核心，获得了广泛的应用价值。遵循基础研究的这一规律，"绝不容许短期行为，因为它只能使与我国未来生死攸关的智力资本的发展遭受损害"，[②] 要注意保护科学家的自由和充分的自主性。

3. 基础研究国家目标化的历史必然性

基础研究以国家目标为指向，是由当代科学研究的性质决定的。

首先，随着科学的社会化和社会的科学化发展，基础研究和应用研究之间的界限日益模糊，大量问题从实用中涌现出来，科学问题越来越多地进入与社会相关的视阈，科学发展的外部需求日益增多并得到加强，由社会需要产生的课题越来越占据主导地位。应用目标的考虑不仅能够解决经济社会中的大量问题，有助于提升国家的经济实力，而且可以拓展基础研究问题发现的视野和途径，极大地促进科学的发展。

其次，由于现代科学知识本身变得越来越深奥，科学问题日趋复

----

① ［美］布什等：《科学：没有止境的前沿》，商务印书馆 2004 年版，第 86 页。

② 《科学与国家利益》，第 28 页。

杂，科学研究活动与社会经济、政治环境等因素日益紧密地关联在一起，大量课题都具有了综合性和交叉的性质。一些综合性科研课题常常需要几十甚至成百上千的科学家的通力合作，需要整个科学界相关领域长期一致的努力来完成。因此，由国家组织力量有选择地进行大科学攻关逐渐在科学事业中占据主导地位。

再次，现代科学活动是一个需要巨额经济支持的庞大结构体系。基础科学研究所用仪器设备昂贵且复杂，所需费用惊人，国家只能根据其财力大小有选择地予以支持。例如，一篇高能物理学的科学论文要耗费掉价值约 100 万英镑的设备、人力与材料，这门理论科学的花费只能用整个欧洲大陆的财源来进行研究。一个物理学课题项目动辄耗资数百万乃至数十亿美元，[①] 刊登在《物理学通讯》上的论文作者有时多达百人以上。在这样一个时代，政府面对日益严重的预算压力，不可能有足够的资金支持任何有价值的新项目，科学内部标准不再是科学资源分配的唯一根据。只有美国可以凭借它雄厚的经济实力和科学实力，在确定基础研究的国家目标时能够做到"保持在所有科学知识前沿的领先地位"[②]，以长期维持和促进自己的竞争地位。其他国家却不能照搬美国的模式而在所有领域都有作为。

科学研究是一项探索性很强的事业，同时也是一种高风险性的事业，任何一个国家都无法给当代科学活动以全面的支持。在某一时期，必须保证对一些具有战略意义的研究领域给予重点支持，使科学的发展与社会、经济的发展目标相协调。即使像美国这样经济实力和整体科学实力都异常强大的国家，在每个时期对基础研究的支持也都有重点领域。而对于像中国这样的发展中国家，它的经济实力和综合国力更加不允许它全面出击，科学的国家目标就必然是一种有限目标：有所为，有所不为。对科学的支持方向，一方面要顺应全球科学、技术和经济一体化的大趋势，瞄准国际科学发展的前沿；另一方面必须立足基本国情，

　　① ［英］J. 齐曼：《知识的力量——科学的社会范畴》，上海科学技术出版社1985 年版，第 220 页。

　　② 《科学与国家利益》，第 15 页。

瞄准未来社会的重大需求，以同国家的社会发展战略相协调。①

通过以上分析可以看到，国家目标有近期和远期之分，直接和间接之别。如果国家为基础研究设定的是近期的和直接的目标，要求科学家将基础研究成果服务于短时期的经济建设任务，必然有害于基础研究，损害科学家的创新精神；如果只是要求基础研究的选题应该在关乎国家利益、国家安全和国家需要的一些领域和方向上进行，而不对它提出任何急功近利的要求，那么，它不仅不会损害基础研究的性质以及科学家个人自由，而且能够保持科学创新的活力，激发科学家的使命感和创造热情，从而做出独创性贡献而不是跟踪修补的平庸成果。总而言之，基础研究的国家目标定向和自由研究之间能否达到较好的协调，而不损害个人自由，"关键的问题在于如何设定国家目标以及以何种方式运作于基础研究"。②

二　国家目标与研究自由的辩证关系

（一）科学中的计划和自由的对立统一

1. 科学计划和规划的含义

现代科学研究已由社会的边缘入主国家公共政策领域，国家对其实行统一管理。国家目标为基础研究导向，是通过对科学进行规划和计划具体体现出来的。规划原意是指谋划或筹划，后来是指较全面或长远的谋略。如五年规划、十年发展规划等。所谓科学与技术规划，是根据国家的长远目标和需要解决的难题而制定的、旨在促进本国未来一定时期的科学与技术进步及其与经济社会协调发展的目标设计、行动方案和保证措施。科学与技术规划的任务是"明确科学技术发展与国家目标之间

---

① 何传启：《关于我国基础研究国家目标的再思考》，《科技导报》1997 年第 9 期。

② 吴彤、李正风、曾国屏：《基础研究评价与国家目标》，《科学学研究》2002 年第 4 期。

的联系，确定优先发展的领域以及优先的资源分配"①。科学与技术规划包括"指导型"和"指令型"两种类型。其中，"指导型"科学与技术规划表现为国家科学发展纲要或科学政策报告；"指令型"科学与技术规划表现为具体的科学计划。有些科学与技术规划则是两者的结合。科学与技术规划是通过具体的科学与技术计划实施的，计划是规划的操作层面。

所谓计划，是指人们为了达到一定目的，对未来时期的活动作出的部署和安排。按执行要求分，有指令性计划和指导性计划；按时间分，有长期计划、五年左右的中期计划和一年以内的短期计划等。科学中的计划的含义包括三个层次：第一，规模较大、时间较长的计划，即政府层面上的政策；第二，机构委员会的研究方针，主要由一个委员会主管，决定学科布局安排以及应该资助哪些项目和人员；第三，研究人员的策略计划，主要是指研究人员本身对研究工作的实际处理。② 其中，政府政策层面上的计划即科学与技术规划；研究人员的策略，是指执行中的具体方案，它是科学家研究工作的具体安排。

由此可见，科学技术规划一般是指时间较长的任务部署。而科学技术计划既可以指时间较短、较为具体的研究安排；有时也指长期的科学技术规划。科学技术规划和科学技术计划有时只是使用的语境不同，有时可以通用。

在当代科学发展中，除少数纯研究主要依靠科学家个人的素质和兴趣外，大量的基础研究将是定向的，它以未来科学发展和未来技术市场的需求为导向。科学上的突破具有极大的不确定性，具体的突破方式及其突破的时间是不可预见的。然而，某一学科的发展趋势和宏观进程却是可以预测的。也就是说，人们对某些重点学科领域及其发展的方向可以预先进行规划。政府对科学进行规划的核心目标，就是使科学的发展满足国家经济社会发展的需求，引领未来的经济社会发展。随着科学进

① 参见樊春良《全球化时代的科技政策》，北京理工大学出版社2005年版，第7页。
② 贝弗里奇：《科学研究的艺术》，科学出版社1979年版，第125页。

步对国家安全和社会经济发展的重要性变得日益迫切，为了有效发挥科学资源的作用，世界各国政府普遍加强了对科学事业的宏观管理和协调作用，纷纷制定科学技术政策和规划，建立科学基金会、科研机构和国家科学管理制度等，形成了国家科学技术体制。冷战结束后，随着国际竞争局势的变化，攀登世界科学前沿高峰已成为各国政府科学研究工作的重要目标之一。

　　基于对这一客观形势的认识，我国先后出台了有关基础研究工作的一系列发展计划。其中最重要的是 1985 年设立了国家自然科学基金（NSFC）专门用于资助基础研究，它每年由国家拨款和集中管理，这实际上是政府管理基础研究的一种方式。NSFC 根据基础研究的性质，基金资助项目分为面上项目、重点项目和重大项目三个层次。其中，面上项目属于科学家个人或小组的自由选题，尊重了科学家的个人兴趣和科学自身的发展规律，充分考虑到了科学家个人富有原始创新的自由研究存在的空间，以免错过产生重大科学发现的机遇；重点项目包括学科前沿课题和具有中国特色的基础研究课题、对开拓高新技术领域起关键作用或对促进科技进步和经济社会发展有重要指导意义和深远影响的基础研究课题等三方面内容，重点项目的学科性和辐射力强，对各分支学科的深入发展都有重要作用。

　　重大项目主要针对经济、科技、社会发展中的重大科学问题，组织跨学科、跨部门、跨单位的联合研究，它体现了科学高度综合而带来的多学科联合研究的需要。另有"863"高技术新概念、新构思计划项目，主要鼓励创新研究，其经费占"863"总经费的 2％，由国家自然科学基金委员会受理自由申请、评审资助和检查实施；国家重点基础研究"973"计划则主要是面向与国家目标结合紧密的基础研究资助计划。

　　总之，我国基础研究计划大体上可以分为三类：紧密结合国家目标的指令性计划，遵循科学自身发展规律的指导性计划，以及充分发挥科学家个人独创性的自由选题计划。三个层次计划的制订和实施，体现了科学的多样性，为科学家发挥自身的创造性潜力提供了广阔的研究平台。

2. 科学计划与研究自由的统一性

（1）科学计划成立的理论根据

科学研究是一种探索未知、具有高度创造性的认知活动，其研究成果的取得具有不可预见性，因而不可能做到对它进行具体的详细规划。但是，科学创造又在某种程度上是有一定指向的社会活动，如果不在某种程度上对科学活动预先计划，便无法取得进展。培根首次提出了对科学进行计划的思想。他提出："宇宙在人类理智的眼里好像一座迷宫，哪一面都呈现出那么多的歧路，各种事物，各种征象似是而非，各种自然现象杂乱无章，纠缠不清。——可是那些自命为向导的人自己也晕头转向，他们增加了错误的数目，扩大了流浪者的队伍。在这样困难的情况下，不管是人类的天赋的判断力，还是什么偶然的幸运，都没有给我们提供任何成功的机会。杰出的才智也好，重复偶然的实验也好，都不能克服这样一些困难。我们的步骤必须有一个线索引导，我们的整个道路，从第一个感官知觉起，必须建立在一个可靠的计划上。"[①] 培根在这里强调了科学研究预先的方向选择和路线选择的基础性和必要性。科学作为一种人类的智慧活动，它总是在一定的科学方法和原则指导下进行的，这类计划一直是科学本身所固有的，并不与科学的自主性相冲突。但现代科学的发展远比培根时代复杂。

随着当代科学、技术与社会经济的发展日益紧密，基础科学要在瞄准国家目标的方向上进行规划，使科学研究为未来社会的发展提供知识储备。在当代，通过对重要和优先领域进行预先规划、制定并组织实施各类科学计划来促进科学的发展，已成为各国政府用于体现国家意志，协调、推动和引导本国的经济发展所采取的主要手段之一。科学探索具有不确定性，提出具有划时代意义的思想、做出重大的科学发现，在很大程度上是一种不可预知的偶然事件。对于科学发现这类偶发事件，虽然我们无法准确预测其发生的时间和方式，但却可以找出有利于引起"思想火花"的条件，科学发展的方向是可以预测、可以规划的。这是因为：

---

① 北京大学哲学系外国哲学史教研室编译：《西方哲学原著选读》上卷，商务印书馆 1981 年版，第 344 页。

第一，将科学规划用于应用研究可以有效拓展知识的发现域。创造性的科学发现一般都是从遵循传统开始的，科学家们把现有的理论作为一种暂时可以接受的试探性假说，以此为起点进行常规研究。根据库恩的范式理论，科学发展模式分为前范式探索阶段、常规科学或遵循范式阶段、科学革命或后范式阶段。其中，处在前范式探索期的科学，用经验研究解决外部设定的问题，成功的希望极小；范式阶段的科学不受外部调控，科学系统认知结构的逻辑因素自身即具有科学问题的自繁殖力，不断推动科学的深入发展；只有在后范式阶段对科学实行外部计划是可能的，社会问题能够转换成研究路线。① 因为在后范式阶段，科学理论已经达到一定的成熟度，接下来的工作就是需要将科学研究和应用研究有机地结合起来。就是说，科学规划应该建立在理论成熟的基础上，这时引导理论发展的内在逻辑已经失效，它的进一步发展取决于新的实际问题的出现。正是在理论研究与应用问题联系起来思考的过程中，经常会发现知识中有需要填补的空白点，而这些空白点恰恰是理论科学家容易忽视的问题。②

第二，科学突破服从一定的周期规律。按照事物运动的辩证法，事物的发展是一个由量变到质变的过程，质变是事物发展中的飞跃，也就是一次突破。科学和技术突破的原因有两种情况：一是需要是发明创造之母；二是当知识的积累达到一定程度后，新的发明、创造必然会出现。美国科学家莱恩（Lehn）的研究表明，一项由目的和任务规定的研究活动，将成果用于发展计划，能够在商业或其他方面产生明显影响大致需要 14 年时间。③ 科学发展也有一定的周期性。一般地说，对科学短期预测的展望周期一般为 5 年左右，中期预测为 10—15 年，长期预测周期是 15—30 年。④ 其中，中期预测对科学选择和优先领域的确定尤为

① 刘吉主编：《静悄悄的革命——科学的今天和明天》，武汉出版社 1998 年版，第 188 页。

② 贝弗里奇：《科学研究的艺术》，科学出版社 1979 年版，第 131 页。

③ 陈玉祥、朱桂龙：《科学选择的理论、方法及应用》，机械工业出版社 1994 年版，第 250 页。

④ 同上书，第 214 页。

重要。中期预测的时间与一项新领域从开拓到取得成果所需要的时间相一致，也是新领域的延伸和成长周期。通过中期预测，可以跟踪学科前沿的发展，调整科研计划，合理规划重大研究项目的工作顺序和期限。基础研究是一项累积性的、进展缓慢的事业，对某个基础研究项目的投资就等于向这个领域进行科学播种，根据科学发展的现状，依据科学研究的传统和发展的周期性，可以有效地部署许多年的工作，以期在某学科领域实现重大科学突破。科学规划就是优先选择国内已有较强基础和优势的领域，并对这些学科领域予以重要的支持，以期实现科学的跨越式发展。后发达国家的科学技术实践充分证明了这一规律。

第三，科学创新是"时代的产物"。从科学史上看到，所有创新都是时代的产物，"时代是最伟大的创新者"[①]。就是说，一旦所需的前提条件得到满足，科学发现就会成为那个时代自然而然的产物，而不是完全偶然地出现的。如果对某些学科领域的研究予以加强，可以大大加快这一学科领域科学发现的进程和数量。有研究表明，科学发展方向在很大程度上受社会的主流价值观的影响和制约，[②] 在什么年代，做出什么样的发现是必然的和统计决定的。在社会需求和科学发展等各种因素的作用下，某些学科和研究领域将处于科学发展的关键和先导的位置。根据赵红州学科发展的"采掘模型"理论，如果决策者掌握了当采学科的转移规律，就可以进行卓有远见的战略规划。一般地说，一个国家科学家的学科布局，如果符合当代的学科结构，科学事业将会产生较大的发展速度。[③] 苏联科学家瓦维洛夫（N. I. Vavilov）指出："当然，对'不可预料的'科学成果和发现进行计划是不可能的，但是所有真正的科学

---

① 默顿：《科学社会学》下册，商务印书馆 2003 年版，第 479 页。

② 默顿通过对 17 世纪英格兰的科学家科学和技术兴趣转移的研究，说明了这样的事实：这一时期科学兴趣汇聚焦点不完全是由各门科学内部的内在发展决定的，相反，科学家们通常总是选择那些与当时主导地位的价值和兴趣密切相关的问题作为研究课题。默顿著，范岱年等译：《十七世纪英格兰的科学、技术与社会》，商务印书馆 2000 年版，第 88 页。

③ 赵红州：《大科学观》，第 201 页。

必须包括很大比例的有根据的预期和先见之明。"① 控制论创始人维纳（N. Wiener）指出：与大机器生产中工人的可替代性类似，在科学发现上，研究人员同样具有可替代性，并可由相关的社会力量所控制。② 虽然维纳的这一思想观点有些绝对化，但是我们也不能不看到，在当代，科学研究已不再是个人的行为，而是成为社会化的系统工程，科学的创新和技术的发明过程都是一个社会协同的过程，③ 对科学进行规划也是科学自身发展的必然要求。

总之，虽然科学研究探索的是未知世界，有许多不可预测的因素，但根据社会的需要和科学自身内在的发展趋势，重要研究领域通常是可以预见的，可以在宏观上加以规划。对于基础研究来说，不可控制、不可规划的只是具体突破发生的方式以及突破时间。

通过以上分析可以看到，在一定范围内对科学进行规划是必要的，也是可能的。只要规划不是过于详细和具体，而是能够灵活地适应情况的新变化进行修订，就不会与科学创造所需要的自由探索的本性相冲突。另一方面，科学研究从根本上说是一个学习和发现的过程，研究结果有可能会带来重要的或意外的进展，有时一个意外发现能够给整个科学领域在几年内带来巨大变化。所以，无论是科学本身所固有的计划，还是政府层面瞄准国家目标的规划，只能是一种宏观的指向，为研究者规定使命和研究的大方向，而不能预先制定细致的计划安排，否则会损害科学的自主性以及科学家的自由探索精神。

（2）规划大科学与自由小科学的统一性

前面的分析指出，大科学即规划科学，是在已有基础理论突破以及相关的技术条件成熟的基础上发展起来的，它主要以经济和社会价值为导向，是在常规科学系统内进行的，研究方向和发展前景具有一定的可预期性，一般具有明确的可以达到的目标，所以独创性成分比较小。独

---

① ［美］B. 巴伯：《科学与社会秩序》，第 279—280 页。

② ［美］维纳：《发明：激动人心的创新之路》，上海科学技术出版社 2002 年版，第 6 页。

③ 官一栋、于达维：《中科院院长路甬祥：科学不再是个人行为》，参见中国科学院 2005 年 12 月 30 日网页：http://www.cas.cn/.

创性成分大的成果一般来自科学家的自由选题项目，诺贝尔科学奖获奖
成果大都来自这类选题研究。但在规划科学时代，自由选题的小项目极
容易被"边缘化"，这些边缘化和富有创造性的项目，却常常能够对科
学发展产生不可估量的作用。科学计量学研究表明，在科学前沿（即近
十年内的科学发展），90％的文献出自那些由自由探索的小科学所形成
的"无形学院"和科学共同体。① 因此，规划大科学和自由小科学之间
应该是相辅相成、相互补充的关系。

大科学和自由研究的小科学之间是相辅相成的。普赖斯提出，大科
学的发展在总体上是"大的学科在规模上和小的科学在数量上的发
展"②。一方面，大科学要以小科学的理论突破为基础和前提，没有众
多小科学的积累发展，大科学这一参天大树难以成长壮大。在科学发展
中，自由研究的小科学往往起到探索尖兵的作用，并对新兴的科学领域
常常起开路的作用。大科学实质上是在"小科学"的突破性进展的基础
上建立起来的。正如巴伯提出的那样："小的科学发现基本上以与大的
科学发现同样的方式产生，在某种意义上，小的科学发现并不更次要，
因为它们是一类科学元素，必然被归并到大发现之中去，大创新和小创
新必然紧密联系在一起。"③

另一方面，大科学是小科学进一步发展的平台。当一个科学领域已
经达到一定的成熟度以后，会出现若干有重大科学意义或应用价值的目
标和方向，只有通过大规模的投资和科学家集团作战来实现，这时客观
上就产生了组织大科学项目的需要。大科学研究作为战略基础研究，能
够进一步为小科学研究提供许多的基础数据和新信息，为小科学的深入
发展建立良好的知识平台，同时为小科学提供重要的技术上的准备。因
为通过大科学研究，会展现许多未知的新现象，一个大科学项目常能带
动几十个小科学项目，使众多科学家能够从中寻找到自己的兴趣专

---

① 赵红州：《论"当代小科学"及其在中国科研体制改革中的历史地位》，《中
国社会科学》1997 年第 1 期。

② 普赖斯：《小科学，大科学》，世界科学出版社 1982 年版，第 48 页。

③ ［美］B. 巴伯：《科学与社会秩序》，第 226 页。

业。① 周光召曾对大科学和小科学的关系给出一个形象的比喻，他说："面对未知的领域，如同作战一样，如果说小科学项目是小的侦察部队，大科学项目则是打攻坚战。"② 换言之，小科学和大科学是针对不同类型科学研究的不同组织方式，它们之间不是对立的关系，也没有截然的界限，从科学研究的特点看，两者都需要充分发挥科学家的首创精神，科学家需要自由探索的条件和空间。

因此，一个国家科学事业的健康发展，必须同时兼顾规划大科学和自由小科学的发展。1957 年，周恩来在第一届全国人民代表大会第四次会议上的政府工作报告中指出："科学技术研究的基本任务，是为了发展生产，同自然界作斗争。如果不把我国现有的科学力量适当地组织起来，密切地联系社会主义建设的需要，作出比较全面的和长期的规划，那么，我国科学事业的发展，就没有了方向，就不可能收到我们的预期效果。……在国家规划外，无疑也应该允许科学家从事他们自己所专长的某些研究工作，以便充分发挥科学家的潜力。"③ 1961 年 7 月中共中央批准通过的《关于自然科学研究机构当前工作的十四条意见（草案）》中提出："在'大计划'下还可以有小自由。应当允许和鼓励科学家根据自己的专长、钻研兴趣和学术见解，提出研究课题。如果和国家计划结合个上，在可能的条件下也要量力支持。"④ 世纪之交的 2000 年，江泽民在《科学在中国：意义与承诺》一文中明确指出："在未来 50 年甚至更长的时期里，中国的发展将在很大程度上依赖于今天基础研究和高技术研究的创新成就，依赖于这些研究所必然孕育的优秀人才。我国基础研究的战略部署，既要充分支持科学家自由选择的研究活动，还必须服务于国家目标。"⑤ 上述思

---

① 赵红州：《论"当代小科学"》，《科技导报》1996 年第 6 期。

② 科技日报评论员：《科学研究首先要服务于国家目标》，《科技日报》2005年 1 月 20 日。

③ 严搏非编：《中国当代科学思潮》，生活·读书·新知三联书店 1993 年版，第 104 页。

④ 同上书，第 282 页。

⑤ 江泽民：《论科学技术》，中央文献出版社 2001 年版，第 207 页。

想都体现了对科学的规划应当遵循当代科学发展规律的基本精神。

当代各国的科学体制，大都是以大科学项目为核心、以"小科学"项目为外围软组织所构成的科学生态系统。"大科学"体制的成效在很大程度上取决于这个系统中"小科学"的构成状况，也取决于"小科学"的进化程度。[①] 冷战结束以来，随着以科学技术为核心的综合国力竞争战线前移至基础研究，自由小科学的重要性更加凸显出来。

3. 科学计划与研究自由的对立

（1）计划项目的确立与科学家独创性思想的对立

自 1985 年我国科研拨款制度改革以来，国家对科研活动的资助普遍采用课题制度，拨款方式上引入了项目竞争机制。在一个国家的科学活动只能依靠政府投入和由政府控制资源的社会条件下，科学家的选择行为只有被纳入国家规划和计划才能获得实现的机会。在当代，即使一般的基础"小"科学项目，"其经费的总数也会远远超过科学家的薪金，科学家个人是无力支付的"[②]，一个科学家要从事研究，必须争取到社会团体或国家的资助。而要获得国家或社会的支持，需要经过课题申请和项目的审批。科研课题的评审通过同行评议的方式进行，所谓同行评议（peer review），是指由从事该领域或相关领域的专家以共同范式对一项研究工作进行的评价活动，其决策基础是"共识"。政府资助采取同行评议的方式，让"科学的事情由科学家决策"而不是由行政官员决策，既减少了科学家对资助机构的依附性，课题制管理把资金给予特定项目的研究人员而不是研究机构，又减少了科学家对其所在单位的依附性。[③] 总之，同行评议制度在相当大的程度上保护了科学家的自由和探索创新的精神。

同行评议是社会民主和科学界内部层级制度相结合的产物，既要保证评审专家是同领域中高层的专家权威，又要保证将评议的权力赋予一

---

① 赵红州：《论"当代小科学"及其在中国科研体制改革中的历史地位》，《中国社会科学》1997 年第 1 期。

② ［英］齐曼：《知识的力量——科学的社会范畴》，第 219 页。

③ 樊春良：《全球化时代的科技政策》，北京理工大学出版社 2005 年版，第 91 页。

个专家小组，而不是某一位权威，这样可以兼顾评价的准确性与公正性。[①] 但在现实中，同行评议本质上也是科学家个人意见的表述。评审专家的学术偏好、学识学养、心理素质以及品质修养等主观性因素，不可避免地融入评议过程，影响着评议的结果。同行评议的公正性与否，关键在于评审专家的选择及其发挥作用的大小。为了发挥同行评议的有效作用，评审专家一般都是各学科的科学权威。在我国，一些重要课题的选择主要依靠少数年事已高的资深科学家来决定。一般说来，资深科学家由于有着丰富的知识和经验，因而能够始终保持冷静的头脑，对新出现的理论学说保持高度警惕，不致被一些时髦而肤浅的思想所迷惑，所以，他们的存在能起到一种保证科学健康发展的稳定作用。然而如果把一些重要课题的审批权完全交由少数资深科学家，也会阻碍科学家创新思想的成长。这是因为：

第一，资深专家对计划项目的审查往往是在常规科学规范内进行的，用现有的权威理论去裁判一个新课题，如果该课题是遵循常规的选题，专家的决策往往很有效，能够体现决策的权威性。但对于一些突破常规的新思想新理论，由他们进行决策，遭到抵制的可能性就很大，评议结果的公正性就要打折扣。根据同行评议制度规定，某一课题如果得到多数专家的赞成，就是所谓的共识性课题，就被列入研究计划，从而得到经费保证。反之，对于那些没有形成共识的课题，就被淘汰掉。一般来说，容易形成共识的课题，是那些跟踪国外热点的风险性不大的题目，以及能得到现有科学理论支持的课题。这些共识性课题往往是一些传统观念下形成的项目，它们的创造性成分不可能很高。而一些与现有的流行理论相左的、超出常规的富有独创性的选题，最容易遭非议，最有可能成为非共识课题，但恰恰正是这类项目最有可能获得重大突破。

第二，在当代，科学上的重大突破越来越多地发生在交叉学科领域，而单学科的资深专家、权威，往往脱离了科学前沿，或是囿于成见，不能对新兴学科的选题做出恰当的评估，由他们评审这类选题是难

---

① 王蒲生：《完善科学评价机制，谨防科学越轨行为》，《科技日报》2000 年12 月 8 日。

以形成共识的，一些独创性大的课题就极有可能被扼杀在襁褓中。在这种体制下，研究人员为了获得研究所需要的资源，获得课题项目的通过，他们在选择课题时就不一定是按照个人兴趣或个人专长，而是选择一些把握性大，短、平、快的课题。这样的选题往往对现有理论仅仅具有修补性质，创新性较小，科学价值不大。当然，这类选题也有其存在的价值，但是，过多的这类题目往往使科学研究长期停留在低水平层次上，极容易在科学界滋生浮躁心理，阻碍着重大独创性成果的产生。

第三，某些学科领域中的同行评议专家的选取过于稳定，[1] 极容易打破评审工作所要求的回避制度，给评审过程中的不端行为预留了空间。假如这些专家权威在思想上不能超脱，而将个人私利置于科学的价值标准之上，那么，由他们作出的评议的公正性就要大打折扣。

事实证明，课题项目评审如果由少数专家控制，很可能成为扼杀创新、支持平庸的一种手段。令人欣慰的是，近年来，国家自然科学基金委员会为了保证同行评议制度的公信力，做出了许多努力。例如，在对评审专家的选择上较为灵活，每两年更换一次，评审过程采取匿名评审制度，"申请人事前都不知道负责审议的是哪些专家"，[2] 从而将项目评审中的不端行为降到最低限度，保证了评审工作的公正性。

（2）计划项目的实施与研究自由的对立

国家科学规划是政府组织科学研究的基本形式，也是合理配置科学资源、促进科技进步和经济社会发展的有效手段。科学发现往往都要打破常规，是不可预期的，尽管一些有远见的科学家可以有能力指出科学发展的总体趋势，但想要预测在哪个研究领域会在何时出现重大突破是很难的。基于对这一科学发现规律的认识，贝尔纳提醒制定科学规划的决策者："任何想要向科研提供更大的支援和发展的机会的措施，都要和可能限制科研工作者的自由或限制科研工作者想象力

---

　　① 韩宇：《我国基础研究创新的现状、问题与对策》，《科学对社会的影响》1999 年第 3 期。

　　② 刘溜、刘彦：《国家自然科学基金：一个可能的改革蓝本》，《中国新闻周刊》2004 年第 47 期。

发挥的潜在危险放在一起考虑，权衡其利害得失。"① 就是说，任何计划，不论多么完备与合理，总难免有考虑不周到的地方，总会遇到一些与预期不吻合的实际情况，计划项目的制定必须有弹性，应当便于根据实施情况及时调整。贝弗里奇指出："一切计划都应看成是暂时的，可随工作的进展而变动——如果研究人员不能随意离开本题进行研究工作，那么，就可能错过机会，不能在一些预想之外的枝节问题上做出新发现。"② 新发现在很大程度上就是一种奇遇，"真正伟大的科学发现，不仅是探索巨大的可能性的冒险，而且更是挑战不可能性的赌博"③。科学发现的这一特点要求在政府的"大计划"下保护科学家的探索自由，在大方向确定的前提下，允许和鼓励他们根据自己的专长和学术兴趣提出新的研究课题，以期做出有重要意义的发现。

按照科学发现和发展的规律，对于某些富有创造性的课题，只有在对这些课题做了深入的研究后，人们才能逐步接受和理解它，才能对课题的研究方案有深刻的认识。但在我国的科学管理体制中，在对项目的管理上，有很多的计划课题项目不只是要求设定大的研究方向，而且对课题立项的要求非常严格，项目计划书中需要详细列出课题研究的基本路线、实验方法、具体步骤等，并且限期验收。如此一来，科学家无法去追求意想不到的东西。美国科学委员会在《开启我们的未来：走向新的国家科学政策》（1998）中明确指出："如果某个研究项目具体的结果能够事先知道，那么这个项目从本质上就不是真正的基础研究。"④ 实际上，它也不是真正的科学研究。科学家在一个详细规划好的大项目下从事研究工作，严格的考核指标要求和时间约束，必然制约着科学家创造性的自由发挥。郝柏林曾尖锐地指出："谁要是老老实实按基金申请书中所填'立论依据'、'研究方案'开

---

① ［英］贝尔纳：《科学的社会功能》，第 306 页。
② ［英］贝弗里奇：《科学研究的艺术》，第 128 页。
③ ［美］维纳：《发明：激动人心的创新之路》，第 17 页。
④ 樊春良：《全球化时代的科技政策》，第 101 页。

展研究，就注定不可能有原始创新。"① 青霉素的发现者英国细菌学家弗莱明（A. Fleming）曾经说，他若当时参加某个研究组，就不能放下组里的研究去深入追踪别的线索，那么，也就发现不了青霉素。② 可见，如果课题计划规定得较为具体，就会使科学家承受巨大压力，科学家的创新思想由此也就失去了发展的空间。

　　复杂性理论告诉我们，一个有生命力的系统，既是一个拥有个性的单位，也是一个拥有集中权的单位，这样的系统能够激励组织内自由个人的潜存能力的涌现，而完全有序的系统或完全没有约束的系统都是缺乏生命力和创新活力的系统。一个自组织系统进化的产生，要以系统内部涨落无序的存在为其内在根据，涨落是系统创新之源，也是系统发展的建设性因素。当然，在某些方面，系统中的无序会造成对人类行动计划的干扰，但是也只有它的存在才会"引起新质事物的产生和为人类实践活动提供罕见的有利机遇"③。科学系统也可以被视为一种复杂的自组织系统，根据复杂性理论，科学创造的源泉在于允许科学家们独立地决定新知识的前沿所在，如果一切都想通过完善的规划进行选择，不给科学家留出自由思考、自主决定研究方案的空间，就有可能漏掉和窒息一些尚未认识到的重大发现，从而有可能使那些富有创造力的个人丧失做出独立的科学贡献的机会。

　　（3）大科学计划与自由探索的小科学的对立

　　科学的发展同时受科学自身逻辑和外在社会条件两方面的推动。随着科学的社会功能不断增强，社会需要和社会条件在科学发展中的重要作用日显，但是社会因素对科学发展的推动作用必须遵循科学自身的发展规律，不能以经济规律取代科学规律，降低科学的自主性。这就要求政策制定者在选择科研计划时，既要考虑社会和经济发展的需要，又应考虑科学发展的相对独立性，考虑科学发展的多样性。因此，现代科学

---

① 郝柏林：《20 世纪我国基础自然科学的艰辛历程》，《自然辩证法研究》2002 年第 8 期。

② 付世侠编：《创造》，辽宁人民出版社 1985 年版，第 166 页。

③ 爱德加·莫兰著，吴泓缈、冯学俊译：《方法：天然之天性》，北京大学出版社 2002 年版，第 95—97 页。

的持续健康发展，不仅需要规划科学，而且需要有一部分人或部分研究机构从事所谓的"纯科学"研究，以便抓住未曾预料的发展机遇。曾两次获得诺贝尔奖的化学家鲍令（L. C. Pauling，1994）指出：现代是大科学时代，但是一个教授带一二个学生的个体作业的老方法，依然是十分适宜科学的创造与发明的。① 蒲慕明进一步指出：科学的发展是不易预测的，科学领域的突破需要许多实验室用不同的途径探索取得，而且更重要的是，"小实验室可以提供培养年轻科学家所需要的导师与学生之间的紧密关系。……这种导师学生间的交流，能使学生不仅学到探索和解决问题的实验技能，而且通过潜移默化建立他们对科学的热忱、对自然的好奇心、做研究的风格和品位，以及对科学和非科学事务做判断时的正直人格"②。

但是，国家科学规划的制定往往具有强烈的功利预期，过多的大科学计划必然会排挤小科学的生存空间。一方面，大科学是一种耗资巨大又具有高风险性的科学，在科学资源十分有限的情况下，过分地强调大科学计划项目，势必在资金分配上造成自由小科学研究资源萎缩，而且容易以经济规律取代科学规律，违背科学自主发展的规律。尤其在中国这样一个长期以来计划性很强、学术氛围又不很浓的制度环境下，更应该加强对自由探索的小科学的支持和培育，为原始自主创新积累智力资源。而盲目跟踪国外潮流上一些大项目，不仅不能够带来明显的社会效益，反而有损于国家目标的实现。另一方面，大科学计划的制订方式，通常是由政府部门提出或联合提出计划的原则和指导思想，提出优先领域和项目指南，然后由各部门、各地方据此申报项目，政府部门组织专家及管理人员进行项目评审，再交由政府行政部门综合平衡后审批决定，最后以指令性的方式组织实施。不可否认，这种由政府主导形成的"自上而下"层次分明的科研组织和管理系统，能够保证计划和任务的分配与协调，使科研工作有核心、有组织、按步骤地展开，保证在规定

---

① 陶家祥：《鲍令：最后访谈录》，《世界科学》1995 年第 2 期。

② 蒲慕明：《大科学和小科学》，《自然》，2004，Vol. 432，2004 年 11 月 18 日（中文专刊）。

的时间内，集中人力、财力协同攻关，高效地完成计划任务。在当前国际竞争异常激烈的规划科学时代，国家在一些重大战略技术发展以及关键基础研究领域组织实施大科学计划和工程，有利于调动全国的人力、物力、财力等有限资源，形成全社会的科学能力，为解决国民经济和社会发展中的重大问题提供服务。因此，积极开展大科学研究，无论对于一个国家科学技术实现跨越式发展，还是国民经济的增长无疑都具有重要的意义。①

问题在于，在我国，政府对大课题项目硬件上的投入很大，而对于科研的软环境建设不予重视。在经费使用方面，对比国外研究经费的70％—80％用在人身上，20％—30％用于购买设备，而我国"973"项目人头费只有5％—10％，大约90％的科研经费只能购买仪器，其他的科研项目经费安排基本与之相似。这是一种典型的重物不重人的科研体制，科研计划缺少灵活性。很显然，优良的实验仪器和装备配置无疑是做出重大科学成果的基本条件，但如果认为在引进来的高端仪器上就能创造出国际一流水平的科学成果，也是一种很错误的观念。因为如果没有优秀的人才，没有自己独创的学术思想，即使拥有世界上最先进的仪器，也难以做出重大科学成就，至多只能为他人的科学体系做一些修补性的工作。因为这种重物不重人的投入模式，使本来不足的经费用于购置仪器设备之后所剩无几，如此一来，科学家个人自由支配的空间非常狭小，致使其研究活力无法得到施展。近些年来，由于国家的大力支持，有不少研究院所已配备了相当优良的仪器设备，在科研硬件条件方面甚至比科学发达国家并不逊色，但因为缺乏必要的研究经费，优秀人才引不进来，这些仪器设备实际上并没有创造出应有的效益，大多数情况下只能闲置，这给本来不足的国家资源造成极大浪费。

由于我国科研体制中存在上述种种弊端，所以国家第八个科学和技术中长期规划纲要一出台，即遭到来自科学界许多知名人士的质疑：新

---

① 科技日报评论：《实施科技重大项目的战略意义》，《科技日报》2005年1月18日。

规划共设有 20 个大课题，^① 有些项目资金可达 100 亿元左右，总的规划资金项目，可能达千亿元之巨，这一额度以国际水平看，都堪称巨资，仅其中一个课题就超过目前国家自然科学基金年度经费的总额，甚至超过国家自然科学基金 1986 年成立以来 18 年的总经费。^② 在经费资源很有限的情况下，这类大额度的规划项目过多，足以把许多富有创造性的自由选题项目挤掉。实际上，正是由于大科学规划项目的片面发展，致使我国基础研究的小科学项目长期得不到重视。国家自然科学基金是政府用于资助基础研究的主渠道，虽然科学基金主要支持了科学家根据个人兴趣所拟的自由选题项目，但由于所支配的经费比例较低，较低的经费支持强度只能让科学家选择那些易于获得成功的科研项目，这样的工作一般都缺乏足够的新颖性和创造性，造成我国基础研究的小科学发育萎缩。调查结果显示，我国基础研究工作中独创性成分少，随国外修补性工作多，研究工作小型化、个体化、大成果少等现象比较严重。^③ 基础研究工作的这一现状不能不与这种片面强调大科学项目的思路有关。

通过以上分析表明，政府实施对基础研究的资助和规划管理，并不必然破坏科学的自主性和科学家的研究自由，科学规划和个人自由之间也不是绝对对立的关系，尊重科学自身发展规律的政府计划是能够与科学家的自由探索精神相协调的。但同时我们也应该看到，政府对科学的规划和计划往往是社会需求导向的，仅有社会需求并不总能产生重大发明，尤其是仅仅依靠政府资金为其唯一来源，难免导致过强的对科学进行计划的专制行为，这种专制就会同科学自身发展所要求的自由之间发生冲突，损害科学家的内在自由，也损害了科学发展的多样性。

---

① 在最后发布的《国家中长期科学和技术发展规划纲要》中，确定了 11 个国民经济和社会发展的重点领域，在瞄准国家目标方向上共安排 16 个重大专项，为了应对未来挑战，对基础研究提出了 4 个重大科学研究计划。

② 刘彦：《1000 亿科技资金如何分配》，《中国新闻周刊》2004 年第 47 期。

③ 柳卸林、赵捷：《我国基础研究环境恶化的 10 个方面——我国基础研究的环境研究之一》，《中国科技论坛》2001 年第 6 期。

（二）科学的功利目标与科学家的自由探索的对立统一

1. 长期功利目标和内在自由的统一

基础科学本身的动力就是追求真理，而不是任何的功利目的。正是这种非功利的追求，为人类带来了最大的物质利益。然而，基础研究的经济收益主要是间接的、长远的和隐形的，不仅基础研究成果的获得需要长期的积累和探索，而且基础研究成果的功利实现也具有长期性和极大的不确定性。因此，对基础科学的投入本质上是对未来的投资，是需要经历较长时期才能取得回报的战略性投资。1999 年杨振宁在《世纪之交的科学随想》一文中指出：中国的基础科学同科学发达国家相比，一个重要的差距是学术传统比较薄弱。科学的发展需要有学术传统，然而，学术传统的培育不是在短时间内就能完成的，"传统不是一天两天、一年两年，甚至 10 年 20 年可以建立起来的"[1]，它需要一个更长时期的积累过程。丁肇中在 2000 年 10 月国际工程技术大会上提出，"基础研究需要大量的资源和长远的眼光"，"如果没有对基础研究和教育方面的投资，发展经济的实用主义途径是不可能长久的"。[2]

基础研究是非功利的。我们说基础研究是非功利的，这里排除的是科学上的急功近利和实用功利主义的思想，亦即科学家被迫屈从于各种短期行为，以及个人功利目的的行为。为了充分发挥科学的社会功能，必须首先重视并加强基础研究寻求真理、拓展知识边疆的功能，为此，科学家应该享有相当多的行动自由和思想自由。亨利·罗兰（H. Lolland）在《为纯粹的科学说几句话》中写道："要运用科学，就必须让科学自身独立地存在下去。如果我们只注意科学的应用，必定会阻止它的发展。"[3] 雅利（Yale，1995）调查局通过对美国 650 个大公司

---

① 杨振宁：《杨振宁科教文选》，南开大学出版社 2001 年版，第 15 页。

② 栾建军：《中国人，谁能获得诺贝尔奖——诺贝尔奖与中国的获奖之路》，中国发展出版社 2003 年版，第 178 页。

③ 赵乐静：《视界的融合——科学、技术和社会导论》，山西科学技术出版社 2003 年版，第 25 页。

的 R&D 主管的调查，提供了关于基础研究收益的系统分析结果。该项研究通过对作为公共知识储备的基础研究和专门为公司进行的学术研究二者进行比较发现，前者对最新的技术进步的贡献是后者的 3 倍。[①] 罗森堡和巴特（K. Pavitt）提出：科学和技术知识通常也是一种"意会"知识，而意会知识的发展是一个需要付出常年努力和经验技能积累的广阔的学习过程。[②] 计量经济学研究表明，应用技术的增长受到基础科学知识储备的制约，如果没有一定的基础研究作根基，经济就不会有实质性的长期增长。[③]

　　科学先行国家的历史经验证明，基础研究的经济收益具有较强的地域性，收益最大的往往是本国的企业，同时企业获取外部技术知识的最重要源泉也是本国的基础研究，其次是邻国的知识资源。[④] 这是因为，基础研究的知识产品具有共享性和非消耗性，即具有"公共物品"的特性，但它绝"不是免费的，得到它要付出极其昂贵的代价"[⑤]。因为要得到它，必须首先理解它，这就需要付出昂贵的培训成本。这也就是说，要使他人的研究成果成为我们可利用的资源，并产生效益，靠拿来主义是不会实现预期目标的。只有通过自己对基础研究的高强度投入，才能进入世界科学交流网络，才能掌握和利用有效智力资源。"基础研究是进入世界知识宝库的入门票，它提供了有效地参与交流网络系统以

---

　　① SATER A J，MARTIN B R.，The economic benefits of publicly funded basic research：a critical review"，*Research Policy*，2001，Vol. 30（4）.

　　② 同上。

　　③ 杨立岩和潘慧峰将基础研究纳入经济增长框架，讨论了基础研究影响经济增长的机制。通过研究得到两点结论：第一，应用技术的增长受基础科学知识的制约，如果没有基础科学知识的增长，技术上就不可能有根本性质的进步和革新，经济也不会有长期增长。第二，政府在经济增长中是有所作为的，可以通过加强基础研究投入提高长期的经济增长率。参见杨立岩、潘慧峰《论基础研究影响经济增长的机制》，《经济评论》2003 年第 2 期。

　　④ 刘立的博士论文：《1978 年以来中国基础研究政策及其争论研究》，第 61页。

　　⑤ 特伦斯·基莱著，王耀德等译：《科学研究的经济定律》，河北科技出版社2002 年版，第 373 页。

及迅速分享现有知识和技能的能力。"① 总之，基础研究是技术创新之源，具有重要的经济价值，每一个国家只有重视加强本国的基础研究，为国家经济与社会发展提供必要的知识和人才储备，才能使科学技术的第一生产力功能真正发挥作用，对未来的经济社会发展产生更大、更持久的影响。

以上分析表明，基础研究成果一旦得到应用，便能产生巨大的经济价值。然而，只有尊重科学创新的内在规律，在政府为科学提供资助时，不仅关注直接的、近期的和显性的价值，更要关注间接的、长远的、隐性的价值，才是发展科学和提升经济增长内核的重要出路。

2. 短期应用目标与科学求真目标的对立

基础研究成果没有直接的应用价值，而是一种思想，一种知识，也就是说，它是一种潜在的生产力，因此一开始是看不到有什么实用价值的。科学技术史表明，无数科学的进展具有重要的商业价值，但直到发现之前它们的这类价值是不可预见的。例如，单克隆抗体在世界范围内已经产生了巨大的经济效益，因发现单克隆抗体而荣获诺贝尔奖的英国科学家米尔斯坦（C. Milstein）告诉人们说："从我从事这些研究开始，直到完成这项工作，我根本就不知道它后来竟会产生这么大的经济效益。"② 2007 年度诺贝尔化学奖授予了在表面化学过程研究中做出贡献的埃特尔，他的这一成果是再基础不过的了，但在十几年的时间内，这一成果获得广泛应用并取得巨大经济价值。诸如此类的事例说明，对基础研究不能采取企业或技术攻关式的管理。如果把科研成果以实现短期经济利益作为标准，违背了基础研究的规律，势必造成科学界的急功近利之风，致使基础研究有被淡化或边缘化的危险。

由于基础研究的长期积累性特征，社会对它的资助不能是短期行为或仅对之做实用主义评价。一方面，科学研究是一种连续性和积累性的

---

① SATER A J，MARTIN B R．"The Economic Benefits of Publicly Funded Basic Research：a Critical Review"，"*Research Policy*"，2001，Vol. 30，No. 4.

② 洪国藩：《科学与技术不能混淆》，参见 http：//www.casad.ac.cn/2005-3/2005323240465.htm，2004 年 10 月 20 日。

工作，没有持续不断的艰苦探索，就不可能产生创新灵感，规定三年或几年之内必须出成果，不符合科学发展规律。因为较短的支持时间（2—3 年）只能让科学家选择那些研究成果易于获得的科研项目，这样的工作一般都缺乏足够的新颖性和创造性。调查结果显示，目前基础研究领域存在着比较严重的急于求成的思想。急于求成思想是取得高水平重大成果的障碍，我国基础研究的原创性不足不能不与此有关。另一方面，对基础科学成果采取实用或效用评价也是极其有害的。科学研究作为一种国家事业，对其投入产出同样应该评估，但是对基础研究的评估不应该与对技术开发的评估采用一种模式。这是因为：第一，基础研究是一项高风险的活动，越是孕育重大创新的工作，其工作的成败越具有极大的不确定性。一旦投入就要求马上出成果违背了基础研究的探索性规律；第二，基础研究成果价值的大小，与发表论文的数量不具有正向相关性，也不能用实用价值的大小来作为评价的主要依据。一项科学研究成果的价值重要的是看它在科学上解决了什么问题，对下一步科学发展的贡献是什么。一般地，对成果价值的确定有一个较长的滞后期，是不能当下做出评判的，只能是论文发表后的同行认可，让成果经受时间的检验。绝大多数获诺贝尔奖的成果都是经过若干年、十几年，甚至是几十年后才得到社会承认，平均而言，从做出成果到被学术界认可，大约需要 10—15 年的时间的等待。① 因此，对于基础研究工作的价值不能急于当下给出评价。

但是，为了检验资金投入的效率，政府科技投入一般具有强烈的社会、经济与政治利益的功利预期，即使对基础性研究的投入，也更多地是以满足国家发展需求为价值取向。那些许诺能够带来直接利益的研究工作，就会首先获得支持，而知识本身的重要性与其应用性相比较却变成次要的。毫无疑问，科学研究中的功利目标取向，可以为科研工作带来不受限制的研究经费，巨大的利益回报反过来又促进了学术研究。科学家和科研机构按此方式可以积累自身资源，对经济发展做出进一步贡

---

① 刘大椿：《科学活动论 互补方法论》，广西师范大学出版社 2003 年版，第 155 页。

献。但是，如果政府科学资助过多地强调科学研究面向社会需求的任务，科学研究的本质和方向就有可能发生变化，即"使学术研究事业带上一个强有力的新动机——追求商业利益和经济效益"[①]，这就背离了科学的无私性探索规范。实际上这些所谓的研究，只可能是一种定向的开发性工作，并不需要科学家的想象力，因而不利于科学家自由探索精神的培育。

从现代科学发展规律看，要在高技术领域占有一席之地，如果只是一味地重视应用研究，而没有相应地在基础研究方面投入足够的经费，那么，向应用研究投资的效益是无法保证的。我国科学技术实践证明了这一真理。改革开放以来，我国在基础研究方面的投入一直都很低，只占 R&D 总经费投入的 6% 左右，与发达国家以及许多发展中国家的差距很大：一般发达国家是 15%—20%，发展中国家是 10% 左右，印度超过了 10%。我国政府方面也曾经作出努力，以改变基础研究投入过低的状况。例如，国家第四个中长期科学技术发展规划即《国家中长期科学技术发展纲领》中提出："本世纪末，基础研究和应用基础研究的经费达到研究与发展经费总额的 10% 左右"的目标；在第五个科学技术发展规划，即《中华人民共和国科学技术发展十年规划和"八五"计划纲要（1991—2000）》中进一步重申：到世纪末，"使基础研究经费在 R&D 总经费中的比例提高到 10% 以上"[②]。但是 10% 的目标不仅没有实现过，而且近几年来又略呈下降趋势。甚至有些人认为基础研究的投入一定要尽快出效益，却忽视了基础研究的目的应该是发现新知识，培养新人才，为应用研究开辟道路，它追求的是一种综合的、长期的效益。我国科学和技术发展的后劲不足，以及近年来整体科研水平下降，与基础研究的价值长期得不到重视有着很大关系。例如，从 1999—2003 年五年来，政府对科学技术经费

---

① ［美］D. 博克著，徐小洲、陈军译：《走出象牙塔——现代大学的社会责任》，浙江教育出版社 2001 年版，第 160 页。

② 参见国家中长期科学和技术发展规划工作网站：http：//gh. most. gov. cn/zcq/lsqk _ zcq. jsp。

的投入一直在增加。国家财政用于科学和技术的投入累计 2670 亿元，比前五年增加了一倍。全国研究与实验开发经费从 1999 年的 678.9 亿元增加到 2003 年的 1539.6 亿元，研发经费总额占国内生产总值的比重从 0.83％提高到 1.31％。① 然而，基础研究经费比例并没有随着研发总经费比例的提高而相应得到提高，却一直维持在 5.7％左右的水平上。从科研产出看，我国的科学竞争力自 2000 年以来一直在世界第 24—26 位之间徘徊，并没有因为科学研究经费的增多而明显提升，这不符合科学技术投入产出的总体规律。而且，尽管国家对科学研究投资提出了"面向经济建设"的战略方针，但科学与生产脱节仍然十分严重，国内科学技术成果不能为本国经济发展提供重要的支撑。我国科学技术发展的这一状况表明，国家发展科学如果一味地强调应用研究，而不同时加强基础研究，必然造成自主原始创新能力不足，致使应用研究难以产生重大创新成果，那么，科学技术就不能发挥第一生产力的作用，最终使国家经济的发展受到制约。

辩证法告诉我们："唯有当手段本身升华为目的，它才能最有效地发挥其手段之功用。"② 发达国家的历史经验与教训证明：只有深厚而持续的基础研究，才能孕育出异军突起的技术革命，建立起独树一帜的支柱产业。在原始创新和知识产权都迫切需要的 21 世纪，基础研究是一个剧烈竞争的领域，美国国家科学基金会会长布洛克说："（基础）科学就像贸易一样，也不是国际性的。"③ 像中国这样的人口和经济大国，基础研究本来就比较弱，历史上又缺乏学术研究的传统，如果不能有一个实质性的发展，想靠别人的基础研究来实现自己的技术创新是不可能的。

3. 基础研究与应用研究之间的平衡分配

对于科学家来说，科学的基本目标是揭示宇宙自然的规律，科学研

---

① 中华人民共和国科学技术部：《中国科技统计数据（1998—2005）》。

② 许纪霖：《智者尊严——知识分子与近代文化》，学林出版社 1991 年版，第 232 页。

③ 苏开源：《我国基础研究亟待亡羊补牢》，《世界科学》2005 年第 7 期。

究导致的知识增长以及科学文化的形成和传播本身具有独立的意义；对于政府、企业和公众来说，则是把科学视为财富之源和权力之根，认为只有应用科学和技术才是合法的，纯科学则可有可无。但在实际经验中，科学与其应用是相互依赖的整体中的一部分，二者共同支撑着国家的经济繁荣和社会发展。因此，科学事业要保持健康发展，必须协调两种观念间的关系。这就要求政府必须以某种切合实际的方式使稀缺的科学资源在基础研究与应用研究之间按比例配置，① 只有这样，才能既可以满足科学家的需求，又能保证国家目标的实现。

在科学技术体系结构中，基础研究、应用研究和发展研究三者之间是相互依赖、相互制约的，它们各有自己特殊的地位和作用，国家科学技术规划不可偏废。英国物理学家坎贝尔（N. Campell）提出："纯科学和应用科学是经验知识这棵大树上的根和分枝；理论和实际是不能分离的统一体，如果不给双方带来很大的破坏，就不能将其分开。社会的精神和物质的健全就依赖于这种密切联系的维持。"② 克林顿政府进一步提出，今天的科学和技术事业更像一个生态系统，而不是一条生产线。③ 在当代，随着从科学发现到技术应用的周期缩短，基础研究和应用研究的关系好比 DNA 结构那样的双螺旋线之间的联系，一方的发展不能脱离另一方的相应发展：一方面，基础研究是国家发展科学的根本。重视发展应用研究和开发新技术，能够给国家带来直接的利益，可以迅速提升国家的经济实力。如果强调应用而不同时重视基础研究，技术发展的后劲将不足，最终将失去稳定发展的活力。改革开放以来，我国产业技术的发展之所以长期走不出"落后—引进—淘汰—再引进"的怪圈，与这种对基础研究的重要性的忽视有着直接的联系。另一方面，应用研究对基础科学又具有牵制作用。基础研究很重要，但是如果投入过大，势必造成应用研究上有许多的空白点，不仅理论研究成果难以转化为生产力，经济发展因缺乏科学技术的支撑难以有实质性的进展，反

---

① ［美］巴伯：《科学与社会秩序》，第 277 页。
② 莫里斯·戈兰：《科学与反科学》，第 77 页。
③ 《科学与国家利益》，第 84 页。

过来科学的发展最终会因为缺乏经济或技术的支持而受阻。例如，前苏联长期以来把 95％ 左右的科学家和科学资源投入到与军事科学技术有关的基础研究领域，尽管总投入与美国的研发总投入相近，但苏联的整体科学技术实力不仅大大落后于美国，而且落后于英、德、法、日等发达国家，与这些国家之间的经济差距更大。

总之，在现代科学系统中，传统的"科学—应用—开发"的线性模型不再适应现代科学技术一体化的发展趋势，基础研究和应用研究之间是相互促进、相互作用的，不仅基础科学为社会应用提供新的理论，而且这些应用反过来又会为基础研究的顺利进展提供技术和条件，它们之间的联系是共生的和紧密的，一方的偏颇不仅危及另一方的发展，而且最终危及自身。为了科学事业的健康发展，任何发展科学的规划都应该保证科学资源在基础科学与应用科学之间按适当的比例配置。

（三）科学体制与科学的自主性的对立统一

1. 科学组织的行政管理与科学的自主性之间的关系

大科学是组织起来的科学，只有把科学家正式地组织起来，才能形成社会整体的科学能力，过去那种业余的非正式分散组织显然不能适应现代科学发展的需要。然而，对科学的组织管理必须考虑以下两方面的工作[①]：第一，科学研究归根结底是由个人来进行的，首先要注意到科学家工作条件的满足问题；第二，科学研究的根本目的是造福于整个人类，科学家们的工作应该与国家的利益需求有效地协调起来。

（1）科学系统内部的民主管理与科学的自主性之间的协调

科学的发展是由内在矛盾推动的自主运行过程，有自己的目标、自己的方法和自己的纠错机制，科学活动的这种特殊性要求实行自主管理，具体科研工作由科学界内行来领导，不应对它有过多的行政约束。然而，科学是一种并非主动成长的复杂的社会活动，科学研究工作要取得较高的效率，需要从事研究的科学家和科学管理工作者们的共同培育

---

① 贝尔纳：《科学的社会功能》，第 306 页。

和维护。在科学的组织管理中必然要面对的一个重要问题是：如何在引导科学家进入某一些领域并为他们提供资助的同时，保护他们基本的自主性和独立性？在官僚统制下的那种高度严密的组织形式，虽然能够有效地克服科学发展的无序和低效率状态，但同样也抑制了科学家创新观念的形成。因为在这种高度有组织的环境中，个人更容易关注自己的"任务"和"等级"，而不是新观念的产生和问题的解决。

　　科学组织本质上是一种合作性的研究机构，任何科学组织的合作要有成效，就要贯彻民主原则。贝尔纳说："只有一个民主组织才能保证科学事业具有充分活力，而且民主必须从最基层做起，也就是从进行科学的根本工作的实验室做起。"[①] 科学上的民主，不是政治学意义上的少数人服从多数人的民主，而是多数人留给少数人利用一切可能的方式充分发表意见的权利，从而给每个人留有自由发展的空间。在科学管理中实施"以人为本"的民主原则，能够有效地解决科学组织的行政管理与科学家自主之间的平衡问题。所谓民主原则，就是指在组织管理中贯彻人性化的管理。麦格雷戈（Mcgregor）的 Y 理论指出，在现代企业管理中，管理层的主要职能不再是为员工创造诸如物质刺激或制度强制等以外部环境为基础的动机，而是致力于识别、激发存在于个人内部的工作动机，包括员工个人的交际需要、归属需要、成就和获得社会地位以及实现自我潜能的需要等，并且认为，如果越来越多的员工通过管理层的授权机构来更多地实行自我指导，就会充分发动员工积极参与工作的努力，以满足社会的需求，也有助于增强自我价值的实现。[②] 可见，麦格雷戈的 Y 理论否定了过去那种高度集中的等级式组织模式，提出了一种民主的、人性化的企业管理模式，在组织管理中贯彻民主原则，能够大大激发个体成员的创造性和创新热情，维持组织运转的高效性。

　　麦格雷戈提出的民主化企业管理模式对于科学组织管理具有一定

---

① 贝尔纳：《科学的社会功能》，第 322 页。
② 张锋、何亚云：《当代组织创新的理论及其应用意义》，《云南师范大学学报》2003 年第 4 期。

的借鉴意义。在科学管理中实施"以人为本"的民主管理原则，而不是建立一个受少数科学权威控制的管理模式，可以充分发挥科学家的自由创造性。贝尔纳说："如果科学事业能保持以民主形式表达的民主精神作为它的主要核心，〔那么〕没有一个科学组织会失去科学在实际进步中所固有的团体精神和追求知识、争取造福人类的渴望。"①民主的和人性化的管理能够为科学家营造一种创新互动的文化氛围，保证各种资历的科学工作者之间的学术平等，使科学家个人的自主权利得到有效维护，从而大大激发其创新热情。一种有效的组织管理模式实际就是"提供一种适宜的环境，在其中有创造性思想的人可以自由地工作"②。

在科学计划资源的分配中，坚持民主原则可以有效保证科学家公平获得资源的权利。科学资源要做到合理有效分配，需要依靠科学家共同体、政治家等多方面人士的共同决策、依靠民主制度来解决。

首先，科学资源的分配不能单纯依靠科学共同体自主决策进行。当代科学的综合性发展，使科学与社会在其运行的整个范围内都是极其关联的，致使科学所要解决的问题形式发生了深刻变化。过去那种单纯依靠科学自身发展逻辑的问题发现模式，正在让位于将科学自身发展与社会需求结合起来的模式。当代科学的发展同时受到科学自身逻辑和社会需求两方面的驱动，以国家目标为基础研究导向，就是把科学的机遇与国家的重大需求结合起来，使科学更加有效地服务于社会，也同时从社会需求中获得新的推动力量。当代科学研究性质上的新变化，使过去那种单纯依靠科学家的眼光寻找知识生长点的方式已不能完全反映科学发展的要求。一方面，由于科学家的知识结构比较单一，他们往往专注于本学科领域的发展和科学本身的价值，对科学的社会影响和社会需要普遍缺乏应有的敏感；另一方面，研究活动是一种意向性的社会活动，科学家总是最关注他所熟悉的学科领域，往往只从本专业、本部门的利益出发看问题，不能站在国家和科学发展全局作统筹谋划。由于以上两方

---

① 〔英〕贝尔纳：《科学的社会功能》，第 376 页。
② 〔美〕巴伯：《科学与社会秩序》，第 155—156 页。

面原因的存在，这种由少数专家做出的决策，显然不能维护科学共同体中大多数人的利益，从而不能公正、有效地分配好手中的资源。同时，由于课题选择游离于社会的经济发展，不能反映社会的重大利益需求，致使本国科技成果不能为经济发展提供有效支撑，远离了科学的国家目标，这就造成另一种意义上的资源的巨大浪费。因此，单靠科学家不能对科学资源做出最佳决策，[1] 科学资源的分配更不能仅仅听从某些专家或个别科学家的意见。

其次，科学资源的分配也不能单纯依靠政治家的行政决策来执行。科学的社会后果更多的是社会的和政治问题，需要通过社会和政治的过程加以控制，政治家最知晓社会急需发展的领域，在对于科学的社会影响的控制上，他们比科学家具有更多的优越性，尽管也许在自然科学方面不是内行，"但他们有综观整体的眼光，有驾驭全局的能力，同时在业务上也完全超脱"，[2] 从而政治家的决策一般较少受个人利益的影响。但问题还有另一方面，政治家容易从纯功利角度，甚至急功近利地要求在短时期内产生效益，这种视角会从根本上背离基础研究自身的发展规律，其结果最终不仅不能登临科学高峰，还会导致基础研究水平的下降，反而与国家目标相去甚远。例如，国家第八个科学和技术长期规划纲要制定工作一开始，即有来自科学界的一批著名科学家对现行行政主导型的科研经费运作机制提出了尖锐批评，科学家们呼吁建立一个公平、公正、透明的研究经费分配机制，有效地减少行政官员对研究项目是否入选的干预。

最后，科学资源要做到合理有效分配，应该依靠科学家共同体和政治家共同决策，依靠民主制度来解决。美国国家科学基金会成立于1950 年，该基金会的主要目的是"促进科学的基础研究与教育"，自身不操纵研究实验室，不从事具体实验研究，基金会的职责只是提供研究

---

[1]　英国上议院科学技术特别委员会编，张卜天、张东林译：《科学与社会》，北京理工大学出版社 2004 年版，第 56 页。

[2]　欧阳志远：《关于科技管理的一些看法和建议》，《科学技术部办公厅调研室调研参考汇编》2004 年第 121—123 页。

资金，对国家科学的发展作出计划。基金会大约占30％—40％的工作人员是从学界借调来的，[①] 这些借调的人员是面向全国科学共同体，来自不同地区、不同学科和不同层次的研究机构，合同期满他们还要回到学界。借调机制的一个重要意义是能够加强基金会的行政官员与学界的交流，在一定程度上克服了任何一方专制的发生，保证了课题资助中的公正和合理。[②]

我国国家自然科学基金会基本仿效了美国国家科学基金会的做法，在其运行过程中，本着"公平、公正、民主和竞争"的原则，同行评议人员不是固定的少数权威人物，它采取的是流动机制，面向整个科学共同体，即面向那些已有一定工作基础的一线研究人员。这一评审员制度保护了一些具有很强探索性、创新性的非共识项目。国家自然科学基金在运行过程中，由于管理上的民主和评审上的公正合理，又很少行政和人为的干预，二十多年来在科技界赢得较好的口碑，树立了较高的威信。

总之，科学资源的分配只有由科学家评议和政治家共同决策，才能保证科学资源的公平分配，使科学家的自由选题权利得到保护。但要做到这一点，需要政治家和科学家彼此之间达成相互的理解和沟通，一方面，政治家们要了解科学家需要在哪些方面提供帮助以便为科学家创造良好的环境条件；了解国际前沿科学和技术的最新情况以及科学家目前所从事的科学研究工作，以便更好地为科学家提供服务。另一方面，由于现代科学的发展离不开政治、离不开公众的支持，科学家应该主动地了解社会的需要，自觉地将自己的研究兴趣与国家目标相结合，在符合国家的整体利益并与国家的发展目标一致的方向上进行选题。

（2）资源分配的行政主导与科学家的自主性的对立

国家对科学管理的行政决策一般都是依靠专家进行的，专家以学科

---

① 《中外专家论课题制》编委会：《中外专家论课题制》，中信出版社2003年版，第67页。

② 同上书，第106页。

权威的身份进入行政管理阶层，他们往往将学术偏见与行政权力结合起来，形成绝对权威。科学权威与政治权力的结合容易背离科学中的民主原则，国家投入的资源分配听由这些"双栖"权威专家们的意见容易造成学阀控制。在苏联，大多数的科研机关、部门、大学和技术院系、学术团体和技术部门一般都是由老一代的科学精英代表人物来领导，致使苏联科学界承受着稳固的官僚统制主义的束缚。正如齐曼指出的那样："科学内部系统的独特性在于，它是高度分层的。"科学精英人物"在他们自己的学术活动范围内独断专行。他们果然在一个国家中构成了一个没有议会或国王的有产的贵族统治"。[①]

随着科学活动的社会建制化发展，科学权威对国家科学资源的控制在许多国家都程度不同地存在着这样的弊端：给一些权威专家以过多的行政支配权，由他们垄断科技资源以及公共政策的话语权，造成科学资源的过度集中，致使资源投入严重失效和资源浪费。因为根据边际效用递减的规律，对于科学家来说，缺乏资源就难以开展深入的研究，同样地，当资源的拥有达到一定程度的时候，资源的增加并不能带来更多的效益。

我国科技政策实践在这方面也存在着严重的问题。以 1985 年《中共中央关于科学技术体制改革的决定》为起点，我国科研体制进入了改革时期，开始在科研管理中引入竞争机制。在科研管理中引入竞争机制的目的，是将有限的科学资源分配给那些想法最好，且最有可能实现这些想法的人，实现科学力量与科学资源的有效整合。由于我国科研运行机制基本上是一种以行政管理代替科学系统内部管理的混合体制，科学资源被掌控在行政官员手中，一线科学家对自己的学术活动没有决定权，其主体作用得不到重视。这种制度显然难以保证资源分配的公正性，不能给科学研究造成机会的平等。

改革开放为科学的发展提供了重大机遇，科学家从过去的政治束缚中解放出来，社会地位得到提高。然而，政府又给予了某些专家太大的权力。自 1985 年拨款制度改革以来，由于科学系统内部社会管理功能

---

①　［英］齐曼：《元科学导论》，湖南人民出版社 1988 年版，第 115 页。

弱化，致使科学共同体内部缺乏必要的监督机制，这就在资源分配中产生这样一种怪现象："行政长官利用自己的行政权力和学术职务，较容易争取到科研项目，而普通科研人员的成功率则低得多。"① 也就是说，在很大程度上，只要手中有了一定的权力，科学家就能够获得足够的科研经费，科研项目的审批根本不考虑项目承担者的完成能力。尤其是现行拨款制度促使各类研究机构普遍把项目申请的数量和资金的数额与工资、晋升、奖励等个人利益直接挂钩，使争取研究基金成为显示权威和成就的标志，无形之中便增强了资源分配中的"马太效应"。"马太效应"在中国科学界的表现异常突出：一方面，在资源十分短缺的条件下，大量研究人员因得不到足够的经费，致使研究工作难以维持，这其中不乏有一些属于重大自主创新的课题，甚至有望冲击诺贝尔奖的项目得不到应有的支持；另一方面，有些科学家或科研机构掌控了过多的资源，他们被安排的科研任务应接不暇，一个人同时是多项在研课题的负责人。科学研究是以求真为目的的活动，在这种体制下却演变为争取科学资源的竞争，为了获得足够的研究资源，科学家们被迫将追求权力的目的置于科学求真的目的之上。这种由外在动力驱动的科学活动，极其不利于科学家内在自由的保持，不利于科学家独创精神的成长。近年来，科学界各种不端行为大量涌现、科学水平的连续下降不能不与该体制有关。

2. 科研评价的政治化与科学的自主性的对立

徐冠华指出："对科学技术活动开展评价是社会民主化的要求，是政府实现预算和管理透明的必然趋势，客观上促进了对科学技术在社会和经济发展中重要作用的认同。"② 现代科学不同于 17 世纪小科学时代，科学家的工作消耗了纳税人的贡赋，理所当然应该对公众负责。从国内外的科学实践看，科学的发展离不开公众的理解、参与和支持，公众对

---

① 易蓉蓉：《科研领域，"长官优先"为哪般》，参见科学网：http：//www.sciencetimes. com. cn/col34/article. html？id＝67266［2006 年 1 月 9 日］。

② 于小晗、刘恕：《激发创新潜力，营造创新环境——科技部部长徐冠华谈新出台的科技评价办法》，《科技日报》2003 年 11 月 7 日。

花费有知情权。因此，要做到对资源的公平、公正和有效利用，资助者对科学家的经费支出情况进行以下审查是必要的：该项目研究有无创新价值、研究途径是否可行；经费预算是否合理，经费的使用效率如何、有无挪作他用；项目成果有无足够的实际工作量，结论是否可靠等。但除此以外的有关科学研究本身的评价工作，应该遵循科学的标准和科学创新规律，不宜进行过多的行政干涉。尤其在具体的研究工作中，社会安排应该保证科学家在轻松、自由的环境中自主决定工作计划，自由选择研究路线、实验方法等。

首先，科学上的真正创新，需要有一个持续恒久的探索积累过程，不能对它采取量化管理方式，将管理出效益硬搬到科学研究领域是一种很错误的观念。虽然基础研究也可以计算投入产出，但它只适用于宏观评价，而不适应于微观评价。① 也就是说，量化考核只适于对一个机构的评估，而不是对个人的评价。科学探索活动不同于一般的行政工作，其管理较一般行政管理难度大，这就决定了评价主体只能是同行共同体，而不是行政机关。在科学中，判断什么是真正的新事物，需要有足够深入而全面的专业知识，科学界作为受过特殊的严格训练的群体，科学上的是非要由学术界同行自己去评议，并且通过正常的学术批评和科学实践去解决，防止外界特别是行政力量的干预。如果政府按照行政方式对科研工作进行审查，即使采用模糊的行政评价标准，也会损害基础研究的规律，并影响到对科学工作的公正性的评价。

其次，科学评价应该是激励创新的手段，而不能成为目的。科学评价的目的是为了激励原始创新，对科学家是一种压力，为此，评价工作必须做到客观、公平、公正，并遵循基础研究的规律，不能"为评价而评价"。但在目前的混合体制下，科研经费以政府和公共支持为主，政府一旦为某个项目投入了经费，便不顾科学发现的规律，要求短期内很快出来成果，"给你钱，就得在一定时间内出成果"，于是，各种名目的评审工作和评价方式接踵而至，科学家的研究工作不时被打断，致使他们不能集中精力于研究工作上。因为没有或难以进

---

① 邓心安：《我国现行科技体制的弊端》，《科技导报》2002 年第 11 期。

行系统的深入研究，无形之中鼓励了受资助的机构和个人偏爱那些能迅速得到成果发表的"安全"项目，尤其是那些拷贝型或者拼接型的"研究"。不仅如此，他们为了应对各级主管部门的考核要求，只能仓促撰文、粗制滥造，有的人为了得到奖赏，随心所欲任意修改甚至伪造实验数据、或者直接剽窃他人成果论文等。[①] 这些学术不端行为已给科学界造成了极坏的影响，损害了科学家的声誉，也危害着科学事业的健康发展。

在课题研究成果的评价中，还存在着这样的怪现象：科研成果的鉴定验收，是由项目完成人而不是立项管理者来选择评审人员，所请对象多数是熟人或持相同观点的人，要么是那些名望较高、但对该项目成果绝对外行的专家。[②] 这样的体制安排难以保证评价工作的客观性和公正性，而往往变成一种形式主义和走过场。这种评价制度催生的一个必然结果就是，科学评价的质量低下，评价工作失去了公共信誉。在当前条件下，评价制度不健全、评价体系不完善、评价方法不规范等问题的存在，已成为影响科技创新的突出问题，致使科技界的不正之风泛滥，助长了科学界的急功近利、浮躁、浮夸等不良风气。

总之，行政管理与学术管理不属于一个系列，如果将它们混同起来，以行政手段对科学系统施行管理，很可能会在科学组织活动、科学资源分配以及科学评价等问题上产生偏差，使科学家的自由探索精神受到功利主义的侵蚀。在学术风气日益严峻的态势下，1996年中国科学院36名院士联名提议要改革目前评价体系、正确地评价基础科学成果的问题：科学评价标准应该看研究工作是否有真正的创新，不能够过早地对成果的重要性下结论，尤其应该避免行政领导和新闻媒体的介入。

通过以上分析表明，第二次世界大战结束后，随着基础科学研究进入规划科学时代，国家目标与研究自由之间实际上处于一种对立和

---

① 刘心惠：《科学家的良心——邹承鲁访谈》，《瞭望新闻周刊》2002年第12期。

② 浦庆余：《规范科技评价，净化学术环境》，《学会》2005年第7期。

冲突的状态。与"中科学"时代相比，大科学时代下的科学家拥有较少的自主性和较多的政治约束，科学家们的兴趣和好奇心的作用不见了。如果说，中科学时代科学家所享有的自由是一种"弱职任自由"的话，那么，规划大科学时代的科学家个人所享有的自由便是一种"强职任自由"。在强职任自由阶段，科学家的利益需求与社会主流价值观念之间不可避免地发生冲突，科学研究的自主性受到极大的限制，科学家探索和思考世界奥妙的好奇心在很大程度上受到扼杀，从而构成对科学求真规范的挑战。

三　职任自由与社会规范限制

科学的社会规范是科学活动区别于其他社会活动所特有的职业道德，默顿将传统科学的社会规范概括为五条内容，即普遍主义（Universal）、无私利性（Disinterested）、公有主义（Communal）、原创性（Original）和有组织的怀疑主义（Skeptical）。这五条规范保证了科学的自主性和科学知识生产的健康运行。随着科学的发展由自由探索的小科学进入到国家目标化的规划大科学时代，科学的意识形态化、产业化、局域化以及科学评价的政治化等构成对默顿规范的全面挑战。但在规划科学时代，由于科学的自由探索本性并没有改变，以国家目标为导向的计划研究仍以求知为目标，这就需要在科学规范的变革与科学的自主性之间保持一种必要的张力。

（一）科学的意识形态性与普遍主义规范

科学的普遍主义规范即自然科学的世界主义。从本质上看，自然科学是关于自然的知识，反映的是自然界本身的过程和人与自然的关系，它直接同社会生产力相联系，不为特定的经济和政治制度服务。尽管人们的世界观会对自然科学的发展产生影响，不同的阶级在利用科学时也会受到阶级利益的制约，但自然科学本身没有阶级性，不属于上层建筑和意识形态范畴，因而是世界性的。在世界上不论哪个民族，任何个人做出的科学成就都被纳入到统一的世界科学宝库中去。

普遍主义规范强调，"科学（真理）知识不存在特殊权益的根源"。[①]
科学成果及其理论论证应该依据它们的内在价值，而不论提出者的国
籍、阶级、年龄和学术地位等个性特征，反对社会运用任何个人化或意
识形态的标准来评价或压制知识主张；倡导学术上的分歧只能依靠科学
的标准，让科学界内部通过"百家争鸣"的方式去解决，政府或学界应
该避免用政治力量和强加的意识形态干预不同学术观点。然而，当由国
家集中控制和分配大量科学资源时，科学交流系统和理论的论证很容易
受到国家意识形态的控制。法西斯时期的德国希特勒提出建立所谓的德
意志物理学，取消犹太人的科学，公然倡导"大学训练的目的并不是客
观科学，而是军人的英雄科学"[②]；意大利政权要求科学著作必须用意
大利文发表，并规定科学只能为军事利益服务；在美国，直到 20 世纪
70 年代初，许多州政府仍然反对教师讲授或研究生物进化论，以宗教
信仰体系限制科学的自主性。在社会主义国家同样有惨痛教训。在苏
联，从 20 世纪 20 年代末到 60 年代初这段时期，自然科学研究被国家
意识形态化，科学家的思想创造受到政治的严格控制，科学的世界性遭
到否定。例如，在国家领导人直接干预下，国内学者对于孟德尔和摩尔
根的遗传学理论的评价，就错误地采用了意识形态判据，致使著名植物
学家瓦维洛夫因支持孟德尔理论而被捕入狱，并惨遭折磨而死，最终导
致本来世界领先的苏联遗传学后来大大落后于世界水平。新中国成立之
初，受苏联的影响，我国在知识分子思想改造运动中，将科学标准变为
阶级标准，以做出科学贡献的个人的阶级属性来评价科学，否定资本主
义国家的科学成果。科学家在研究中引用外国科学家的文献，并保持自
由选题和自由探索的工作方式，这本属正常的科研程序，却被视为资产
阶级作风；"为科学而科学"被视为资产阶级轻视劳动的个人享乐主义

---

①　［英］齐曼：《元科学导论》，第 123—124 页。

②　丁长青主编：《科学技术学》，江苏科学技术出版社 2003 年版，第 269 页。

等。① 以上做法违背了科学中的普遍主义规范,从而也给科学事业带来了危害。

普遍主义规范强调对科学的评价只服从一个标准即实践。实践性的最显著的特征就是它的批判性,科学是最富有批判性的。对真理的执著追求是决定创新取得成功的精神条件,而批判精神则是一切创新活动的基本出发点。科学的批判性实质上是一种科学的反权威主义和反偶像崇拜的力量,是维持科学健康繁荣的条件。普遍主义规范坚持了学术上的民主和平等,否定了科学上的权威主义和专制主义,倡导科学的大门向一切科学天才敞开,人们追求真理并发表自己的学术见解的权利是平等的,不应受到其他条件的限制。

普遍主义规范要求科学家无论在任何情况下,都应坚持科学的实践标准,捍卫真理的客观性和学术独立。今天,随着政治、市场力量和国家利益对科学发现的介入,科学的民族沙文主义、国家主义开始有加强的趋势。如果科学家屈从于权力意志而沦为政府拓展政治影响的工具,就很容易丧失科学的客观性原则,甚至于不惜将自己的名声和职业生涯置于这样的危险之中:为了早出、快出惊人成果而去有意造假。2005年末韩国黄禹锡的丑闻事件就是一例。

黄禹锡曾经是一名优秀的科学家,他本应脚踏实地进行克隆研究,并且也有实力在若干年后拿出重要成果。但是,韩国政府期望尽早在国际生物技术领域占领一席,于是就不顾一切地要塑造一个国家形象,黄禹锡则成为这种期望和压力的背负者。政府将黄禹锡推举为"民族英雄",并制定政策全力支持和资助他的工作,并把他的成绩提升到"国家尊严"和"民族自豪"的高度。为了帮助政府实现政治图谋,"让韩国的国旗在全球科学的高山上飘扬",黄禹锡不惜铤而走险,选择了采取在研究成果论文中剽窃和作伪这一捷径来制造"伟大成就",以达到其迅速成功的目的。韩国大学的历史学家崔建基(Choi Jang-jip)一针见血地指出:黄禹锡事件是卢武铉政府促进科学发展的政策产物,

---

① 安教:《我国科学体制化过程中的认知问题及其影响》,《自然辩证法通讯》1990年第2期。

这一事件与政府的妄想有密切关系，是民族沙文主义和国家主义的必然结果。[①] 韩国新闻基金会在 2006 年 1 月 12 日发布的一份调查中指出：韩国本地媒体对有关韩国科学家的科学新闻的报道，都过分强调了民族主义和国家主义，而不注重科学发现的重要性和对社会的影响；约有 80％的科学新闻报道都集中于韩国研究人员的发现，却不顾新闻报道所要求的客观性。[②] 因此可以说，韩国民族沙文主义的环境创造了黄禹锡的悲剧。

"黄禹锡事件"向当代世界科学界提出了重要警示。近些年来，我国大陆出现了名目繁多的学术评奖运动，以及陈进的"汉芯"事件，这其中学术民主、学术独立成分又有多少呢？

（二）科学研究的产业化与无私利性规范

科学是一项求真的事业，即使到了今天，虽然科学研究已经职业化了，但从本质上讲，科学的追求仍然主要是一种不谋私利的真理探索，其次才是一种谋生的手段。科学家从事科学工作的吸引力部分地由于其内在的求知欲，部分地由于认识到自己的研究工作能够对社会做出重要贡献。前者使科学家个人获得心理上的满足，后者使科学家实现个人的社会价值，二者共同构成了科学精神气质的核心，即科学上的无私利性规范。

所谓无私利性规范，是指科学家不应以追求真理作为其牟取私利的手段，而应该首先成为其活动的目的，在接受或排斥任何具体科学成果时，不应该因考虑个人利益而违背科学上的诚实标准。无私利性规范是科学系统内部自我控制的机制，它要求科学家在追求真理的过程中应该保持思想的独立性。科学事业一向是科学工作者的社会，彼此帮助，共

---

① 《纽约时报》评析黄禹锡事件：《干细胞不是汽车和计算机芯片》，参见 2006 年 1 月 19 日科学网页：http：//www. sciencetimes. com. cn/col156/article. html? id＝67994。

② 韩国媒体反思黄禹锡事件：《民族主义损害科学新闻业》，参见 2006 年 1 月 16 日科学网：http：//www. sciencetimes. com. cn/col1/article. html? id＝67732。

享知识，尽管有些科学成果能够带来商业利润，①但无论科学家个人还是集体，都不应让真理的追求屈从于超出研究工作以外的金钱和权力。在科学的功利价值日益受到强化的背景下，无私利性规范对于科学事业的健康发展仍然起着积极有效的作用，这是科学行为与其他社会行为重要的区别所在。②但是，随着科学与社会力量越来越紧密地结合在一起，科学家的角色趋向复杂化，他们从事研究无法摆脱职业利益，也无法与实际生活中的经济和政治压力完全相分离。正如齐曼所说："当研究成为一种'责任'和'职业'，显然是在为雇主和薪金出力时，就难以保持一种献身精神了。科学家对高尚目标的献身，保持了他的纯粹，捍卫了他个人的正直。当研究成为'同其他任何职业'一样时，对科学上杰出成就的追求会被奢望、虚荣和权术所代替，在这一点上，科学界与整个社会是一样的。"③现代科学已不再是一种单纯的追求个人目的的活动，而是成为一种产业，成为知识生产力，无私利性规范受到了科学产业化的严重挑战。

首先，随着科学的社会建制化发展，科学家已无法继续保持自由职业时代那种"为知识而探索知识"的理想了，政府和公众主要感兴趣的不只是科学的最终发现结果，而主要被视为一种创造新产品以及获得解决实际问题新答案的手段。在这种情况下，国家科学体制难免出现官僚统制主义和功利导向。随着国家"科教兴国"战略的全面展开，国家创新系统开始建立并运作，政府加大了对科学事业的投入力度，科学家在社会中的地位得到提升。但政府在必须证明其投资效益的压力下，只得采用经济学考核机制对受资助科学家的产出结果进行认定，并将取得的成果进行量化，然后根据量化出的"成就"的大小与职称的评定、薪金奖励、人才聘用等物质利益联系起来，无形之中科学家就被引向追逐个

---

① ［英］贝尔纳：《科学的社会功能》，第 307 页。

② ［英］齐曼：《元科学导论》，湖南人民出版社 1988 年版，第 128 页。

③ ［英］齐曼：《知识的力量——科学的社会范畴》，上海科学技术出版社 1985 年版，第 310 页。

人私利的目的上去，科学研究变成了生产论文的"工厂"，因而被产业化。① 将科学产业化的一个严重后果，就是为了争夺有限的资源而加剧了科学家之间的竞争，致使同行之间必要的合作与交流建立不起来，这不仅不利于原创性的重大科学成果的孕育和生成，而且容易催生学术上的弄虚作假等不端行为。无私利性规范要求科学工作必须做到忠实于原始数据以及科学的诚实性。然而，在功利目标的侵蚀下，一些人为了博取个人的功名，他们不是靠付出踏实艰苦的努力取得客观结果，而是随心所欲地篡改甚至伪造实验数据以符合自己主观的需要，或者把同样内容的一篇论文采用不同的表现方式变成多篇论文发表，借以增加自己发表论文的总数，在提职、提级或申请各种奖励中牟求私利。这种把个人利益凌驾在对真理的责任之上的行为，致使科学家背离了探求真理的使命，如此一来，科学事业便不再是追求真理以服务社会的活动，而成为某些人追名逐利的工具。这与科学的无私利性规范是大相径庭的。

其次，随着科学知识生产和应用之间周期的缩短，企业积极资助和雇用科学家以期望获得巨大收益。于是，科学研究就从一个消耗社会资源的认知求知的文化过程，转变为能够产生新收益的生产过程，知识成为资本，知识的资本化使科学的无私利性规范的约束作用被弱化。

无私利性规范并个要求科学家不能抱有功利的动机，而是应该对各种可能动机进行引导，以避免那些与科学的制度目标相冲突的个人私利行为。在学院科学时代，科学家一般只是满足于荣誉回报，关注成果的发表和同行认可，而把物质利益的回报留给了社会。但是，在大科学时代，科学研究的周期并不是有了一个发现就算完成了，而是延伸到了一个观念在社会生活中产生实际应用的时候。科学研究是一项花费高昂的事业，经费问题成为制约科学家研究自由的一个首要问题，如果科学家自己能够从应用他们的发明所得的收益中分得一份，筹措经费问题就可

---

① 科学的产业化可以有两种含义：一种是把学术过程看做是生产过程，研究工作安排实行产业化效益管理，科学家不得不为研究工作所需的物质资源而进行个人竞争；另一种是在产业支持下进行研究，产生具有直接商业价值的成果，亦即指"研究目标紧密适应社会物质目标的要求"的研究。

以得到缓解。换言之，科学家考虑知识产权的盈利问题，从科学的殿堂走向社会，关心市场、关心企业，这种做法与科学家的道德准则并不相悖，与科学家的无私利性规范要求也不必然造成冲突。然而，科学研究和商业活动遵循着两种完全不同的规范，"科学家不同于企业家，科学家是以科学创新、造福于社会为其宗旨，而企业家是以追求本企业利益最大化为目标"①。尽管科学家的研究成果可以为企业创造利润，但科学家参与商业盈利活动并不意味着就可以抛弃科学原则，他们不能成为利润的俘虏。

但是，为了从企业中取得研究所需的资源，有些科学家不惜抛弃科学的客观性原则，把一些不够严谨和缺乏可靠性论证的研究成果急于商业炒作，从中牟取个人利益。这种为个人私利而破坏科学的纯洁性的行为，已经背叛了科学上的无私利性原则，与科学求真的精神是不相容的。但是，为了从企业中取得研究所需的资源，有些科学家被一些商业公司雇用为某些商业产品进行不负责任的广告宣传，或者把一些不够严谨和缺乏可靠性论证的研究成果急于商业炒作，以从中牟取个人利益。这种为个人私利而破坏科学的纯洁性的行为，已从根本上背离了科学上的无私利性原则，与科学精神是不相容的。

在现代，科学家因过多地追求商业价值已经引发了相关问题的争论，其中包括学术腐败、科研质量等问题，这些问题构成了对无私利性原则的挑战。在各种挑战面前，科学家应该加强自律意识，以确保知识生产的严肃性与知识产品的真理性，担当起应有的科学责任。

（三）科学成果的局域化与公有性规范

科学的发展本质上是科学家社会协作和积累的结果。牛顿有一句名言："如果说我看得更远，因为我是站在巨人的肩膀上。"② 此话表明了

---

① 刘心惠：《科学家的良心——邹承鲁访谈》，《瞭望新闻周刊》2002 年第 12 期。

② ［美］默顿：《十七世纪英格兰的科学、技术与社会》，商务印书馆 2000 年版，中文版序言，第 7 页。

他受惠于公共知识遗产的含义，同时揭示了科学成就在本质上具有合作性和积累性特征。科学的进步既依赖于科学家个人的独立思考和勇于创新，又依赖于他人科学工作的启发和科学家之间的思想交流。任何发明与发现的智力资源，均来自于世界科学家共同体发展的知识宝库，是科学共同体集体努力的结果。从这种意义上说，科学家做出的科学发现成果，不是属于科学家个人或某个机构的私有财产，也不应该为某个国家所有，而应属于整个世界。

科学的公有性规范与科学发现应该交流这一规则是紧密联系在一起的。基础研究产出的是公共知识，科学家必须诚实地公开自己的研究成果。把研究成果变为公共财富，不仅是科学家及其工作接受同行检验、赢得同行承认的前提，也是为了避免不必要重复、促进科学持续进步的重要保证。如果一个科学家不把自己的研究成果发表，按照科学财富共享的道德要求，就被认为没有尽到自己的角色责任。据考证，达·芬奇（L. da Vinci）的手稿中包含有大量远远超过他那个时代的科学发现，然而这些发现被埋没数百年，期间既没有与其他科学家进行交流，又没有进入公共知识流通领域，致使人类失去了许多宝贵的创造发明的机会，所以达·芬奇不被认作是科学家。

科学的公有性规范是禁止研究成果保密的。所谓保密，是指为了保证知识发现的优先权，在相当长的时间内封锁有关自己的研究工作数据。保密使同行对已经做过的工作一无所知，从而剥夺了他们从事研究所必需的大部分材料，也废除了科学家之间对于新目标、新想法的正式的或非正式讨论——这种讨论对于任何科学创造都是必要的。更重要的是，它使科学失去了通过学术争论和同行评议进行自我纠错的机会。因此，对研究成果保密实际上违反了科学上的最大利益。科学中的保密行为通常意味着，科学家被政府或企业雇用，利用公共知识做出科学的新发展，来为自己的利益服务。一般认为，保守科学秘密只是在一些特殊的社会条件下，例如战争危机、涉及与国家安全有关的问题时，科学家们可以接受保密的限制。随着越来越多的科学研究直接与企业利益联系在一起，由企业直接资助的合作研究成果往往被当做商业机密加以控制，公有性的约束作用有所淡化。在现代科学中，科学家不仅可以通过生产"公共知识"，获得科学共同体的承认而得到社会报偿，而且可以通过生产"非公共知识"或"局域公共知识"，以能在竞争的环境中服务于特定集团的利益，获得利益回报，这时知识不再被看做是全人类的公有财产，自由交流的信息和资料就被限制在很小的范围内。

　　然而，正如维纳所指出的那样，所有涉及保密与限制信息传播的政策，其目的无非是为了在利益冲突中建立某种竞争优势。这对于那些涉及国家机密或企业应用原理和技术成果的保密制度表面上看来是成立的，但在科学发现和发明工作中，任何控制信息自由流动的做法，不仅使科学界同行失去利用新成果的机会，而且使保密者个人或组织发现和发明的健康成长也受到削弱。[①] 贝尔纳在批评企业和国家的保密制度所带来的种种危害之后也指出：在多数情况下，专利办法会阻止科学的有益成果的应用，"任何想通过专利来筹措科学经费的规划也还是有严重困难的"[②]，科学的累积性要求科学成果的共有共享，任何科学发现都是社会协作的产物，科学知识是人类共同的财富，"科学上的国际主义是科学的最特殊的特征之一"[③]。国际人类基因组计划（HGP）工作草图完成后，国际组织立即将其研究成果公开，保证人类基因组基本信息全球免费共享，以便世界各国的科学家都能自由地使用这些成果。人类基因组精神充分体现了科学的这种公有性规范。

　　科学成果进入公开交流领域，必须保证成果的可靠性，即在相同的条件下的可重复性，可靠性是科学中"首要的个人资产"，也是科学家的最大需求。科学共同体深深地嵌入信任之网中，彼此共享人类知识财富。在这种意义上，那种为了争夺科学发现的优先权，把一些还不成熟的成果过早地予以发表的做法被认为是不恰当的，因为它违反了科学研究成果的可重复性原则。例如，20世纪五六十年代，我国一研究所在没有进行严格检验的情况下，盲目宣布"超声波产生放射性"是一项重大发现，就是一例严重违背科学原则的行为；同样地，80年代末发生

---

① 维纳：《发明：激动人心的创新之路》，第105—106页。
② 贝尔纳：《科学的社会功能》，第373页。
③ 同上书，第451页。

在美国的冷聚变事件误导了很多人，也是由当初不成熟的报道所引起的。[①] 埃伯特曾对科学上的这种不负责任的行为提出了严肃批评："实验结果还没有出来，就把它写成论文提要加以发表。这种风气很坏。应该特别强调科学的准确性，不能再容许任何人那样做。这是当代的一个道德问题。"[②] 在学术的严肃性上，马克思为我们树立了楷模。据法拉格回忆说：马克思"本人不仅从不引证一件他尚未十分确信的事实，而且未经彻底研究的问题他决不随意谈论。凡是没有经过他仔细加工和认真琢磨过的作品，他决不出版。他不能忍受把未完成的东西公之于众的这种思想"[③]。

因此，从积极的方面看，一定程度的保密有助于优化科学成果的价值，在一定程度上能够克服科学中的"急于求成"。

总之，在保证科学成果的客观性和可靠性原则的前提下，科学家及时发表研究的成果，是科学知识生产中的一种制度性要求，否则，就违反了科学上的最大利益。

（四）科学奖励的政治化与独创性规范

科学奖励是对科学家工作的肯定或认同，同时也是对科学家今后积极投身于增进人类知识活动的激励和强化。科学奖励以对科学成果的评价为依据，评价标准主要是成果的独创性和效益性，而对于基础理论成果的评价标准应主要看其独创性及理论价值。科学奖励有多种形式，从大的方面来说，分为物质奖励和荣誉奖励两大类型。物质奖励包括获得研究资助、提高福利待遇、奖金等；荣誉奖励包括对科学发现独创权的确认、荣誉称号的授予、会员资格的认定、命名等。荣誉奖励被认为是科学奖励不同于其他领域奖励的重要特征。对科学界奖励机制的分析表

①　庆承瑞：《病态科学，冷聚变及其他》，《自然辩证法研究》1991 年第 1 期。

②　[美]威廉·布劳德、尼古拉斯·韦德著，朱进宁、方玉珍译：《背叛真理的人们——科学界的弄虚作假》，科学出版社 1988 年版，第 89 页。

③　保尔·法拉格：《回忆马克思恩格斯》，人民出版社 1973 年版，第 99—102 页。

明，科学家们从事研究的基本价值取向是同行承认，承认是科学王国的基本通货，在科学中，承认是财产的功能等价物，要求得到"承认"是科学家不可剥夺的权利，一般的物质奖励只是加重影响的一种象征。

科学的独创性规范强调，科学家只有做出自己独有的科学贡献，才能证明他成功地履行了自己的角色。因此，追求科学成果及其对它的社会承认，既是科学家专注于探索的结果，也是其人生价值的体现。一方面，关心成果是否得到承认，可以使科学家特别关注科学成果的客观性和质量，从而有利于科学的发展；另一方面，强烈的成就感是科学家追求科学成果并做出独创性努力的原动力。默顿指出："科学是特别具有社会性特点的领域，而不是唯我论世界的聚合物。对成果的不断评价和承认，完善地构成了一种使科学融为一体的机制。"[①] 因此，从发现中得到快乐和追求科学界的同行承认，二者的结合便构成了科学家从事研究的双重动力。早在16世纪培根就提出，应该给取得科学成果的科学家以一定的奖励。他说："只要人们在科学园地中的努力和劳动得不到报酬，那就足以阻遏科学的增长。……因此，一项事物不被人尊崇就不会兴旺，也就没有什么可奇怪的了。"[②] 诺贝尔奖生理学或医学奖获奖者班廷（F. Banting）说，给予一个科学家的重要发现以应有的荣誉，"它会激励个人并且使个性得到发挥。我们的宗教，我们的道德结构和我们的生活基础本身都是以奖励思想为中心的。因此，研究人员渴望他自己的工作和思想得到荣誉并非是不正常的，如果剥夺他的这种荣誉，那么也就撤去了最能鼓舞他工作的兴奋剂"[③]。

在特殊时期，政治荣誉取代科学系统的同行承认可以成为科学研究的重要推动力。同行承认很重要，但是，许多大科学项目由于涉及组织者的重大利益问题，尤其是对于那些政治利益攸关的项目，科学家的研究成果处于严格保密状态，这时个人成就便成为一种默默无闻的贡献。正如朱克曼提出的：随着科学研究的社会组织变得更加复杂、更加经常

① 默顿：《科学社会学》下册，商务印书馆2003年版，第554页。
② 同上书，第401页。
③ 同上书，第438页。

具有合作性，科学家个人履行角色的可见性被降低了。① 在这种情况下，科学家从事研究的动力是社会对其社会地位的确认，较高的社会地位既保证了科学家外在自由权利的满足，也有利于内在自由的保持。

只要科学家在社会中拥有较高的职业地位，受到社会的普遍尊重，可以大大激发他们的创造力。第二次世界大战前，只有苏联实现了对科学研究的国家规划管理，大学、研究所、委员会等机关中一切自然科学和技术科学的研究部门由国家统一管理，一个教授或科学院研究员的平均工资，比产业工人的平均工资大约要高 30 倍，科学和科学家在国内享有极高的社会声望，② 同时苏联科学家为世界科学做出了重要贡献，也为祖国争得了荣誉。新中国成立之时，全国专门从事科研的不超过 500 人，专门的科研机构只有 30 多个，现代科学技术几乎是空白，但是到 20 世纪 60 年代，我们几乎完全依靠自己的努力取得"两弹一星"这样的丰功伟绩。这一神奇的发展进度是科学家在隐姓埋名的状态下取得的。那时虽然国家经济困难，国家财力非常薄弱，但政府给予科学家、知识分子的物质待遇和政治地位都比较高，这是知识分子能认真从事研究的必备条件之一，也使得知识分子有一种使命感和压力感。

在那种国家利益高于一切的特殊年代，科学家、知识分子肩负着重要的历史使命，通过与政治家真诚的合作，使科学家感到从事这项工作本身就是一种荣誉。在这种动力的鼓舞下，科学家的积极性和创造性被充分调动起来，从而做出了令世人瞩目的成就，壮大了国威，科学家也因此获得了心理上的补偿。

但是，政治荣誉取代科学界的同行承认不是科学的常态。政治荣誉取代同行承认的实质，就是以科学中的集体主义取代科学上的"个人主义"。在我国 20 世纪 50—70 年代的"大跃进"和"文化大革命"期间，科学中的"个人主义"被认为是资本主义的自私自利。这种以否定个人主义倡导集体主义，使集体和个人绝对对立起来的做法，导

---

① 默顿：《科学社会学》下册，商务印书馆 2003 年版，第 453 页。

② 麦德维杰夫著，刘祖慰等译：《苏联的科学》，科学出版社 1981 年版，第 1 页。

致个人贡献失去了被肯定、被正视的合法性与正当性，[①] 否认了科学家追求真理的精神价值，从而否定了科学自身的独立意义。在大科学体制下，科学家的那种默默无闻的工作同其特殊的职业角色要求是相违背的。和平时期，做出独创性的科学贡献是科学家的角色要求，科学社会应该根据科学家个人取得的成果价值的大小予以不同的荣誉分配，而不是让个人成就淹没在集体工作的海洋里。换言之，政治荣誉性取代科学同行的承认不应作为科学的常态来倡导，否则，个人的积极性和主动性将会失去基本动力。

例如，我国在1985年科技体制改革之前，科研管理实行的是"自上而下"的指令性计划，科研单位无权适应社会需要而自主地选择计划外的课题；在财务上，国家拿钱办科研院所，科学家个体研究成果的所有权全部归国家所有，使用成果不收费，就连科研院所可以自行支配的收入，也要统统上交。这种对科研单位和科学家个体劳动成果不予承认的做法，严重影响了科学家主动创造性的发挥，致使科学活动成为一种完全被动的行为。尤其是科学家个人的社会地位和科学贡献长期以来一直没有受到应有的重视，国内对科学家工作的报道不足，科学界同行们的科研工作都相互不了解，甚至有许多科学家做出了有重要学术价值的成果而不被知晓，致使科学家们的工作缺乏必要的社会公众的支持和理解，科学家创新的热情难以调动起来。近年来学界这一状况比过去有了较大改善，然而多年来科学界形成的政治本位主义的副作用依然存在。例如，国内学者的科研论文写作，普遍不引用国内同行的研究成果，这实际上是一种缺乏民族自信心的表现。杨振宁对国内科学界的这一状况深有感触。他曾指出，中国如赵忠尧、王淦昌等科学家，曾在物理学上都取得了诺贝尔奖一级的成就，但在国内科学界一直沉默，致使他们的贡献在世界科学中遭埋没。[②] 这根源于基础研究在我国一直不受重视。日本学界却是另一番景象。日本科学家对他们前辈的贡献会不遗余力地

---

① 李真真：《20世纪50—60年代的中国：科学的改造与社会重建》，《自然辩证法通讯》2005年第2期。

② 杨振宁：《杨振宁文集》，华东师范大学出版社1998年版，第572—585页。

去研究，并把他们的重要性提出来，写成很多文章和书广为传播。[①]

　　近几年，有关我国与诺贝尔奖结缘的问题曾引起了学术界的热烈讨论。实际上，正如有学者指出的那样，获奖本身并不重要，不能成为追求的目的。但是，若没有同行科学成就的激励，未来的科学家将会缺乏实现重大突破的自信心以及由此内化出的精神动力。这种民族自信心对于科学家保持内在自由以及做出独创性成就具有非常重要的意义。例如，日本著名物理学家长冈半太郎在科学上的成功鼓舞了后来的汤川秀树；汤川秀树因为"能够在自己的日本人中间找到了这样一位伟大物理学家"[②] 而充满信心地选择了物理学，并最终获得了诺贝尔奖。他们的成就和声誉又鼓舞了后来的许多科学家。

　　改革开放以来，由于长期跟踪西方发达国家从事研究，我国科学家形成了对西方科学的依赖心理，对首创的研究缺乏应有的自信。正是因为对在国内科学界的创造性缺乏必要的自信，他们只能在外国权威的理论规范内进行"保险"的研究，不愿冒首先向既有理论挑战的风险，即使发现了问题也常常予以回避。这一状况如不改变，那么，政府投入的经费再多，中国科学也难以在世界科学舞台上拥有一席。

　　① 杨振宁：《几个科学家的故事》，《自然杂志》1990 年第 1 期。
　　② 廖正衡：《关于日本科学与技术发展的不平衡问题及其借鉴》，《自然辩证法研究》1991 年第 11 期。

第 四 章

从职任自由到责任自由

一 责任自由的提出

（一）责任概念与科学家的责任

从英文词源上看，责任"responsibility"一词来自拉丁文"re-sponaeo"，原义是指有能力履行义务、可以承担、使人满意等。在现代汉语中，责任有三个基本含义：第一，分内的工作，如司马光在《谏西征疏》中写道："所愧者圣恩深厚，责任至重"①；第二，使命感，担当起某种职责；第三，由于失职而应当接受处理的道义。从责任的含义看，责任的基本内容包括角色责任、道德责任和法律责任三个层面。

科学家的责任就是对自己实施的各种行为负责。在现代，科学具有三方面的本质特征，表现为三维的形象：它是一种理性的活动、一种社会职业、一种国家力量。作为一种理性的活动，它要求科学家必须遵守学术规范，诚挚地追求真理，在追求真理的过程中保持思想上的独立性；作为一种社会职业，它是一种谋生的手段，这种职业结构要求科学家必须拿出具体的、看得见的成果，它要求科学家对真理探索的好奇心必须服从责任心，必须承担特定的职业组织下的特殊角色责任；作为一

---

① 罗竹风主编：《汉语大词典》第 10 卷，汉语大词典出版社 1992 年版，第 91 页。

种国家力量，科学家的探索动机受国家利益的导引，科学家职业不同于社会的一般职业，他们拥有崇高的社会地位，从而比一般的公民需要承担更多的对于社会的责任。当代科学这三方面的特征，决定了科学家不仅要对社会做出独创性的贡献，而且要保证知识成果造福于社会而不是威胁人类。换言之，科学家的责任具有三方面的内容，即它同时承载着知识生产者的角色责任、社会伦理责任以及对自己行为承担过失的法律责任。

1. 知识生产者的角色责任

科学探索的任务是求真，是以理论的客观内容为主导方向的，科学家的职责就是作为能够完成各种高度专业化任务的专家从事知识的生产和发明工作。关于知识生产中的责任，即科学责任，是指科学家在科学研究、评价、成果交流、传播活动中需要遵循的一定的行为准则。科学的真理性和客观性要靠科学的一系列科学规范来保证。科学规范作为产生一系列科学研究典范的规则或框架，包括两方面内容：一部分是方法论规范，包括经验证据的充分性和可靠性与逻辑一致性，对应着科学是一种理性认识活动；另一部分则是道德论或制度性的，对应着科学研究是一种知识生产制度。制度性规范随着科学研究的专业化确立起来，它是用于约束、协调科学共同体行为的基本规范，默顿把它归纳为五条：普遍主义、公有主义、无私利性、有组织的怀疑主义以及独创性等。这五条规范不仅使科学家个体性的知识生产活动变为社会性的知识生产制度，而且揭示了科学知识生产制度中的质量控制机制，保证了科学的客观性。科学家的求真责任必然包含以上规范，"没有这些规范，就没有办法产生公认重要的科学问题，没有办法评价科学活动的成果，奖励卓有成效的科学家，也没有办法享用业已获得的科学知识，拓展和深化对客观世界规律性的了解"①。科学规范作为一种制度性要求，构成了对科学家个体行为的一种内在约束，它要求科学家首先必须坚持用严谨的态度从事科学上的创新，诚实地发表自己的研究成果，合理地利用科学

①　刘大椿：《科学活动论 互补方法论》，广西师范大学出版社 2004 年版，第20 页。

资源。马克思曾经把在学术上诚实、直率和善良的李嘉图（D. Ricardo）称为"科学人"，而把思想极端卑鄙、虚伪的马尔萨斯（T. R. Malthus）称为"非科学人"。不仅如此，对于同行中有违背科学诚实性和客观性的行为，科学家有责任予以揭露，以保证科学的纯洁性。这是对科学家最基本的责任要求。

2. 作为一个特殊公民的特定使命

马克思说："作为确定的人，现实的人，你就有规定，就有使命，就有任务。"[①] 科学家由于其特殊的职业角色，必然要承担一种特殊的责任，这种责任体现了"地位本身就意味着责任"、"智慧本身就意味着责任"的伦理思想。在当代，科学技术发展不仅带来了社会物质财富的增长，同时也给人类带来一系列的负面后果。科学发展的双重社会效应，要求科学家必须担负起由于科学发展及应用而产生的相关社会后果的道义责任。爱因斯坦指出："在原则上，每个公民对于保卫本国宪法上的自由都应当有同等的责任。但是，就'知识分子'这个词的最广泛意义来说，他则负有更大的责任，因为，由于他受过特殊的训练，他对舆论的形成能够发挥特别强大的影响。"[②] 例如，爱因斯坦在关于原子武器给人类带来的破坏性问题上指出，在我们这些把这惊人力量释放出来的科学家身上，担负着重大的道义责任。[③] 作为某些方面的专家，科学家的意见对于社会各界的影响日益变得举足轻重，他们一方面应该就自己了解的范围，指出科学的新发现可能会产生的社会后果，包括对新技术开发的有益和有害的影响两方面作出合理的评价；另一方面对于社会上的一些明显的错误或者欺骗行为，科学家应该公开发表自己的反对意见，而不可听之任之让它们危害社会。爱因斯坦在1953年写给芝加哥律师"十诚会"的信中说："我从来没有做过系统努力去改善人类的命运，去同不义和暴政作斗争，或者去改进人类关系的传统形式。我所

---

① 《马克思恩格斯全集》第3卷，人民出版社1974年版，第329页。
② 《爱因斯坦文集》第3卷，商务印书馆1979年版，第324页。
③ 赵中立、许良英编译：《纪念爱因斯坦译文集》，上海科学技术出版社1979年版，第298页。

做的仅仅是这一点：在长时期内，我对社会上那些我认为非常恶劣的和不幸的情况公开发表了意见，对他们表示沉默就会使我觉得是在犯同谋罪。"① 也就是说，对于涉及广大民众的公共利害之事，诚实地发表个人的见解，是一个有社会良知的知识分子的必然选择，否则就应该被认为没有尽到自己的责任。

3. 对因自己的失当行为而所造成的不利后果承担相应的法律责任

在当代，"责任意识"已经成为科学家最重要的伦理精神，科学家必须对自己的选择权衡利弊、谨思慎行；在道义上，他们不仅有责任避免科学技术活动给人类带来的危害，而且必须对自己的失职行为及其后果负责。一般来说，科学家无法控制其科研成果的应用方向，因此不能要求他们对其成果的应用的不良后果承担全部的责任，有责任的科学家至多也只能思考、预测、评估自身领域成果"碎片"的社会后果。但是，在由科学家参与的事务中，他们作为专业工作者，应该并且能够对自己的行为后果负责。例如，第二次世界大战期间，在纳粹集中营囚徒身上做非人试验的科学家和医生，虽然他们只不过是由纳粹控制的工具，但这种情况并不能使他们解脱，最后纽斯堡法庭仍然判决他们是有责任的，要以法律处置。犹有可言者，某些科学家为了获得某种名利以及争夺科学资源，不惜用虚假信息误导其他科学家同行的工作，甚至出于维护某些集团和行业利益，去做不负责任的宣传，或者对科学研究中的结论进行控制、歪曲和隐瞒，从而造成严重的社会后果。对于造成的这类后果，科学家必然要承担相应的法律责任。

（二）科学家社会责任的确立

1. 科学家社会责任的演变

科学家的社会责任并不是一开始就存在的，而是科学社会化发展的一个必然结果。在从古代直到第二次世界大战相当长的历史时期里，科学没有充分地显示其巨大的社会功能，基础科学和应用科学之间构成二

---

① 《爱因斯坦文集》第 3 卷，第 321 页。

元对立格局，科学家从事科学活动的目的是"为求真而研究"，追求真理被认为是其唯一合法的目标。这时，无论是科学家自己，还是普通民众都认为"科学无善恶"，"科学价值是中性的"，科学家无须对科学成果的应用后果担心，因而也就不可能提出所谓的"社会责任"问题。"当时，很少有人去考虑科学的社会功能。如果有人考虑这个问题的话，他们当时也认为，科学的功能便是普遍造福于人类。科学既是人类智慧的最宝贵的成果，又是最有希望的物质福利的源泉"[1]。但是，随着科学成长为一种国家事业，科学的发展离不开政府资金和其他社会资源的支持，"为科学而科学"的清高传统已不符合时代的要求，科学家们认识到他们的科学工作并不终止于实验室，而必须关注科学与外部社会的关系，思考自己应当承担的社会责任问题。

科学家开始认真反思自己的社会责任，始于 20 世纪 30 年代西方经济的大萧条以及德国法西斯对世界和平带来的威胁。面对经济大萧条的创伤，许多科学家破天荒第一次开始关心起社会问题。1933 年，英国科学工作者协会最先提出了把科学唯一用于建设性目的的主张，赢得了越来越多的科学家的响应。随后在科学家群体中涌现出许多讨论小组，开始讨论"科学家能做些什么"的问题，并积极开展各种活动，试图弄清科学本身的发展、科学和整个社会的相互作用以及科学家责任的范围等问题。[2] 在英国科学家的影响下，美国科学促进会把"研究科学对社会的影响"当做它的一个目标。总的来说，这一时期科学家所关注的社会责任，主要局限在科学在社会中的地位，以及面对战争等灾难时科学家应该怎样表明自己的态度等道德层面的讨论上。

随着科学自身开拓力量的不断增强，科学研究中的每一项创造发明都极大地影响着人类的物质生活乃至精神世界，但科学在造福于人类的同时，也产生了非常严重的负面后果，它对人类的生存和安全构成威胁。科学的应用带来的一系列负面效应，使科学家不再可能固守在象牙

---

① 贝尔纳：《科学的社会功能》，第 3 页。

② M. 戈德史密斯、A. L. 马凯：《科学的科学——技术时代的社会》，科学出版社 1985 年版，第 30 页。

塔内坚持"为科学而科学"的理想，而应该积极地介入社会生活，深入地思考滥用科学的危害，以自己特有的社会地位给社会以正面影响。

随着第一颗原子弹的爆炸，"科学家的社会责任"问题尖锐地突出出来，许多科学家被迫处在了道德上尴尬的境地。第二次世界大战时期，为了对抗法西斯战争，物理学家奥本海默（R. Oppenheimer）出色地领导了曼哈顿工程，被称为"原子弹之父"。"广岛事件"发生后，他陷入了深深的自责。怀着对于美苏之间的核军备竞赛的预见和深切担忧，怀着一个科学家对人类的强烈的社会责任感，奥本海默积极地投身于对原子能的国际控制与和平利用的运动中，反对美国率先制造氢弹。为了这项崇高的历史使命，他全然不顾联邦政府剥夺其安全特许权的威胁，维护了一个科学家的社会良知。随后，以美国为首的许多国家的科学家，开始自觉地关心科学在当今社会中的应用以及有关核武器、战争、和平等社会问题，并自发地成立了"为了和平的科学"的科学家协会组织。1946年7月，包括美国和中国在内的14个国家科学协会的代表，在伦敦举行了首次会议。① 通过这次会议，各国科学家协会之间建立起联盟，成立了世界科学工作者协会。1948年，世界科学工作者协会通过了《科学工作者宪章》，提出了科学家个人或团体对于科学、社会和世界应尽的责任。在该宪章的第一条中写道："科学的职业，由于利用或滥用的结果，而使其负有超于普通公民的特殊责任。特别是由于科学工作者已经获得或容易获得公众难以得到的知识，所以他必须竭力保证用于好的目的。"② 这表明，在社会责任问题上世界科学家统一了认识。1955年，52位诺贝尔奖获得者聚会博登湖畔，共同签署了著名的反对武力战争的《迈瑙宣言》，同年，爱因斯坦、罗素等12位世界著名科学家签署了著名的《罗素—爱因斯坦宣言》，呼吁科学家们要行动起来，为废止一切战争、维护持久和平而努力。科学家的上述行动直接导致了1957年关于科学和世界事务的第一次帕格沃什会议的召开，在1958年举行的

① M. 戈德史密斯、A. L. 马凯：《科学的科学——技术时代的社会》，科学出版社1985年版，第33页。

② 李国秀：《科学与伦理价值》，（台北）《哲学与文化》1994年第11期。

第三次帕格沃什会议上通过了《维也纳宣言》。宣言中提出:"科学家由于他们具有特殊的知识,因而相当早地知道了由于科学发现所带来的危险和约束,从而他们对我们这个时代最迫切的问题也具有一种特殊的能力和一种特殊责任。"① 这些由国际科学家组织所制定的公约中的伦理准则,明确了科学家必须对科学后果承担某种特殊的社会责任的问题。

20 世纪 70 年代以来,随着新技术革命的蓬勃发展,科学技术日益发挥着第一生产力的功能,科学的社会影响进一步扩大,于是向科学家提出了新的社会责任问题。例如,1973 年在英国成立了"科学与社会责任委员会",该委员会给自己确定了如下责任事项:"试图在尚未完全开发的科学与技术研究领域里,识别出哪些将产生什么样的重大社会后果;客观地研究它们,努力预测其后果是什么;它们是否可以控制和怎样控制,发表忠实可靠的报告,以便引起公众广泛的思考。"② 在新时代条件下,科学家的社会责任不仅限于科学成果的社会应用,还需要考虑科学活动本身所隐含的社会后果;科学家对科学的社会价值的思考,不是发生在技术形成和应用之后,而是在科研选题之前就开始了。随着基础研究的国家目标化的实现,基础科学作为国家预算中的一项重要内容被稳固地确立,科学研究和社会目标之间更加紧密地结合在一起,科学家们在更大的程度上意识到自己的社会使命,也将比以往更多地参与社会的发展。

科学家的社会责任的提出,表明科学家从事科学活动不能只是关注自己的兴趣,不能"只问耕耘,不问收获",而应该以国家利益和人类全局利益为出发点,对自己的研究成果既要有目标性又要有价值预见,充分估计到成果的潜在应用所可能带来的社会影响。

2. 科学家社会责任的基本内容

通过上面的分析可以看到,随着科学的社会功能不断扩大,科学家

---

① 陈恒六:《从科学家对待原子弹的态度看知识分子的社会责任》,《政治学研究》1987 年第 6 期。

② 莫里斯·莫兰:《科学与反科学》,中国国际广播出版社 1988 年版,第 101页。

同时承载着科学家和公民的双重角色，他们不仅担负着生产知识的责任，而且还必须承担对于社会的责任。

在科学家的社会责任问题上，存在三种不同的观点：一种观点认为，科学家对自己的发现和发明负有某种一般的社会责任；第二种观点认为，科学家应该明确他自己对于科学之社会后果的总责任，并且试图阻止其中某些令人憎恶的后果；第三种观点是科学家对自己承担的社会责任感到不满。①

笔者认为，第二种和第三种观点是两个极端，无论是要求科学家对科学造成的总后果负有全部责任，还是认为科学家不需要承担任何社会义务，都失之偏颇，也是不现实的。就第三种观点，即认为科学家不应该承担任何社会责任来说，科学研究不是在真空中进行的，其影响也会渗透到其他价值和利益领域。如果仅仅强调科学的主要目的是促进知识的发展，而不去关注与直接利益相关的结果，那么就实现科学价值的最大化而言，这种行为可能是合理的。但是，从另外的一种意义上来说，它又是不合理的。因为它否定了其他价值，而这些价值却是整个社会价值的有机组成部分，具有同样合理的社会公共利益。因此，那种认为科学家不应该承担社会责任的观点是不能成立的。就第二种观点，即认为科学家对科学的社会后果负全部责任来说，我们已经看到，在对一些公共问题决策的争论上，专家及其知识结构表现出很人的局限性，许多问题远非是一个可以放心地交给科学技术专家去处理的技术过程，它往往同复杂的社会系统联系在一起，单靠某一方面的专家是难以驾驭的。如果让科学家对科学的社会后果负总的责任，这在某种程度上会使科学家的活动受制于社会的干预，损害他们从事研究的自主性，科学家的职业自由也就难以维持了。

第一种观点即科学家既要担负起寻求真理的责任，又要担负起作为公民的责任为大多数科学家所接受。但是，仅仅强调一般的社会责任是不够的。因为责任是知识和力量的函数。在任何一个社会中，总有一部分人，例如医生、律师、科学家、工程师或行政官员，由于他们掌握了

---

① 巴伯：《科学与社会秩序》，第266—267页。

知识或者拥有特殊的权力，其行为必然会对社会、对自然带来比其他人更大的影响，因此他们应该承担更多的伦理责任，需要有特殊的职业规范来约束其行为。① 由于科学家掌握着专门的科学知识，他们比其他人最先意识到这些科学知识可能会引起怎样的社会后果，并能提出富有远见的建设性的理论和建议，因而他们比一般公众应该担负起更多的社会责任。

科学家的社会责任是科学作为一种社会建制能够在社会中长期存在的基础，关系到科研选题、研究路线的选择以及科学知识应用是否朝着有利于社会进步和为人类造福的方向发展。具体来说，科学家服务于社会的途径应该至少包括以下三个方面：

第一，对科学技术活动的后果趋利避害的责任。马克思曾经说过："科学绝不是自私自利的享乐，有幸能够致力于科学研究的人，首先应该拿自己的学识为人类服务。"② 科学的根本目的不是为了个人消遣，而是满足人的发展需要、造福于人类，科学家有责任确保科学的成果运用于好的而非破坏性的目的。波普尔（K. R. Popper）（1968）曾在一次会议上指出："自然科学家已无法摆脱地卷进了对于科学的应用之中，因此，尽可能预见他的工作的非故意的结果，并且从一开始就提醒我们应当避免哪些结果，这是科学家应该肩负的一个特殊责任。"③ 这种特殊责任就是指在科学研究中，科学家应当尽力防止和排除有悖于人类文明发展的工作，而使科学求真成为给人类带来福祉的源泉；一旦发现其研究成果可能会得到不道德的应用，个人有责任发表自己的看法，并努力去阻止这类破坏性行为的发生。美国物理学家萨姆·施韦伯（S. S. Scheber）说："科学事业现在主要涉及新奇的创造——设计以前从来没有存在过的物体，创造概念框架去理解能从已知的基础和本体中突现的复杂性和新奇。明确地说，因为我们

---

① 曹南燕：《科学家和工程师的伦理责任》，《哲学研究》2000 年第 1 期。

② 保尔·拉法格等著，中央编译局编：《回忆马克思恩格斯》，人民出版社1973 年版，第 2 页。

③ 波普尔：《走向进化的知识论》，中国美术学院出版社 2001 年版，第 11页。

创造这些物体和表述，我们必须为它们承担道德责任。"① 科学家总是希望所研究的项目越前沿越好，但是，越是前沿的科学技术，它给人类带来负面影响的可能性就越大，这就要求科学家在进行科研选题时必须考虑到社会效果。像遗传工程、纳米技术，等等，对这些领域的研究应该认真评估其可能产生的后果，在未搞清楚之前，应该采取审慎的预防措施。

第二，参与公共决策的责任。科学家作为社会精英，代表着社会的良心，他们不仅执著于自己的专业追求，只要有条件，他们普遍对社会的公正和国家的兴旺有着强烈的社会责任感，从两次世界大战中科学家的表现即可窥见一斑。在国家处在危机时刻，科学家的爱国热情和社会责任感使他们自动地组织起来，为自己的国家尽心效力。当代科学的发展给社会带来了深刻变革，科学知识和科学方法在政府决策和其他公众事务中日益起着重要的作用，这时科学家的责任就不能局限于自己的专业领域，还应该以自身的智力优势主动为国家的经济和社会发展提供咨询和建议。2004 年修订通过的《中国科学院院士章程》的第二条"院士的义务与权利"中明确规定院士"对国家科学技术重大问题的决策有建议权"。② 事实上，由于科学家长期的科学实践所培育的守真求是的理性品格，能够有效地纠正社会中的某些倾向性的错误行为。在涉及许多公共利益问题上，科学家通过客观地表达自己的见解，能够为国家重大决策提供参考标准。他们不仅可以对于那些以科学为基础的重大决策以及重大工程项目的立项提供合理的建议，而且对于政府在国防、环境、卫生与健康等事关国家利益和公共事务领域，仍然可以发表个人的意见。如发现某些由国家或某些利益集团投资的科研项目对社会具有较大的危害性时，科学家应该以一个普通公民的身份公开表明自己的态度，以避免给社会造成更大损失。

第三，弘扬科学精神、普及科技知识，是科学家职业责任的一个重要组成部分。1986 年，美国西格玛·希（Sigma Xi）科学研究会在庆祝

① 曹南燕：《科学家和工程师的伦理责任》，《哲学研究》2000 年第 1 期。
② 《中国科学院院报政策文件汇编（2004）》第 9 辑。

其成立一百周年时提出：让公众理解科学技术是今后一百年间科学最为重要的任务。[①] 在科学技术进步与社会高度一体化的时代，取得公众的理解和支持日益成为推进科学事业的前提条件，科学家应该积极主动地与公众交流，促进公众理解科学。这是因为，一方面，科学家的创造活动能否最终有益于人类社会生活，不仅取决于科学家追求知识的价值导向与方法，还在很大程度上取决于公众对于科学的理解和接受程度，取决于国民群体科学素养的高低，公众的科学素质状况影响着公共决策的质量。[②] 另一方面，政府利用公共税收支持了科学研究，公众有权知道科学家所从事的事业是否对他们有利，有权了解科学有什么样的进展，科学家也有义务将自己的研究成果用公众听得懂的语言传播给公众。美国和英国关于公众对科学态度的调查数据显示，越了解科学的人就越支持基础研究，对科学不甚了解的人，也就不大可能支持科学研究。[③] 因此，科学家的肩上应该担负着两个重任：一个是探索和揭开科学的奥秘，另一个同样重要的任务是把科学的知识告诉公众。[④] 促进公众对科学的理解，弘扬科学精神，普及科技知识，这是科学家的专业职责的一部分，同时也是科学家服务于社会的重要途径。

总之，为了维护科学的合理性与完整性，保证科学能够真正地造福于人类而不致成为祸害，科学家不仅应该通过对公众进行义务性质的科学普及教育，让他们广泛地了解科学空前发展所带来的潜在利弊，也有责任让公众了解科技投入的去向与结构，了解科学技术的最新进展及可能带来的社会和经济影响，使自己成为公众最值得信赖的人。

（三）责任自由：内在自由与外在自由的辩证统一

1. 责任自由的提出

① 朱效民：《科学家与科学普及》，《科学学研究》2000 年第 4 期。

② 英国皇家学会主编，唐英英译：《公众理解科学》，北京理工大学出版社 2004 年版，第 7 页。

③ 同上书，第 20 页。

④ 朱效民：《科学家与科学普及》，《科学学研究》2000 年第 4 期。

　　科学服务于社会的基本途径有两种：一种是物质性的，它以技术为中介，为生产的进步开辟道路；另一种是精神性的，它直接作用于人的理智和心灵。[①] 科学的这两种价值之间是相辅相成的，一个社会只有把这两种作用方式有机地结合起来，并予以同样的重视，才能充分发挥科学家的主动创造性，有效地实现科学的真正价值。也只有这样，科学家个人自由才能获得完善的形态。无待自由因过分强调了科学研究对于人类心灵的精神价值，而贬斥了科学的物质文化价值，所以只是主要实现了内在自由；职任自由提升了科学的物质文化价值，但却忽视了科学的重要精神文化价值，致使内在自由在很大程度上缺失。当社会的物质产品不十分丰富或国家经济社会发展处在追赶期时，科学的物质性价值往往能够受到充分的重视，而精神性价值则容易遭到忽视，致使自由研究与社会责任之间发生冲突，内在自由受到相当的限制。

　　随着国际竞争日益在综合国力方面，尤其是创新能力方面的体现，科学研究的物质文化价值和精神文化价值必然日益同时受到强调，因而国家目标和研究自由的统一已经成为一个必然趋势，对科学家的自由探索和首创精神的保护已经成为国家目标实现的前提。这种态势催生的一个必然结果就是：科学家在成功地获得资源以实现自身目的的同时，自觉地把对社会进步的贡献和经济的发展作为一种学术使命引入到研究活动当中。于是，科学家个人自由与科学家的社会责任便紧密地联系在一起，过去那种把研究自由与社会责任二者对立起来的观点将受到彻底否定。人们现在已经开始认识到，科学家的个人自由不是一种绝对的权利，而应该被看做是科学家与社会之间的一种新型的契约，这种契约的根基就是科学家的诚信和个性平等，其中独立人格、自由个性、民主、社会责任感等是其本质内容。[②] 在这种新型的契约关系下，社会责任是内在于研究自由之中的，这时科学家所享有的自由是一种内在意志自由和外在权利自由相统一的形态，是一种"责任自由"。

　　所谓责任自由，是指社会建制中的科学家从事科学知识的自由探索

---

　　① 　参见《爱因斯坦文集》第 3 卷，第 135 页。
　　② 　袁祖社：《权利与自由》，中国社会科学出版社 2003 年版，第 345 页。

及其与之相关的活动而享受的权利和义务。职任和责任，都含有义务、任务和职责之义。但是，职任即职责、任务，是指"食他之俸禄"不得不去做的事，它强调的是必须和命令。职任是指特定职位上的行为主体必然要履行的职责、权限，是指定的职责范围内的事项，或者是某一特定事项内部的工作安排。例如，政府资助通过自上而下的计划项目对科学活动实现控制，科学家的个体自由研究受制于组织安排和国家意志。与职任相比，责任主要强调了"应该"承担的任务，它既包括分内的工作安排所承担的任务，又包括知识分子出于使命感而承担的义务和任务，即作为一个社会公民应主动担当起关注社会发展和人类整体利益的使命，同时包括对自己行为的过失承担相应的法律责任。

在中华民族的思想文化传统中，责任主要被理解为人的生存理念、生存境界、生存智慧以及生存的理性自觉。中国传统知识分子一般都把"修身、齐家、治国、平天下"作为他们求知的至上目的。责任自由作为一种以社会责任为核心的自由形态，这里的社会责任是科学家的一种理性自觉，是科学家把追求真理并为真理而献身的精神内化为社会公共关怀的一种自觉意识。所以，与职任自由主要体现为一种外在自由不同，责任自由是一种内在自由和外在自由相统一的自由形态。

2. 责任自由是研究自由与社会责任的统一

责任自由作为研究自由与社会责任相统一的自由形态，其所强调的社会责任是内在于科学求真的信念之中的。

首先，责任自由把"为求知而研究"视为最基本的价值，为科学家确立了科学求真的责任，维护科学的独立性。"为求知而研究"的全部精神底蕴在于求真知。在科学技术塑造着社会变化的步伐和方向的现时代，科学家对真理的追求就不能只是满足于在自己狭隘的专业领域里求索，完整意义上的求真不仅是对自然世界的无穷奥秘的探索，同时还包括了对社会的合理性以及人生意义的不懈探索。① 责任自由否定了过去那种脱离现实的极其狭隘的个人利己主义的专业追求，强调为了追求真

---

① 许纪霖：《智者尊严——知识分子与近代文化》，学林出版社 1991 年版，第236 页。

理，科学家必然将尊重和维护科学的独立品格视为最高价值，不为科学以外的利害关系所左右而屈从于权威力量，违心地改变自己内心追求真理的信念。

其次，科学求真与承担社会责任是统一的。责任自由强调科学家承担社会责任，并不意味着可以放弃对真理的追求，"由政治权力来左右知识分子的人格和知识"①。相反，它是在强调科学有其独立存在的价值的前提下，将社会责任与科学求真责任内在地统一起来。在责任自由态势下，科学家自觉地把科学的求真目的与国家利益、人类整体利益紧密结合起来，将自己的创造活动纳入到社会财富资源的洪流之中，让社会责任内在地置于研究自由之中，使追求真理并为真理而献身的精神内化为对社会的公共关怀，变原来外在于研究自由的社会责任为科学家的一种自觉。科学家不同于政治家，科学家的职责就是创造关于外部世界的知识，就是"以最适当的方式来画出一幅简化的和易领悟的世界图像；于是他就试图用他的这种世界体系（cosmos）来代替经验的世界，并来征服它。"② 为了捍卫个人探索真理的独立性并对其造成的社会后果负责，科学家就应该承担相应的社会责任，维护社会正义和社会良心，以真埋的尺度对关系社会安危的重大问题客观地表达自己的见解，保证科学成果造福于人类而不是相反。如果对社会政治保持价值中立，便意味着科学家既舍弃了自己的人格，同时也舍弃了人类利益，这实际上也违背了科学的求真本性。

总之，责任自由所理解的社会责任，是科学求真逻辑的必然。只有尊重和维护真理的独立性，科学家承担社会责任才会是理性的、自觉的；也只有让社会责任成为每个人的自觉意识，科学家才可能不为某种利益而存在，才能实现真正的自由。因此，责任自由是研究自由与社会责任的统一，因而也实现了内在自由与外在自由的统一。

3. 责任自由又是无待自由和职任自由的有机统一

责任自由是一种以社会责任为核心的自由形态，它既不像职任自由

---

① 许纪霖：《中国知识分子十论》，复旦大学出版社 2003 年版，第 100 页。

② 《爱因斯坦文集》第 1 卷，第 101 页。

状态下那样把社会责任作为外部设定的机械力量，从而牺牲内在意志自由；也不像无待自由状态下那样漠视社会责任，放弃对外在自由的追求。无待自由和职任自由实际上走向了两个极端。

（1）无待自由本质上是一种只凭内心意向去求取的自由，漠视科学的社会责任，因而主要体现为一种内在自由

在业余科学时代，科学家凭个人兴趣从事科学探索活动，追求真理仅仅作为目的而存在，科学家不以科学为谋生的手段，科学也不作为手段被社会所利用。由于业余科学家遵从的是科学自身的目标及其独立价值，从而能够在社会中培育出一种敢为真理担当的独立人格的精神文化。这是科学创造的前提，同时也是维持人类生存和社会进步的基础。无待自由强调，如果给科学研究设定了功利目的，科学的独立性和自主性就会遭到破坏，学者关于真理的信念将会被摧毁，使他们不是受好奇心和想象力的驱使而自由地探索未知世界，这就从根本上取消了研究的自由。由于无待自由追求的是一种绝对的脱离社会现实的思想自由，因而是一种极端的个人主义自由观，其局限性是十分明显的。

根据马克思主义的自由观，个人自由只有在变革社会的现实关系中才能实现，而科学作为人类社会发展系统中的一个子系统，只有在它作为手段满足社会发展的需求时，才会有意义。玛雅文明的消失就在于僧侣们只知道探索天文学、数学知识，而不考虑它的应用和解决实际问题，致使学者自己断送了科学，科学研究的自由意义也就不复存在了。总之，在无待自由状态下，科学家对纯知识的追求，捍卫了科学的自主性，维护了其独立人格，这是其积极的内核。但由于它同时否定了承担社会责任的合理性，因而缺乏现实需要的激励，终究是不会持久的。

（2）职任自由是科学家把自己作为掌握某项专业技能的工具来换取的自由，主要实现了权利层面的外在自由

在职任自由状态下，科学从根本上被看做是政府或企业产生效益的工具，是国家创造财富的动力。正是由于科学知识日益表现出对于社会进步的巨大功利价值，才使科学研究从社会的边缘步入社会的中心，科学家的社会地位随之提高，从而为科学家个人自由的发展奠定了物质和思想基础。但由于科学家只被要求关注自身的专业任务，科学的精神文

化价值备受忽视,致使他们为获取某些实际利益而失去了捍卫真理尊严的职责,对社会的弊端失去了应有的批判性和社会正义感,最终"完全失去公共关怀,只是把专业作为谋生的手段"①。只要科学求真被外在功利主义价值观所取代,科学和科学家最本质的东西就可能发生动摇。因为一旦顾及到社会影响,这时"献身的对象就不再是真理而是真理外的东西了"②。在我国目前的学术界,甚至包括某些受人尊敬的科学界精英"两院院士"在内,在社会的各种诱惑面前,他们忘却了自己对社会应该担当的责任和义务,不是运用社会赋予自己的权利和荣誉进一步做出独创性贡献,并激励和奖掖后学,而是把它视为获取某种利益的资本或工具,致使科学这片净土到处蔓延着学风浮躁和学术腐败的疫病。

总之,职任自由实现了研究活动与社会功利目标的结合,但由于科学家缺乏思想上的独立性,他们的社会责任不是建基于科学求真和独立人格之上的科学家的一种自觉,而是由外部设定的,因而是被动的,所以职任自由态势下的科学家不能真正承担相应的社会责任。

(3) 责任自由是无待自由和"有待"的职任自由的有机统一

无待自由强调"为自由而科学",漠视科学的社会责任;而职任自由强调科学的功利价值,排斥科学研究的自由,把社会责任变成了约束人们积极性和创造性发挥的外部力量。由此可见,无论是无待自由,还是职任自由,尽管二者的自由取向相反,但都是把研究自由与社会责任二者对立起来:研究自由只被视为科学活动本身的要求,而把社会责任视为自然从属于研究自由的道义。责任自由实现了对无待自由和职任自由的扬弃。作为国家目标下的科学家个人自由形态,责任自由一方面抛弃了无待自由脱离社会的消极因素,批判地继承了它的"为求知而研究"的基本内核,将科学求真与国家的现实需要结合起来;另一方面,又批判地汲取了职任自由对于社会责任的积极成分,克服了它抛弃对真理的追求而屈从于权力意志的缺陷,变原来由外部设定的、被动的社会责任为科学家的一种自觉意识,因而是内在的、理性的责任。

---

① 许纪霖:《中国知识分子十论》,第 23 页。
② 许纪霖:《智者尊严——知识分子与近代文化》,第 237 页。

　　总之，责任自由将社会责任与求真责任内在地统一起来，实现了无待自由和职任自由的辩证结合，在社会责任的基础上完成内在自由和外在自由的统一。这样，科学家个人自由从无待自由、经过职任自由，再到责任自由，中间经过两次否定，构成一个完整的否定之否定的过程，最终实现了内在自由和外在自由的高度统一，从而把科学家个人自由提升到一个新的阶段和新的境界。

二　从内在自由看责任自由

（一）以生产独创性知识为己任

　　任何情况下，科学家的主要职责是创造关于自然世界的知识，研究人和自然的相互关系。责任自由强调应该让追求真理首先成为活动的目的。科学求真活动是一项清苦而艰难的劳动，它需要科学家冷静自持，以严谨和实事求是的态度长期不懈地努力工作。只有这样，才能揭开自然界的奥秘和促进人类知识的成长，独创性是科学家的生命所在，而诚实性和无私利性是科学家应该具有的基本品格。

　　一方面，科学创造尽管是个人主义的，它需要科学家运用研究的个人才智和技巧，需要充分的自主性。但是，科学发现本质上是社会合作的产物，是一种累积性很强的工作，科学的发展离不开科学家之间的智力接力。每个科学家的每一项成就的取得都需建立并根植在他人成就的基础之上，个人在科学上的成功也强烈依赖于前人和同行工作的正确无误，并且往往通过后来者的接续工作才能开花结果。科学成果的客观性依赖于治学态度的严谨，"真理超过一分就成为谬误"，只有严谨治学，才能保证精确、客观地反映自然界的规律。这就要求科学家必须将自己的研究工作置于客观细密的基础之上，全身心地投入到自己所钟爱的事业追求中去，"依据可靠性和不可反驳性的公共标准"①，诚实地报告自

---

　　① 齐曼：《元科学导论》，湖南人民出版社 1988 年版，第 157 页。

己的研究成果，并诚恳地接受同行的监督、审查、否定或肯定。只有依靠科学共同体成员彼此自觉地遵守诚实性和可靠性原则，每个人才能找到自己的目标。假如同行或自己提供的成果有谬误，就有可能会影响和误导其他科研工作者。因此，科学家不应为了使自己的理论看上去有一个完美的形式，而随意篡改实验事实，或者有意地择取能够证明自己论点的数据，用主观预设的理论建构客观实在，而不是让科学理论建立在客观实在的基础上。在科学研究中抛弃了客观性原则，便动摇了科学大厦的基础，科学家的个人自由也将失去存在的价值基础。

另一方面，当代科研不可避免地日益同政治和商业结合起来，但是，科学家群体一向是科学工作者的社会，他们的行为由科学共同体内部形成的相对稳定的体制目标、价值体系和科学规律来调控，形成所谓的"学问共和国"，彼此分享着许多共同的价值、传统和目标。为了追求真理，科学家之间相互合作地一起工作，目标是解开一些自然的奥秘，追求科学中意想不到的东西。在基础研究和国家目标紧密结合的时代，科学家代表社会承担了确定真理的任务，应该对真理有一种狂热的追求和献身精神。尽管当今社会上功利主义盛行，科学研究和市场经济开始紧密结合，但科学家不能做市场和利润的俘虏，而应该把维护社会公众利益置于首位，因为科学家这一称号不仅要靠为国家建立科学功勋、保持学术上的独立性和独立人格，而且要靠高尚的道德操守来维护，[①] 远离功利主义的诱惑也是科学家勇于维护真理的一种表现。

创新是科学的生命，追求独创性知识与国家的大功利目标是一致的。现代科学的发展影响了社会的整体利益，科学家不仅是科学共同体的成员，而且也是社会共同体的角色成分，因而他们孜孜不倦地追求真理绝不是为了满足个人的兴趣爱好，更重要的是对于社会的贡献。正如齐曼指出的那样："对于那种对研究有爱好的人来说，研究是一种令人满意的职业。这种满意可以持续不衰，但如果一个人只是沉溺于自己的

---

① 刘心惠：《科学家的良心——邹承鲁访谈》，《瞭望新闻周刊》2002 年 3 月 18 日第 12 期。

爱好，而不是贡献于发展人类知识的伟大事业，那么这种满意就会消失。"① 只有不断地为社会做出独特的知识贡献，才能保持个体创新的活力。现代科学不是个人的文化消遣，时代赋予科学家承担科学求真以造福于社会的责任，但是，并不是科学家思考的任何问题都值得去做，只有那些真正属于独创性的知识成果才会对未来社会产生重要影响，而对于那些为别人锦上添花的研究工作则难以引领世界科学潮流。爱因斯坦说："我不能容忍这样的科学家，他拿出一块木板，来寻找最薄弱的地方，然后在容易钻透的地方钻了许多孔。"② 这实际上是科学家缺乏科学创造激情的表现。因为这种成果不仅与国家目标相去甚远，而且容易造成学术精神的弱化，严重阻碍着科学创新精神的培育，从而不利于在全社会形成尊重创新的文化氛围。责任自由要求科学家应该目光高远、胸怀社会，自觉地将个人的兴趣同国家的需求有机地结合起来，让个体行动在总体上服从于国家利益的大方向，力争为人类的未来发展做出独创性贡献，而不是为了个人私利去赢得一些没有多少社会价值的工作奖赏。

（二）自觉承担社会的责任

科学活动作为社会运转的一个环节、一个部分而存在，科学家应该自觉地担负起一定的社会责任。

首先是对专业以内的社会问题的责任。按照马克思主义的基本观点，科学作为人类精神的一般劳动，它不但是关于自然界的抽象知识，而主要还是人对自然界的改造活动；科学不仅有其内在发展的逻辑，也是一个社会文化的历史过程；不仅越来越接近于真理，也越来越成为人类实践的有效工具。责任自由的目标是为社会和公众的利益服务，为社会和国家利益负责。在科学发展已受到广泛社会关注的今天，科学家不仅承载着知识生产的责任，还担负着一定的社会责任。一般总是认为，

---

① 齐曼：《知识的力量——科学的社会范畴》，第 11 页。
② 施福升、刁纯志主编：《科技道德》，上海交通大学出版社 1988 年版，第 87 页。

社会责任只是涉及应用研究，不能扩展到基础研究，因为基础研究的结果及其应用都是不可预见的，对基础研究方法和方向的干涉，必然破坏自由研究的原则。这种观点在科学对社会的影响方面是培根的线性模式的条件下可以成立的，然而，在科学与技术、科学与社会的关系已发生重大变革的今天，这种观点显然已经不符合科学发展的规律。一方面，当代科学和技术之间呈现出相互作用加强的趋势，基础研究与应用研究经常是同步进行的，使得科学认识活动与社会的关系越来越复杂，完全由好奇心导向的研究活动可能会给社会带来某些潜在的负面效果，因此，科学的健康发展离不开伦理的导引；另一方面，科学家作为特殊的公民，由于掌握了专业知识，他们比其他人更能准确地预测和评价科学工作的正负面影响，清楚地知道什么样的社会力量能够利用他们的成果。因此，科学家从事研究工作，不再可能对自己的工作保持"价值中立"立场，认为自己无法控制科学成果的应用方式，而是要本着对人民负责的原则，有责任地思考、预测和评估自己所生产的科学知识可能产生的社会后果，尽力防止和排除有悖于人类文明发展的工作。但是，科学家的这种社会责任不是来自外部压力的结果，而是科学家对自己所应承担的社会职责、使命和任务的自觉意识。也就是说，科学家的责任不是外在设定的规范，而是个人的自觉行为，用巴伯的话说，它是"个人主义"的。"科学的社会组织与自由社会共同分享的一种价值，我们称为'个人主义'，它在科学中表现为'反权威主义'"，在科学研究中，"个人主义"是指"受个人良心而不是受有组织的权威的驱使这一道德偏好"①，它拒绝任何有组织的、特别是非科学的权威对真理的压制。一句话，"社会责任"问题是由活跃在科学研究第一线的科学家提出来的，是科学家自愿承担的道义责任。因此，现代科学劳动应该是在"求善"原则规范下的求真活动，公众的利益和人类社会的普遍价值是科学家自觉追求的目标。而传统那种不问政治、不问利害、从事科学研究仅仅是为了得到科学共同体承认的工作方式，必然使科学家变成"封闭的人"。例如，随着分子生物学的建立，20 世纪 70 年代初基因重组技术取得成

---

① 巴伯：《科学与社会秩序》，第 106、77 页。

功。基因重组揭示了人类可以把某一物种的基因移植到另一物种中去，甚至创造出新的物种。从科学上看，这是一个十分有研究价值的领域，但是，作为基因重组技术的开创者之一，美国斯坦福大学的伯格（P. Berg）教授意识到，这一技术若不加控制就有可能造成难以预料的后果。出于求善的考虑，他毅然决定暂停实验，并联系一些著名科学家，公开呼吁要注意基因重组的潜在生物危险性，直到 1975 年 2 月召开重组分子国际会议，制定了研究的规范和条约以保证实验的安全可靠以后，基因重组实验才重新开展。① 实际上，在科学求真的过程中引入"求善"的考虑，并不会损害科学的自主性，相反，科学求真有了这种体现人文关怀的"求善"的引导，能够大大激发科学家的求知欲和责任感，从而给科学主体以无穷的力量，对科学创造起着重要的助燃剂、反应剂和添加剂的作用。在现代科学的视野中，随着科学研究成果对社会生活的日益渗透，人们越来越重视科技活动及其成就对于人类的利弊功害，那种借口从事某项研究是"因为在技术上感兴趣并具有挑战性"，而不顾及其破坏作用的"价值中立"态度已经过时，当代科学发展的重要特征是将科学研究和人类福利紧密地结合起来，"为认识而认识"的科学正在走向"为人类的幸福而效力"的观念逐渐成为科学家的共识。②

其次，科学家还对专业以外的社会问题负有重要的责任。当代科学作为社会精神文化中的一部分，它是一支有重要影响的力量，"科学是我们精神的中枢；也是我们文明的中枢"。因此，科学家对本专业以外的领域，比如，涉及与国家的政治、经济、军事以及资源、生态、环境等方面问题的关心，是科学家发挥其文化精英作用的一个重要方面。在科学家职业化以前，科学研究活动没有实现专业分化，科学家不仅献身于研究工作，还可以就广泛的问题发表看法和意见。近代科学产生以来，科学家都愿意把他们的服务奉献给社会及自己的祖

---

① 沈铭贤：《科技与伦理：必要的张力》，《上海师范大学学报》（社会科学版）2001 年第 1 期。

② 马佰莲：《科学和人文关系的历史考察与阐释》，《理论学刊》2004 年第 3 期。

国，作为文化精英，他们对社会公正以及国家的兴旺等关涉人类未来发展的事务普遍具有社会责任感，并主动施加影响于国家的立法和政府政策，从而体现了科学家的社会良心。

随着科学家职业的确立，科学研究出现了专门分化，职任自由要求科学家应该只专注于自己的专门领域，保持政治和道德上的中立，如果超出自己的本专业进入其他领域，会被指责为越位或者是不务正业，因此他们不被要求负担专业以外的其他社会责任。随着科学技术越来越社会化，科学研究工作离不开政府资助和社会公众的支持，科学活动在一定意义上也是政治活动，因此科学家对社会政治不可能保持价值中立。正如爱因斯坦所说："个人之所以成为个人，以及他的生存之所以有意义，与其说是靠着他个人的力量，不如说是由于它是伟大人类社会的一个成员，整个人类社会都支配着他的物质生活和精神生活"，"个人对社会的价值，首先取决于他的感情、思想和行为对增进人类利益有多大作用"。① 科学家不是生活在真空中，不可能脱离复杂的社会，作为一个有着较高社会地位的智慧公民，他们就应该对一些涉及公共利益的事务具有驱恶扬善的责任。对于社会中有失公正的行为，科学家应该以公民的身份表明自己的立场和观点，维护并伸张社会正义。这是科学家不可推卸的社会责任。

随着科学的社会影响不断扩大，像陈景润那样只是专注自己本领域的研究，不怎么关心社会事务的科学家将会越来越少，而像爱因斯坦那样主动参与并关心人类和平事业，为人类的民主和自由事业做出贡献的科学家将会越来越多。

总之，求真是科学家的天职，这是任何情况下都应该固守的。科学家无论是对专业以内的社会问题作结论，还是对专业以外的问题发表看法，都必须具有高度的社会责任感，坚持客观的态度，严肃、认真地对待，只有这样，才能赢得广泛的公众的信赖和支持。然而，科学家不应该借自己的权威地位将个人的偏好强加于社会大众或政府政策，对社会意识形态领域实行独断控制，否则它将使科学家这一称号在社会中失去

① 《爱因斯坦文集》第 3 卷，商务印书馆 1979 年版，第 38 页。

公信力。

（三）提升精神生活的品质

　　科学家作为一种特殊的职业，代表着一种精神力量，担负着提升人们的精神生活品质的特殊社会责任。科学首先是人类精神的成就而非物质技术成品，是人类文化的独特果实。作为认知系统的科学，科学的研究进路和规范结构潜移默化地培育了科学家们的"守真求是，不畏艰险，勇于奉献，开拓创新，甘于淡泊"的精神，使他们在总体上形成卓尔不群的美德和超凡脱俗的品格。这种品格将会深刻影响到社会的精神文明，改善人的心灵和精神境界。近现代历史上有不少人文学者和科学家都认识到了关于科学训练对人们精神品质的积极作用。早在 19 世纪初，德国普鲁士教育大臣洪堡在倡导对柏林大学改革时提出，科学本身具有涵养品质和促进修养的作用，因而也是"通向（人类）终极和至高目标的阶梯"[①]。物理学家普朗克（M. Planck）说："科学提高了生命的道德价值，因为它促进了对真理的爱，以及敬重——对真理之爱表现在一种持续不断的努力之中，即努力要达到对我们周围的心与物的世界的更精确的认识。至于促进了敬重之情，乃是因为认识上的每点进展，都使我们直接面对了我们自己存在之神秘。"[②] 科学哲学家卡尔·皮尔逊（K. Pearson）更进一步提出："近代科学因其训练心智而公正地分析事实，因而特别适宜于促进健全公民的教育。"[③]

　　科学研究过程也是人性的一种修炼。前面已指出，真理的探求是一项艰苦的脑力劳动，它要求研究科学的人以高度的责任感全身心地投入，否则，便不能得到真正有独创价值的真理。通过科学的训练，科学

---

　　① 　陈洪捷：《德国古典大学观及其对中国大学的影响》，北京大学出版社 2002 年版，第 112 页。

　　② 　奎利著，高师宁、何光沪译：《二十世纪宗教思想》，上海人民出版社 1989 年版，第 300 页。

　　③ 　卡尔·皮尔逊著，李醒民译：《科学的规范》，华夏出版社 1999 年版，第 12 页。

思维所具有的逻辑的严密性、数据的精确性、经验的可证实性等特征，将在人类的精神生活中映射出灿烂的理性光彩。中国现代科学思想的先驱任鸿隽指出，经过实际的研究工作，科学能够达成人的心能的训练，直接影响社会与个人的行为，极其有益于人生。他说："科学于教育上之重要，不在于物质上之知识，而在其研究事物之方法；犹不在研究事物之方法，而在其所予心能之训练。习于是者，其心尝注重事实，执因求果，而不为感情所弊，私见所移。所谓科学的心能者，此之谓也。"①在任鸿隽看来，科学的求真探索过程，既可以充实人类的知识，认识一些有关人类、社会和自然界的未知领域，消除神秘感，又可以养成科学的精神；既能帮助戒除成见，澄清思想上的迷误，又能开阔人们的胸怀，启迪人们的心智，使人养成淡泊名利之情怀。现代数学物理大师霍金（S. Hawking）在《果壳中的宇宙》一书中借用哈姆雷特的一句台词——即使把我关在果壳里，仍然自以为无限空间之王！——说："我们也许是被束缚在果壳之中，而仍然自以为无限空间之王。"② 这是霍金想要达到的思想境界，也是科学探索至尊至上的思想境界，是世界上所有献身于科学的科学家们所梦寐以求的自由王国。

科学家以其严谨和实事求是的研究工作，不仅对人类知识宝库做出了最可宝贵的贡献，而且他们在长期的科学实践过程中所凝结和升华出来的这些精神品质，同样是整个人类的一笔宝贵的精神财富，它直接作用于人的理智和心灵，有力地影响着社会大众的思想和道德意识，激励我们的民族更加崇尚科学、追求真理、促进精神文明建设。因此，科学家应善于运用他们这种特殊的社会角色去积极地影响社会，自觉地参与社会生活，丰富人类的精神世界。

总之，责任自由的目标也是求真，但不是"为求真而求真"，而是"为人类的利益而求真"。科学家通过对真理的献身，不仅为社会创造了

---

① 樊洪业、张久村编：《科学救国之梦——任鸿隽文存》，上海科技教育出版社、上海科学技术出版社 2002 年版，第 243 页。

② 霍金著，吴忠超译：《果壳中的宇宙》，湖南科学技术出版社 2002 年版，第 99 页。

丰富的物质财富资源，而且培育了人类精神生活品质，提升了人的生命价值。

三　从外在自由看责任自由

（一）基础研究的国家目标导向对自由的提升

随着基础研究的国家目标的确立与发展，科学家被赋予了更多的责任，同时社会为研究自由提供了充足的经济和制度条件，科学家个人自由得以提升。

1. 科学和技术新型关系的建立

贝尔纳说："科学之所以能够在它的现代规模上存在下来，一定是因为它对它的资助者有其积极的价值。"[①] 作为一项现实的社会活动，从根本上说，推动人类研究自然的因素是自然知识的馈赠，这种馈赠给予人们控制自然的力量。阿基米得"给我一个支点，我就可以推动地球"[②] 的名言，深刻地揭示了科学的手段价值。根据马克思主义的基本观点，科学探索的直接目的是求真，其根本目的在于实践创造，近代科学运动的先驱培根第一个清楚地认识到科学的功利价值。他提出："科学的真正的合法的目标，说来不外是这样：把新的发现和新的力量惠赠给人类生活。"[③] 贝尔纳指出："粗略地阅读一下科学史就会知道：促使人们去作科学发现的动力和这些发现所依赖的手段，便是人们对物质的需求和物质工具。"[④] 英国学者伯霍普（E. H. S. Burhop）进一步指出："只有把新概念成功地运用于实际，才是正确性的最终象征。"[⑤] 现代科

[①] 贝尔纳：《科学的社会功能》，第 15 页。

[②] M. 戈德史密斯、A. L. 马凯著，赵红州、蒋国华译：《科学的科学——技术时代的社会》，科学出版社 1985 年版，第 26 页。

[③] 培根著，许崇清译：《新工具》，商务印书馆 1985 年版，第 58 页。

[④] 贝尔纳：《科学的社会功能》，第 9 页。

[⑤] M. 戈德史密斯、A. L. 马凯著，赵红州、蒋国华译：《科学的科学——技术时代的社会》，科学出版社 1985 年版，第 26 页。

学与社会实践的相互影响充分验证了上述思想。

　　进入 20 世纪，尤其是自第二次世界大战以来，科学活动被广泛纳入到国家事业中去，成为一种充盈于社会政治、经济的内在力量，致使科学事业规模日益庞大，"从来没有像现在这样，有那么多的资源和人力投入了科学。应用科研成果的巨大潜力，从来没有像现在这样大"。① 随着知识经济浪潮的蓬勃兴起，科学的发展愈加受到国家目标和社会需要的推动。据世界自然科学重大成果统计：从 1896—1960 年，由科学自身逻辑导致的选题占绝对优势（86％），而直接来自社会生产和政治需要的选题不多（只占 14％）。② 进入 20 世纪 70 年代以后，随着基础科学到应用周期的缩短，大量问题从实用中涌现出来，科学问题越来越多地进入与社会相关的视阈，科学发展的外部需求日益增多并得到加强，由社会需要产生的课题逐渐占据主导地位，许多重要原理都是通过应用研究发现的。有人对诺贝尔奖获奖结果（1901—1992）的统计表明，有 75％的物理学家和97％的化学家从事的基础研究有应用前景，42％的物理学家和 58％的化学家从事过应用研究，几乎所有的生物学家和医学家从事的基础研究都有应用价值，并且基本从事过应用研究。总的情况显示，从事基础研究的高水平科学家中的 90％作过有应用价值的基础研究，约有 2/3 的人直接从事过应用研究。③ 以上数据充分表明，应用的考虑不仅解决了经济社会中的大量问题，提升了国家的经济实力，而且拓展了基础研究问题发现的视野和途径，极大地促进了知识的发展。

　　在当代，随着科学和技术相互作用的加强，基础研究逐渐深入到技术开发领域，在基础研究和应用研究二者之间已很难有一个明确的界限，无论从研究内容上，还是从研究者的动机上，都不能严格区分它们。在实际的科学研究工作中，二者的区分常常是事后的，同一个研究课题对于资助者和受资助人来说，可能会有基础研究和应用研究的区

---

　　①　M. 戈德史密斯、A. L. 马凯著，赵红州、蒋国华译：《科学的科学——技术时代的社会》，科学出版社 1985 年版，第 36 页。

　　②　赵红州：《二十世纪的大科学观》，宁夏自然辩证法研究会编印（1985），第27 页。

　　③　刘益东：《试论基础研究的社会功能》，《自然辩证法研究》1997 年第 12 期。

分，但基础研究和应用研究二者之间是相辅相成、相互转换的：

　　一方面，基础理论的发展为应用研究提供了方向，促进了应用的进一步发展。这是基础研究和应用研究比较传统的作用方式，例如，冯·诺伊曼（J. von Neumann）关于计算机的本质理论带来了现代通用计算机系统的巨大发展等。近代经验论哲学家培根提出，只有纯理论性的科学能够给应用科学和技术奠定坚实的基础，"所有技艺都源于它或是对它的应用"。布什在新的历史条件下对培根的思想作了进一步的阐发。[①]在当代，基础科学和应用技术之间的关系比培根时代要复杂得多，呈现出非线性的"链式连接"模型作用模式、"网络互作用"模式等，但是传统的从基础理论的发展到应用研究的作用规律不仅没有削弱，反而得到进一步加强，它仍然处于基础地位而日益发挥其重要作用。随着科学和技术的不断深入发展，基础理论原理中的每一项重大突破都会给技术和社会带来意想不到的变革。20 世纪末以来，随着基础研究在综合国力竞争中重要战略地位的确立，世界各国在强调基础研究面向国家目标的同时，更加重视自由研究、重视科学家的自由探索这一事实，充分说明了这一作用规律的基础性。

　　另一方面，解决实际问题的需要为基础科学提供了理论课题。这里又分为两种情况：一种情况是，应用研究不等于只是应用现有的知识去解决问题，而是在对实际问题的解决中，实践活动和原有的理论发生碰撞，发现知识中的空白点，这些知识的空白点通过应用研究被填补起来，同样能够取得重大原理性发现。换言之，在应用科学里也可能发现基本原理，而且一旦发现就会在更广泛的领域里，其中包括纯基础科学领域迅速地推广应用。另一种情况是，先有应用而不知科学根据，在这种情况下通常是先尽力找出问题的某一方面或各个方面，然后进行深入的理论探讨，从而做出发现。美国贝尔实验室和 IBM 实验室的多项诺贝尔奖一级的成果基本上属于这一类。正是在这种意义上，美国著名经济学家罗森堡（N. Rothenberge）指出："现代科学进步已越来越不再是独立的知识披露的问题，而越来越成为对生产货物与提供服务的具体方

----

　　① 布什等：《科学：无尽的前沿》。

法的发展中技术进步的一种响应。"[1]

科学只有与实践发生关系，才会出现质的飞跃，因为没有技术实践，科学理论便得不到有效验证，也就不可能提出更多的新问题，自然难以取得持久进步。科学发展不断革命和不断被否证的历史充分印证了这一规律。正如贝尔纳指出的那样："科学发展与具体技术发展之间总是存在着密切的交互作用。它们相依为命，互不可缺，因为要是科学不发展，技术就会老化，变成传统的工艺，要是没有技术的刺激作用，科学就会再度变成单纯的卖弄学问了。"[2] 一方面，基础科学理论是新技术之源，它的发展引起技术上的飞跃；另一方面，科学如不能及时获得来自技术的反馈与支持，科学本身就会失去活力。日本科学社会学家西山田志和一吉那仁给当代科学与技术的关系提出了一个非常形象的"橄榄球比赛"模型：科学与技术好像是一个橄榄球队各个成员，最终结果要依靠整个团队的努力，尽力作为一个整体单位跑动，彼此相互传球，有时向前，有时向后，认识、应用、研究、开发、生产、销售彼此是重叠的，而不是按时间顺序排列的。[3] 科学和应用相互交织的这种新型关系表明，科学的发展不仅受到科学家好奇心的推动，而且又有大量的技术问题频繁地影响着基础理论的发展，科学家的好奇心和生产技术的需求是推动当代科学发展的两支强大力量。

美国著名的社会问题研究专家司托克斯（D. E. Stokes）通过对美国战后科学和技术发展的政策考察分析，批判了布什关于科学和技术的线性模型的局限性，提出了科学和技术相互作用的"象限模型理论"。他指出：科学和技术的关系是在各自沿着自己的轨道前进中发生多种联系的。在当代，科学已日益被技术进步探索的问题加以丰富，而不是仅仅

---

① D. C. 莫韦里、N. 罗森堡著，王宏宇、贺天同译：《革新之路——美国 20 世纪的技术创新》，四川人民出版社 2002 年版，第 199 页。

② 同上书，第 149 页。

③ 司托克斯著，周春彦等译：《基础科学与技术创新》，科学出版社 1999 年版，第 72 页。

由科学内部议程的展开来推进的，应用的考虑已成为基础科学的动力之一。①

在科学技术成为第一生产力的今天，由于经济的周期比科学成长周期短，技术创新由原来的科学理论需求供给型日益向供给不足型转变，应用研究对科学的促进作用日益占据主导地位。杨振宁在《新世纪的科技》中提出："今后三四十年全球科技发展的重点将继续向技术方面倾斜。……虽然从 1950—2000 年，基础研究、发展研究与应用研究三者都有增加，但增加的幅度却以后二者，尤其是第三者为大。这个大趋势是源于下面一个历史事实：20 世纪上半叶基础研究的成果大大增加了人类对物理世界与生物世界的了解与控制能力，从而使得新应用、新产品可以层出不穷，造成了今天应用研究的欣欣向荣的趋势，而此趋势在以后三四十年还会继续下去。"② 在未来的发展中，在社会需求和国家目标方向上加强基础研究并进行合理的资源配置，是由当代基础科学发展的规律决定的，基础科学的发展同时受到科学认知和技术需求之间相互作用的支持。

2. 基础目标和应用目标的融合

在小科学时代，科学家主要按照科学自身发展的逻辑从事着好奇心驱动的研究，他们往往倾向于瞄准学科前沿，而不考虑实践的要求。这种以追求最新知识为目标的研究具有文化认知上的重要意义，保持这部分前沿探索的力量可以充分吸收国际前沿创新成果。尤其像我国这样一个学术传统不很受重视的国家，纯学术研究很有必要加强，因此需要给予一部分能冷静自持、淡泊名利、凭个人兴趣从事研究的人预留一定的自由空间。应该说，这与国家目标的要求是相一致的，它满足了国家的长远目标。然而，正如朱克曼指出的那样，如果科学家的工作仅仅是为了完成发展实实在在知识的职责，获得对科学重要进步的奖赏，这样的

①　司托克斯著，周春彦等译：《基础科学与技术创新》，科学出版社 1999 年版，第 82 页。

②　杨振宁：《新世纪的科技》，《武汉理工大学学报》（信息与管理工程版）2002 年第 1 期。

制度极容易使科学家把主要注意力引导到远离重大现实问题、集中到极其狭小的一些次要领域中去；或者把研究的兴趣从钻研深奥的未知问题引向对"可能获奖"的题目上去，而许多重要的问题可能都被搁置起来了。这种仅仅为了得到科学共同体承认的工作方式，极容易使科学家变成"封闭的人"。这种封闭的人对于科学的持续不断发展是不利的，同当代科学发展的主流方向也越来越相悖。费耶阿本德（P. Feyerabend）对上面所说的第一种人提出了警告。他指出，任何一种理性及其方法都有其自身的局限性，各种建立在理性基础上的传统方法之所以阻碍科学，是因为这些方法规则都使科学更理性、更精确；而科学发展的历史证明，单凭理性是不可以建构起科学理论大厦的，当科学家发现他们长期所信赖的传统理性无效时，他们又将退回到茫然无序的"无政府状态"中去，结果必然是消灭科学本身。[①] 与第一种人从方法上取消科学的路径不同，第二种人则是从研究动机上取消了科学，把手段当成了研究的目的本身，这种工作动机是极端个人主义的，在某种意义上也违背了当代科学的求真精神。

科学发展利用好奇心，"它需要好奇心，但好奇心却不就是科学"。[②] 科学发展的基本原动力是实践，离开了现实的社会实践，科学之树就丧失了茁壮成长的肥沃土壤。古希腊科学和中世纪的经院哲学的纯理性化特征由于脱离了实际需要，从而阻止了真正意义上科学的发生。西方近代科学革命是在经验主义和理性主义的双重作用下兴起的，理性和经验的交互作用推动着近代科学的持续不断发展。毛泽东曾指出："有时候，开拓科学和技术新道路的，竟不是在科学界著名的人物，而是在科学界全不著名的人物、平凡的人物、实践家、工作革新者。"[③] 科学的发展只有扎根于实践，才会有旺盛的生命力，科学家的研究自由才有保证。晶体管的发明史可以提供很好的说明。1947年圣诞前夕美国贝尔实验

---

① 王书明：《科学 批判与自由》，黑龙江人民出版社2004年版，第64页。

② 贝尔纳：《科学的社会功能》，第112页。

③ 严搏非编：《中国当代科学思潮 1949—1990》，上海三联书店1993年版，第251页。

室制出了第一个锗晶体管，肖克莱（W. B. Shockley）、布内顿（W. H. Brattain）和巴定（J. Bardeen）因此而获得诺贝尔物理学奖，这是该实验室为了寻求真空管的可替代性器件而取得的重大成果，是从应用方面进行科学研究的成功事例。而在当时，在普度大学的赫罗维兹（Horowitz）教授进行了高水平的半导体材料锗的研究。很多人无不遗憾地指出："如果当时他（即赫罗维兹）不是按无应用目标的基础研究方式工作，而是提出发展半导体器件用于放大信号的要求，并吸收有应用背景的科学家组成研究组，完全可能，发现半导体晶体管的殊荣会落到他的头上。"[①] 从晶体管的发明这一事实表明，随着科学和技术之间的相互作用不断加强，基础科学和应用研究二者之间的关系是共生的和紧密的，科学上的重要突破更多地发生在科学理论和技术应用的交叉界上，科学的发展如果不与实践应用广泛接触，理论就不能得到扩展。英国对基础科学长期奉行自由放任的政策，使科学家的研究选题较多地从科学自身的价值考虑，突出了研究的前沿性和"国际目标"，但由于忽视了科学的国家目标，失去了强有力的社会需求的拉动作用，它不仅妨碍了科学新思想运用于本国工业经济的提升，而且妨碍了有限资源流向那些从国家利益出发希望有重大发展的科学领域。

在现代，基础研究有多种类型，好奇心驱动的自由探索研究只是其中的小部分，第二次世界大战后许多基础研究大都被赋予了应用和社会功利的内容。[②] 国家目标与个人自由的对立统一关系表明，科学活动以国家目标为研究导向并不必然同强调科学家个人自由相冲突。在应用基础研究占据主导潮流的时代，科学研究以国家目标为导向，科学家将追求真理的个人兴趣和未来社会发展目标相结合，顺应了时代发展要求，同时增强了科学们的社会责任感，激发了他们的创造积极性；不仅可以满足社会的实际需要，而且能够促进基础科学理论的深入发展，促进

---

① 周光召：《基础研究与国家目标——国家重点基础研究发展计划》，《中国基础科学》2005 年第 2 期。

② 李正风：《论基础研究功能的变化》，《清华大学学报》（哲学社会科学版）2001 年第 4 期。

了科学目标的实现，从而使科学家在社会体制的约束中获得充分的自由空间。

　　一般地说，国家重要规划课题的选择，往往倾向于那些既在基础理论方面能迅速取得重要进展，又对最迫切的社会或经济需要具有潜在的应用可能性二者交叉点上的项目。在项目选择上，随着科学前景和社会价值双重评价体系的建立，科学家们能够自觉地认识到与此项目相关的意义，使科学研究有了明确的方向，从而减少不确定性，避免因选题盲目性而带来的对科学资源的浪费。以美国太阳能核聚变能源的开发为例证明之。在 20 世纪初，核聚变物理学研究揭示，受控性核聚变可以产生巨大的商业利益。在这一新技术的开发活动中，等离子体科学是利用核聚变开发清洁能源的核心理论，而磁限制聚变技术则是等离子体物理学发展的最大驱动因素。因此，这一目标的实现，既需要大量的工程努力，同时又需要等离子体基础科学理论的进一步发展。也就是说，为了这一新技术梦想的实现，人们必须首先解决一系列基本的理论问题，如等离子体中的扰动现象的基本原理，粒子与能量的扰动输运等问题。[1]这些科学轨道和技术轨道之间的相互作用，实现了两个目标的融合：在这一项目中，政策组织者把对科学知识的投入，看做是获得重要技术目的的重要途径；项目计划的管理者和资助者把它看做是一项应用研究和工程技术的开发；而科学共同体则是把核聚变能的开发看做是一个发展等离子体科学基础知识的重要机会。[2]由此可见，目标定向的基础研究实现了科学价值和社会目标的融合，既满足了科学家的求知欲好奇心，又解决了社会实际需要，做出独创性成果。

　　科学探索的对象是复杂的，理论研究大大简化了对象的性质，因而会留下许多的空白点。在基础研究与实际的结合中，物质性实践可以补足基础理论发展过程中留下的这些空白点。因此，应用目的导向的基础研究的目标也是知识的探索，在实际运作上，科学家只需在研究课题的选择上与资助机构保持一致，他们从事研究的性质并没有改变。

---

① 司托克斯：《基础科学与技术创新》，科学出版社 2000 年版，第 113 页。
② 同上书，第 114 页。

特伦斯·基莱（T. Kealey）在其新著《科学研究的经济定律》一书中，从经济学的分析角度出发，对科学的功利目标与真理目标的结合作出了理论阐释。他提出：基础研究能够产生两种商业利益，即第一行动者利益和第二行动者利益。其中，第一行动者利益，即基础研究由于首先发现某事物原理而取得的利益，投资者通过占据成果利用的先机，可以赢得很高的商业价值，但是这类投资由于其风险大、成功难以预测，公司不会对此感兴趣；第二行动者利益，即跟踪模仿利益，它是通过对前沿科技成果的研究开发产生的商机，能够给投资者带来巨大收益。一般地说，科学家只对第一行动者研究有兴趣，公司主要感兴趣的是第二行动者研究。问题是，公司的利益和科学家的个人兴趣如何实现协调？特伦斯·基莱提出："发表的科学不是免费的，要得到它并应用它，要付出极其昂贵的代价。"[①] 所以，"第二行动者优势并非是免费的，它们是极其昂贵的"[②]。只有成为某科学领域的第一行动研究者，才是有能力了解这一领域最新发展的人。如果一个企业要想获得第二行动者的投资利益，实际上必然内在地投资了第一行动者的基础科学，二者的优势有着不可分割的联系。按照贝尔纳的说法，这就是"用封建方法管理实验室，即研究人员用一半的时间'种主人的地'，剩下的时间可以种自己的地"[③] 的策略。

钱学森曾经指出，技术科学是有应用目标的基础研究，目的在于为工程技术和其他实用目的提供科学基础，在技术科学里也可能发现第一性的原理。[④] 比如在纯基础科学中，不可能诞生运筹学和控制论原理。日本学者江崎玲於奈和贾埃弗（Giaever, Ivar）因发现半导体和超导物质中的"隧道效应"而荣获 1973 年度诺贝尔物理学奖，这项工作是企

---

　① 特伦斯·基莱：《科学研究的经济定律》，河北科学技术出版社 2002 年版，第 372 页。

　② 同上书，第 373 页。

　③ 《科学的科学——技术时代的社会》，科学出版社 1985 年版，第 4 页。

　④ 王大中、杨叔子主编：《技术科学发展与展望》，山东教育出版社 2002 年版，第 81 页。

业应用研究方面的重要结果。① 美国贝尔实验室（获 11 人次诺贝尔奖）与 IBM 实验室（获 5 人次诺贝尔奖）是技术科学这方面的卓越代表。基莱博士所讨论的基础研究实际上就是这类技术科学研究。

以上讨论是在企业投资策略层面上进行的，但它同样适应于政府的投资。根据当代科学发展的趋势，国家创新体系明确以提升技术创新能力为重点，以培育科学创新能力为储备。当前在我国科学技术发展中存在两大重要缺陷：一是偏重科学创新，忽视技术创新，已成为国家创新体系建设亟待破解的重要问题；二是科研机构习惯于科技成果的单位所有，满足于科技成果的自我转化和自我循环，未形成与社会生产要素的结合，走社会化发展的道路。我国科学发展的这一状况表明，在科学界，将国家目标用于指导基础研究的工作并没有从根本上得到落实。科学研究选题盲目跟踪国际前沿，而不与我国社会目标发展的实际相结合，科学研究和应用研究之间共生紧密的新型关系不能够建立起来。这是与当代科学发展的趋势相违背的。诚如董光璧所说，对于发展中国家来说，从技术和工程实践中发现科学问题并加以选择研究，注意科学研究的本土化，而不是一味地追随和模仿发达国家，应该是一种兼顾技术和科学的可行的科学发展战略。②

随着科学和技术对社会进步作用的凸显，基础研究的发展更多地与社会发展的需要结合起来了。科学上的真正创新在于紧跟时代发展趋势，以本国社会发展的需要和问题为取向，科研选题的着眼点跟随国家建设实践的指向，敢于走前人或别人没有走过的路。只有这样，才能发挥我国科学家的创造潜力，获得原创和独创的成果，反之，如果我们仅仅依靠跟在发达国家的后面走单纯的模仿之路，就会处处受制于人，将永远不可能实现科学上的超越。正如乔杜里（A. R. Choudhuri）所警告的那样："效仿'伟大的科学家'是导致科学'失败'的原因之一，而

① 朱克曼：《科学界的精英》，商务印书馆 1979 年版，第 38—39 页。
② 董光璧：《关于科学事业的一些思考》，《新华文摘》2005 年第 5 期。

不是进入创造性的研究活动的有效途径。"[①] 杨福家院士根据自己多年的科研经验指出，如果科研人员总是在一些小课题上兜圈子，不能与国家利益发生联系，脱离实际需要盲目追赶国际科学发展热点，那么他所做的工作，一则达不到国际一流水平，二则对国家的经济发展没有大的用处，把精力放在这上面，是在浪费时间。一般来说，国际热点领域往往都需要投入巨额费用，如果缺少技术应用的需求拉力作用，要想在热点领域取得重大突破几乎是不可能的。例如，我国的超导研究和碳 60 的研究起点都不低，但由于在应用研究方面缺乏技术条件，缺乏有经济实力的企业支持，致使长期以来我国大多数研究仍处在较低的档次上，在理论上难有突破。[②] 激光技术的研究状况更是如此。因此，对于那种不顾自身科学发展特殊性和本国实际发展需要，盲目跟踪他人的工作，是很难取得重大成就的，最多只能获得一些为别人锦上添花的修补性成果，最终难以自立于世界科学之林。

总之，20 世纪 90 年代以来，随着科学开拓力量的不断强大，也随着社会经济和国家安全对科学依赖性的加强，基础研究被要求更多地服务于国家目标，科学的发展越来越多地受到经济和社会需求的推动，基础研究发展呈现多样化。坚持科学研究的国家目标导向，把个人兴趣和社会实践相结合，可以大大激发科学家的独创精神，同时提升科学家的精神境界，提升科学家的个人自由空间。但是，同时需要指出的是，基础研究的国家目标是面向未来，为未来社会提供新理论、新方法和新知识储备。如果国家目标对科学家的研究活动采取急功近利的或短期的行为，或者对科学采用产业化运作方式，违背了基础研究的积累性规律，必然损害科学家的内心自由，从而将会扼杀科学家的创新冒险精神。

---

① 希拉·贾撒诺夫、杰拉尔德·马克尔等编：《科学技术论手册》，北京理工大学出版社 2004 年版，第 483 页。

② 徐家跃：《科研本土化：通向诺贝尔奖之路（下）》，《科学学与科学技术管理》1996 年第 8 期。

（二）政府资助对自由的提升

随着科学的不断发展，科学研究的技术成本在急剧上升。在当代，科学家的研究自由较少地受到意识形态方面的压制，更多地受资金和技术条件的控制。例如，在物理科学方面，在大量的研究中，过去简单方便的仪器现在都变得复杂、精巧和昂贵，科学家利用新的和复杂的仪器设备科研使观测能力、计算能力增长了许多倍，作为代价，他们同时又成了设备以及同他合作使用设备的人们的奴隶。①霍根（J. Horgan）在《科学的终结》一书中指出："科学作为基本上是经验的、实验的学科，必须面临着经济的约束。随着科学理论向更深远领域的拓展——去观察宇宙更遥远的现象，物质更深层的结构——科学家的开销会不可避免地逐步攀升，而取得的收益却渐次减少。考虑到科学发展的程度已是如此的深远，而约束科学进一步探索的限制因素（物理的、社会的以及认知的）又在日益加重，我们进入了一个收益递减的时代。"②当代科学发展的这一特征，使得传统的主要来自慈善机构和其他私人捐赠支持的基础研究已明显不足。科学事业只有得到国家财政的大力支持，才会有足够的资金和物质基础去充分实现科学所展现的前景，科学家个人的创造性才得以自由地发挥出来。

但是，科学本质上是一项自由的事业，如果由政府投资基础研究，很容易将政治目的和经济利益带入科学中，让真理的逻辑屈从于国家意志，形成科学对政治的依附性机制，致使科学丧失自主性。因此，在关于科学研究由谁资助的问题上，存在着两种截然对立的观点。一个是对科学采取自由市场化资助的观点；一个是由政府支持和政府资助的观点。前者以英国特伦斯·基莱为代表，后者是以美国的 V. 布什和英国的贝尔纳为典型。

在《科学研究的经济定律》中，特伦斯·基莱提出了科学和技术都

---

① 齐曼：《知识的力量——科学的社会范畴》，第 215—216 页。

② 约翰·霍根著，孙雍军等译：《科学的终结》，（呼和浩特）远方出版社1997年版，第 38 页。

由市场内生、科学发展是市场形成的观点。他从科学经济学立场出发，主张对科学研究的投资与管理应该奉行高度自由的市场化体制。其基本理由是：基础研究被证明是商业上高度获利的，一个公司投资基础研究越多，它的生产力增长就越大，其利润回报就越多，[①] 因此，为了在市场竞争中显著取胜，企业不仅资助技术开发研究，进行技术创新活动，而且同样会资助基础研究。但如果让政府资助科学，不仅破坏了市场竞争的规则，容易滋生官僚腐败，而且容易带来科学发展与经济的脱节，降低科学的经济收益，因而往往是低效的。[②] 所以，应该放弃政府对科学事业的资助和管理，让其在市场上寻求自身的独立发展；只有实现科学发展同经济利益的高度结合，才能实现科学效益的最大化。

　　笔者对此不敢苟同。让科学研究完全市场化，虽然可能避免政府对科学事业集中控制的弊端，但同时也将使科学事业处于无政府状态。基础研究能够带来丰厚的功利回报，这是就整个社会而言的。但是，基础研究产生的是公有知识，它是非竞争性、非消耗性的产品，由于从事知识创造活动的成本高昂，而知识传播的费用却很低，"没有任何例证表明，某项花了钱的十分有用的科学研究成果，会特别地归由该科研项目提供经费的某个公司所有"，[③] 显然，企业一般都倾向认为把经费投入做基础研究是一项很危险的投资。另一方面，基础研究被证明是商业上高度获益的，但对于大多数的基础研究来说，由于其投资回报的长期性和高风险性，这一特性不能满足金融市场对短期收入增长的强烈欲望，所以一般很难问津这种长期性的理论研究。随着从基础研究到应用开发活动周期的缩短，基础研究具有"溢出效应"（Spin-off），一些大的企业会不同程度地开展自己的基础研究，但是，由企业内部开展的基础研究主要是应用性研究与开发项目，其目的并不是要生产出多少科学知识，而是为了掌握与企业相关领域的发展动态，以便抓住新出现的商业

---

　　① 特伦斯·基莱：《科学研究的经济定律》，河北科技出版社 2002 年版，第 369 页。

　　② 同上书，第 407 页。

　　③ 《科学的科学——技术时代的社会》，科学出版社 1985 年版，第 262 页。

机会。而受企业雇用的科学家，由于受到必须在短期内产生实用的成果的压力以及私人雇主利益的控制，科学家的自由探索便失去了存在的空间，基础研究最终因得不到足够重视而萎缩。当然，在当前国际竞争已前移到基础研究的形势下，从事比较担风险的长期性的基础研究项目将成为企业发展的必然选择。但是，如果政府不在赋税上加大刺激力度，没有适宜的创新制度环境，就难以吸引企业家对长期性的基础研究的投资。如果基础研究得不到保障，国家经济的增长及科学发展就会受到严重制约，科学家个人自由也将因缺乏社会的制度保障而难以维持。

综上所述，随着基础研究成本的不断提高，政府如果对科学研究采取自由放任的态度管理，将使科学家的科研工作难有可靠保障。英国发展科学的历史提供了这方面的例证。自近代以来，英国一直对科学奉行着自由放任的政策，即使科学研究已经职业化了，政府对科学和科学教育的经费资助一直都比较低。在1870年，由英国科学家成立的"达文夏委员会"对国内科学进步和科学教育进行的一次调查结果表明"国家为促进科学发展所提供的帮助不足"[1]，因此他们强烈呼吁："科学研究的进步，很大程度上必须依赖政府资助。作为一个国家，我们应自立于世界科学之林，这一任务的大部分一直是由个人志愿承担的。"[2] "如果我们不甘心落后于其他民族，政府就必须做大量工作"，承担起对科学事业的"国家责任"。[3] 这就是英国科学史上著名的科学改革运动。这场运动因受到反对力量的阻力，最终没有为基础科学研究争得政府的资金支持，英国继续奉行对科学和科学教育的自由放任政策。反对派的观点集中有二：一是认为科学仍然是个人事业而不是国家事业。在有些人看来，"科学活动是个人修身养性或个人得益之事，不是事关社会和国家的经世致用之学"[4]，而大学教育"是富人的奢侈，所以应该自助

---

[1] 吴必康：《权力与知识：英美科技政策史》，福建人民出版社1998年版，第67页。

[2] 同上。

[3] 同上。

[4] 同上书，第71页。

和寻求私人赞助"①。二是出于科学自主的考虑，反对国家权力的集中和干预。认为政府介入科学领域，容易使科学集中化，从而危及到科学研究本身所固有的自由。② 直到 20 世纪中叶英国化学家和哲学家博兰尼仍然认为，科学研究是一种完全自主的事业，科学研究和知识的生成是通过个人知识实现的，自由地选择自己探究的问题而不受任何外在的控制，这应该被看做是科学家不可剥夺的权利。③

由于政府对科学和科学教育没有提供足够的经费支持，最终使曾经富甲天下的英国，一步步走向衰落。1934 年，皇家学会主席霍布金斯（G. Hopkins）曾对政府不能为科学事业承担其"国家责任"提出了尖锐批评："甚至直到今天，政治家们仍然没有充分理解资助科学研究是最为有利可图的国家投资之一。"④

基础研究由于远离社会的实际需要，自由市场难以补足其所需要的研究经费，不仅使科学家的基本生活难以保证，而且维持科研的经费严重不足。一生获得两次诺贝尔化学奖的英国科学家桑格（F. Sanger），他于 20 世纪 80 年代初进行的 DNA 序列测定工作，是在实验条件简陋得让人难以置信的情况下做出的：实验室只有 12 平方米，室内只有一张旧木板凳和一张长约 1 米的简陋工作台，所用的试剂、样品也是最便宜的。就是在这种不能再简陋的实验条件下，桑格完成了他的这项伟大发明。英国的另一位诺贝尔奖得主亨特（T. Hunt）直到他获奖的时候，连给自己的实验室装一部电话的费用也是费尽周折才凑齐的。20 世纪 80 年代英国科学界发起的"拯救英国科学协会"系列活动，就是因反对政府对科学的不作为而反抗政府的集体行动。

当代科研需要有大量大型昂贵的仪器设备作支撑，以前那种重大发

---

① 吴必康：《权力与知识：英美科技政策史》，福建人民出版社 1998 年版，第 89 页。

② 同上书，第 67 页。

③ ［英］M. 博兰尼著，冯银江、李雪茹译：《自由的逻辑》，吉林人民出版社 2002 年版，第 36 页。

④ 吴必康：《权力与知识：英美科技政策史》，福建人民出版社 1998 年版，第 195 页。

现主要建立在个人的首创精神基础上的情况已经不多见了。今天的基础研究如果缺乏政府支持和政府资助便难以成长。英国政府由于长期对基础研究采取自由放任的政策，致使研究活动经常遭遇经费不足的困扰，人才大量外流，科学事业缺乏光明前景。对此，英国首相托尼·布莱尔（T. Blair）于1989年的报告《科学之重要意义》中提出：我不希望当英国下届政府开始执政时，科学正经受着长期灾难性的资金匮乏和不受重视。① 这项声明表达了政府对国内基础研究现状的忧虑心态以及对以往自由放任政策的反思。

这是在英国，一个有着深厚的公众重视科学、尊重科学家传统的国家尚且如此，如果发生在其他国家，结果可想而知。

当代科学是一项代价高昂的事业，同时也是一项回报甚丰的事业，"科学是政府的天然盟友"，科学进步和政府有着极其重要的利害关系，因此，国家权力和科学研究这两种巨大力量应是一种互益的合作关系。社会予以职业科学家们稳定的生活来源，科学家被引导在国家目标的方向上从事研究工作。布什在《科学：没有止境的前沿》中第一次以正式文件的形式提出了科学研究要由政府资助和政府管理的主张。这份报告强调：基础研究是一项国家资源，政府应该人力资助基础研究。布什提出：科学研究"是我们未来的许多希望所在"②，科学对于一个国家的兴盛太重要了，政府应当积极行动起来，应该为基础研究创建一个专门的国家研究基金会，保证基础研究能够得到政府资金的稳定和连续性支持。③ 同时布什还提出："我们不能指望工业就足以填补（基础研究）这个空隙。……基础研究按其本性基本上是非商业性的。如果把它交给工业，它将得不到所需要的关注。"④ 第二次世界大战后美国的基础研究由战前的二流水平能迅速达到世界最高水平，与布什的上述建议被政府采纳有很大关系。布什的理念和战后美国的科学实践充分证明，政府

① ［英］托尼·布莱尔：《科学之重要意义》参见2004年9月13日网页：http://www.chinagenenet.com/commInfo/commShow.php? id=5115。

② 布什：《科学：没有止境的前沿》，商务印书馆2004年版，第54页。

③ 同上书，第85—86页。

④ 同上书，第69页。

资助与科学家的探索自由之间不是必然的对立关系，二者完全能够实现相互协调。

这一问题的解决在我国也有成功的经验可资借鉴。我国从 1952 年到"文化大革命"前，科学家们在异常艰苦的条件下做出了许多堪称国际一流的重要成就。科学家们的爱国热情无疑是一方面的原因，但是更为重要的原因在于，那时的科学家的生活受到了全面照顾。在经费上，科学研究在政府的直接规划下进行，由国家集中控制和配置科学资源；在社会环境方面，1956 年党中央为科学和文艺工作确立了繁荣社会主义新文化的"双百"方针，"双百"方针的提出为科学的自主性提供了相当的空间，充分调动了科学工作者的积极性和主动性，促进了科学事业的繁荣。1961 年在聂荣臻的主持下制定的被称做"科研工作宪法"的《科研工作十四条》，虽然只是一个草案，但它通过对"保持科学研究工作的稳定性"、"理论联系实际的原则"、"保证科学家充足的科研时间"、"科学计划的灵活性"、"在'大计划'下还可以有小自由"、"领导制度的民主集中制"① 等方面明确的政策性说明，保障了科学家们的探索自由。正是依靠政府为科学家提供了必要的研究资金和尽可能适宜的生活条件，使得科学家能够在极其艰苦的条件下做出一系列达到国际水准的重要成就。在"文化大革命"前 17 年的时间里，仅上海取得的在基础研究和新兴技术学科研究方面的成果，包括人工合成胰岛素和半导体激光器等在内，就有 20 项之多。②

根据上述分析所见，作为一项国家的事业，科学之发达必然有待于政府巨大的财政资助和制度支持。20 世纪 80 年代以来，随着国际科学技术竞争形势的风云变幻，攀登世界科学前沿高峰已成为各国政府科学研究工作的重要目标之一。基于对这一客观形势的认识，我国政府开始在政策上给予基础研究以重要的支持，先后出台了有关基础研究工作的

---

① 严搏非编：《当代中国科学思潮 1949—1990》，上海三联书店 1993 年版，第 279—292 页。

② 陈敬全主编：《现代科技与哲学思考》，上海人民出版社 2004 年版，第 347—348 页。

一系列发展计划。国家基础研究计划一般是在中央财政的经费支持或宏观政策的调控和引导下，通过组织开展一系列有关的科学研究与试验发展活动而组织实施。它们分别是 1985 年设立的国家自然科学基金（NS-FC）和"863"高技术新概念、新构想计划（主要是鼓励创新研究，其经费占"863"总经费的 2%，由国家自然科学基金委员会受理自由申请、评审资助和检查实施）、1989 年基础科学研究的攀登计划（研究工作分为重大项目、重点课题和自选课题三种类型，经费主要来自 NS-FC）、国家重点基础研究发展"973"计划以及国家重点实验室计划等。以上基础研究资助计划，大体上可以分为三类：紧密结合国家目标的指令性计划、遵循科学自身发展规律的指导性计划以及充分发挥科学家个人独创性的自由选题计划。三个层次计划的制订和实施，保护了科学的多样性，为科学家们创造性的发挥准备了广阔的研究平台。通过一系列科学规划和计划的实施，使我国在高科技领域从一个一穷二白的国家向世界强国步步紧逼，居于世界发展中国家的前列。尤其是随着国家创新系统的建立，国家对科学的投入力度不断提升，科学研究的环境比过去有更大改善。

政府实施对基础研究规划管理，规划和计划本身不能消除科学研究所固有的不确定性，政府的科学计划为科学研究设定了研究方向和任务，无疑会削弱科学的自主性，构成对科学家个人自由的重要约束。但是，因为有了政府的资助，尽管科学研究的成本在稳步增加，社会仍然保证了科学家能够完成那些浩大的科研计划项目，并且科学家现在享有很高的社会地位和拥有更大的权力——"这在以往都是很缺乏的"①。这在英国的自由放任体制条件之下是无法想象的。随着政府对基础研究投入的增加，科学知识日益表现出前所未有的对于国家经济发展的高回报率，使基础研究的战略地位进一步上升。也正是在政府资助基础研究的激励下，刺激和调动了企业资助的积极性，扩大了科学家的资金来源，促进了学术的发展。当代科学家的研究条件由于政府大量资金的投入比其前辈同行有了巨大改善，他们将拥有更多的资源自由地从事研究

① 普赖斯：《小科学，大科学》，第 97 页。

活动，选择用不同的方式去争取可被同行公认的成就。尤其是国家自然科学基金会的建立，为科学家创造了重要的能够施展个人创造才能的空间和机会。当然，对于基础研究，政府和规划的作用只能选择，一是指导方向，二是给予经费和制度的支持，三是协调各种不同研究之间的资源分配。而对于科学家的具体研究方法和研究成果本身不应该进行直接干预。只有这样，政府对科学规划才不至于损害基础研究的传统精神以及损害科学家的内在自由。

总之，国家作为投入主体，大大改善了科学工作条件，提高了科学家的社会地位，从而使他们获得更多的自由，正如贝尔纳指出的那样，"不管科学在发展中受到多大的阻碍，要不是由于它对提高利润有贡献，它永远不可能取得目前的重要地位。假如工业界和政府的直接和间接津贴终止的话，科学的地位会立即变得起码和中古时代一样低"。[①] 然而，由政府作为投资主体，必然要求有多环节的审批程序，不仅浪费了申请者的大量时间，增加了管理成本，而且容易滋生学术腐败。一般政府资助项目往往都是有社会需求导向的，但仅有社会需求并不总能产生重大发明，如果让科学研究仅仅依靠政府资金为其唯一来源，难免导致过强的科学管理上的专制行为，损害科学研究的多样性，从而损害科学家的内在自由。

（三）科学研究的规模化对自由的提升

1. 科学家之间的交流合作对自由的提升

随着基础科学与国家目标的结合日益紧密，科学的规模越来越大，从集体规模、国家规模一直发展到今天的国际规模。以互动合作为特征的科学家集团研究，已成为当代科学研究的主导性力量，也是现代科学的主要社会建制，这与19世纪那种依靠个人天才和发明的时代有着重要的不同。20世纪尤其是70年代以来的重大科学突破，几乎都是通过有组织的大规模研究活动取得的。随着科学技术向纵深

---

① 贝尔纳：《科学的社会功能》，第16页。

方向发展，所要解决问题的难度增大，需要多学科的科学家之间相互交流和思想碰撞。诺贝尔科学奖获奖者往往集中在为数很少的一些学院、大学和研究机构里，这一现象本身，不仅仅是因为许多有才能的科学工作者集中在这些地方工作，更重要的是同行相互之间的影响，才是导致重大科学成就的原因。[①] 这些多产的大学和研究机构都有一个共同的特征，那就是研究人员之间浓厚的学术交流与合作的氛围，为优秀科学家个人灵感火花的产生创造了有利条件。

贝弗里奇说："一个人，如果被隔绝于世，接触不到与他有直接兴趣的人，那么他自己是很难有足够的精力和兴趣来长期从事一项工作的。"[②] 科学研究是一项最具创造性和最耗费脑力的工作，一个科学家如果仅仅封闭在自己的专业领域里做研究，而不与其他同行进行交流，那他就难以从事有效的科学工作，不会有什么创获。近代科学诞生之初，科学家们大多都是单独工作的，那时科学家人数及其所取得的科学成果的数量极少，任何人都能很快地获悉任何一项新的发明、发现或新理论，科学家之间交流的主要方式就是阅读他人的书刊文献。而现在，随着科学成果和科学家数量以指数型规律发展，科学文献"在今天竟多得使人难以对付"[③]，显然，单靠阅读文献不是一种有效的交流方式。由于现代交通运输和通信上的便利，杂志论文所起的作用已大大降低，"现在的趋势是由人到人，而不是由文章到文章地进行学术交往"。[④] 在当代学术最活跃的学科领域，科学家获得信息最便捷的方式就是直接的科研互动与合作，科学界的"独立先锋"在当代几乎没有生存的可能。

当代科学发展的主流由分化转向学科交叉和综合，大量课题具有了综合性和学科交叉的性质，容易受人忽视的学科交叉地带往往是能够取得重大收获的领域。要获得一项重要成就，不仅需要精通本专业的知识，而且需要掌握其他相关学科的知识。但是，现代科学教育的高度专

---

① 乍克曼：《诺贝尔奖获奖奥秘》，教育科学出版社1987年版，第289页。
② 贝弗里奇：《科学研究的艺术》，科学出版社1979年版，第156页。
③ 普赖斯：《小科学，大科学》，第13页。
④ 同上书，第79页。

业化，致使科学家始终处在相互不能理解、不能交流的小领域之中。一个科学家对相关学科知识的掌握，离不开与不同学科或不同分支学科专家之间的交流与合作；即使对于单一专门课题，也需要多学科思想的碰撞，仅靠个人的力量进行研究很难在科学领域中有所作为，只有科学家之间的交流与合作能够补偿个人能力之不足。以海森堡量子力学理论的建立为例。海森堡（W. Heisenberg）因创立量子力学的矩阵力学模型而荣获诺贝尔物理学奖。然而，他的这项研究工作不是他个人独立完成的，很大程度上应该归功于他与物理学家玻恩（M. Bohn）和约尔丹（Jordan）之间的学术讨论与合作。首先是他的思想核心和理论构想直接受益于当时已是著名物理学家的玻恩关于新力学的研究报告，文章构想出来后，海森堡又直接把稿件寄给了玻恩教授，并受到了玻恩的热情而深入的指导，后来约尔丹加入到该理论的完善中去，在三个人的通力合作之下，促成了海森堡量子力学的矩阵力学方程的最终建立。[①] 只是不知什么原因，后来海森堡获诺贝尔奖时不见了玻恩和约尔丹。实际上，19 世纪末电子的发现也不完全是汤姆逊（J. J. Thomson）个人的成就，而是以他为主的、有效地结合起来的集体努力的结晶。[②] 被称为现代科学革命圣地的卡文迪什实验室，其最大特色就是把各有所长的人们组织起来，开展小范围的合作研究。

20 世纪另一项重大科学成果即 DNA 分子双螺旋结构的发现与确定，也是要归功于来自不同学科科学家之间的密切合作，这是由物理学家克里克（F. Crick）、生物学家沃森（J. D. Watson）和数学家格里菲思（B. C. Griffith）合作，尤其应该包括生物学家富兰克林的出色研究工作的结晶。超导理论是由固体物理学家巴丁（J. Bardeen）、熟悉量子场论的库柏（L. N. Cooper）和擅长实验技术的施里费（J. R. Schrieffer）三人联手的结果。

---

① 熊伟：《M. 玻恩：在二十世纪具有特殊地位的物理学家》，《自然辩证法通讯》1985 年第 6 期。

② 赵万里：《现代炼金术的兴起——卡文迪什学派》，武汉出版社 2002 年版，第 108 页。

人们往往把爱因斯坦 1905 年的奇迹年看做是科学家依靠个人奋斗取得巨大成功的典型。但历史事实表明，爱因斯坦重大创新思想的形成，得益于他和他的两个来自不同学科的朋友组成的"奥林匹亚科学院"不间断的学习交流活动。在这个无拘无束的业余科学院里，他们每天在业余时间一起进行研究和讨论问题，正是这段经历为爱因斯坦日后的思想创造奠立了重要的基础。所以，爱因斯坦才说："一个人要是单凭自己来进行思考，而得不到别人的思想和经验的激发，那么，即使是在最好的情况下，他所想的也不会有什么价值，一定是单调无味的。"[①]

随着科学的深入发展，科学家之间的合作交流呈不断上升趋势。美国科学社会学家朱克曼通过对诺贝尔自然科学奖获奖情况的统计分析表明，那些闪烁着诺贝尔奖光辉的大部分成果，几乎都是合作研究的产物。从 1901 年到 1972 年间的 286 位诺贝尔获奖者之中，共有 185 人，即有多达 2/3 的人，是因与别人合作进行的研究而获奖。在诺贝尔奖金设立后的第一个 25 年，合作研究者只有 41％；在第二个 25 年这一比例跃升至 65％；而在第三个 25 年这一比例则占全体获奖者的 79％。[②] 由此可见，协作研究的上升趋势非常明显。进一步研究还发现，与同一时期在同一科学部门中发表学术论文的其他作者相比较，诺贝尔奖获得者"更加经常一贯地以这种方式（即协作研究）从事工作"[③]。

科学家之间的直接交流与合作是保持科学创造活力和提高科研工作效率的基础。科学家之间通过直接的学术交流与合作，不仅可以获得大量的学科前沿动态信息，更重要的，通过学术交流，能够获得一般文献所不能代替的属于科学家个人的隐会知识，也就是作为研究方法和技能技巧的内隐知识。博兰尼称它为"个人知识"，它是科学家从事科学探索活动所必须拥有的能力要素。按照知识可交流的程度，分为"可公共交流的知识"，即"编码知识"和"只可意会不可言传的知识"，即只能通过体验进行交流的"隐会知识"。如果说在过去使科学家们联系在一

① 《爱因斯坦文集》第 3 卷，商务印书馆 1979 年版，第 303 页。

② 朱克曼：《科学界的精英》，商务印书馆 1979 年版，第 243 页。

③ 同上。

起的，是不断累积的可编码知识的储备，科学家之间进行间接协作可以实现重大的科学创造；那么现在使科学家们联系在一起的，则是他们在工作中与其他人之间直接的相互作用。在科学问题难度越来越大、科学信息量日益膨胀的今天，科学家难以应对当代知识的洪流巨浪，个人知识或隐会知识的作用变得越来越重要，它能有效地开启人的思维，激发人们的创造激情，从而战无不胜地让个人的智慧大脑在思想的田野上自由地创造。

总之，科学研究是一项继承和创新的社会活动，科学交流与合作是科学的社会运行以及影响科学成长的重要因素。在科学知识的更新速度不断加快的现当代，获得信息最有效、最快捷的方式，就是科学家之间直接的研究互动与合作，这种直接的科学交流与合作的重要方法论功能具有其他媒介交流的不可替代性。

2. 科学家组织对自由的提升

在国家科学计划项目的进行中，组织群体的知识储备总要大于任何个体的知识储备，从而可以使个人的创造力在群体中得到放大。其作用机制是：众多科学家通过合作与交流，带来了各种各样的信息和智力，通过相互间信息和思想的交流，能够形成一种激励热情的活跃气氛。当然，热情本身不能代替个人的努力，但能够补充和激发个人的创造性。培根在《新工具》中指出，科学发展有两个重要前提，它们是积累的文化基础和科学工作者之间的互动合作。所谓积累的文化基础，即文化传统，实质上是科学家代际之间的智慧合作，体现了科学具有的累积性特征。而科学家之间的互动合作"有效地促进了富有独创性的构想的生成"[①]。在培根看来，科学中完全孤立地从事研究工作的个人至多只能导致很小的挑战，只有许多个人之间组织起来协作努力，才能够有重大突破性进展。因为没有组织，就没有科学上的重大进展，也不会有科学的持续稳定发展。正是在培根上述观念的影响下，英国皇家学会为爱好科学的人提供了一种交流合作的组织文化。格兰维尔（Granvil）在对皇家学会的颂词中写道："这是一个宏伟的规划，由光辉的创始人牢固地

---

① 默顿：《科学社会学》下册，商务印书馆 2003 年版，第 476—477 页。

加以制定……不过要把这个宏伟规划执行下去，就必须有许多人才和许多人手。这些人组成集体，彼此可以相互交流试验和观察结果，可以共同工作，共同研究，这样就可以把分散于巨大的自然界的可以改进的和有启发性的现象，收集起来并且放在一个共同的宝库之中。"[①] 在 17 世纪，除了英国的皇家学会外，还有意大利佛罗伦萨的西芒托学院、法国的皇家科学院等，近代科学的产生与发展在很大程度上是与科学组织的形成紧密地联系在一起的。[②] 科学组织的建立，促进了科学家之间的互动，为学术交流与合作提供了重要平台。从 1874 年建室以来的百年间，卡文迪什实验室先后产生了 25 位自然科学奖得主、大英科学促进会的 6 位主席以及 4 位英国皇家学会的会长和上百名会员等。这些成就的取得都要归功于实验室中不同学术观点之间智慧碰撞启发了思维，锻炼了个人的创造才智。

在大科学活动中，项目计划把不同学科的学者吸引到一项共同的事业中去，为了共同的总目标，不同专业的科研人员之间通过信息交换，建立起良好的沟通、交流和合作联系，形成智力的非线性放大功能，能够大大激发个人的创造力和科学创造的激情，导致新思想的萌生或难题的解决。根据复杂性理论，系统中具有差异的不同个体之间存在着非线性协同相互作用，这种相互作用在组织建立起整体时，涌现新的性质；整体的新质反馈到部分的层面上，激发出个体孤立状态时只是潜在存在的一些新特性，从而实现"部分大于部分"。[③] 总之，科学家之间通过合作，相互间形成了畅通有效的交流，可以使科学家个人在科研中准确地把握自己的研究方向，充分发挥自己的聪明才智，实现科学家个人自由的最大化。

3. 科学家个人的集团心理对自由的提升

复杂性理论告诉我们，一个有生命力的系统作为一个集体单位，它

---

① 参见贝尔纳《科学的社会功能》一书第 137 页的注释部分。

② 马佰莲：《近代科学体制化的内在机制初探》，《文史哲》1997 年第 1 期。

③ 陈一壮：《怎样给复杂性研究作历史定位》，《自然辩证法研究》2004 年第 12 期。

是一个拥有个性的集体，也是一个拥有集中权的系统。这样的系统能够激励组织内自由个人的潜存能力的涌现。① 根据报酬递增率理论，完全的没有约束的系统并不能让人们获得最佳自由，以整体利益的丧失为代价而获取的自由不是真正的自由，这样的系统也是不能产生进化、不能发展的，因而也是缺乏生命力的系统，② 只有"有序才能使系统各要素发挥各自的张力，使系统在和谐中运行，并释放出最大的能量"③。但是，单纯的有序或过强的计划会阻止新质事物的产生，把人类行为限制在一种无创造性的机械运作之中，这样的系统同样是没有生命力的。只有在整体有序的系统中允许有无序性的存在，才会"引起新质事物的产生和为人类实践活动提供罕见的有利机遇"④。爱因斯坦曾对美国科研机构的合作氛围极为赞赏。他说："我深深钦佩美国科学机构的研究工作的成果。要是把美国科学研究的日益增长的优势归功于美国大学的实验室有较多的可供使用的资金这个唯一的因素，那就错了。在我取得权利生活在这个国家的这些年中，我终于认识到还有别的因素在起着决定性的作用：研究人员的专心致志，他们的耐心，他们的同志精神和他们的合作的本能，在美国，'我们'比'我'更受到强调。"⑤ 科学家之间良好的合作精神以及团体目标的高度认同，能够大大激发研究者的创造热情，使每个人的创造性得以充分展示。我国"两弹一星"的科学家群体之所以能够取得令人惊奇的成功，其中最重要的原因在于，在一个坚强的领导核心下，有一个让科学家充分发挥自己的聪明才智的民主合作的氛围。正像陈能宽在《东方巨响的启示》一文中指出的那样："我们

---

① 爱德加·莫兰著，吴泓缈、冯学俊译：《方法：天然之天性》，北京大学出版社 2002 年版，第 95—97 页。

② 米歇尔·沃尔德罗普著，陈玲译：《复杂——诞生于秩序与混沌边缘的科学》，生活·读书·新知三联书店 1997 年版，第 413 页。

③ 爱德加·莫兰著，吴泓缈、冯学俊译：《方法：天然之天性》，北京大学出版社 2002 年版，第 215 页。

④ 陈一壮：《论法国哲学家埃德加·莫兰的"复杂思想"》，《中南大学学报》（社会科学版）2004 年第 1 期。

⑤ 《爱因斯坦文集》第 3 卷，商务印书馆 1979 年版，第 380 页。

的科研组织没有'内耗',攻关人员有献身精神和集体主义精神。我们的理论、实验、设计和生产四个部门的结合是成功的,有效地体现了不同学科不同专业和任务的结合……特别要提到的是早期研制尖端武器的人员,多是从全国调来的'尖子'。他们不是谚语说的'荷叶包钉子'那样,钉子捅破了荷叶,掉在地上七零八落;而是像我们正在研究的原子弹'内爆'和'聚焦'那样,有着很强的向心力和凝聚力,使事业获得很快的成功。"① 正是对国家利益的高度认同,使科学家之间精诚合作,每一个成员都在为集体利益、祖国强盛贡献自己的才智、做出牺牲,而从不计较创新成果的荣誉归属。

20世纪最重要的科学发现并不是在技术条件最好的国家和实验室中产生出来的,更大程度上是在具备了基本工作条件后,众多研究者们围绕着一个明确的目标和计划,能够在科学家群体中形成一种历史"使命感"和凝聚力的、善于合作交流的学术环境中产生的。在"两弹一星"工程和"人类基因组计划"等大科学活动中所体现的集体主义精神是我国组织发展大科学的一笔重要的精神财富,同时,大科学计划的实施塑造了众多的杰出人才,他们如"两弹一星"中的钱三强、钱学森、郭永怀、朱光业等科学家;人工合成牛胰岛素工作中的王应睐、邹承鲁等;银河系列计算机研制中的慈云桂;国际人类基因组计划中涌现出的杨焕明等青年一代科学家,等等。在大集体攻关活动中,研究组成员以杰出科学家为核心形成具有高度凝聚力的团队,在团队的合作研究过程中,一方面,杰出科学家作为示范力量,不仅把他们的技术方法、信息和理论传授给同他们一起工作的科学家及科研人员,而且把指导重要研究的规范和价值观传授了过去,他们在这样做的同时,自身也得到了锻炼,致使他们的创造潜能得以充分实现;另一方面,科学家之间通过合作研究,不仅可以克服思维定式对杰出科学家的消极影响,使他们保持科学创造的活力,而且杰出科学家以其敏锐的洞察力,促使一些年轻人新的思想火花得到放大,从而让他们在大集体的锻炼中脱颖而出。

① 王德禄、孟祥林、刘戟峰:《中国大科学的运行机制:开放、认同与整合》,《自然辩证法通讯》1991年第6期。

　　总之，大科学时代的一个重大变化是科学团队的出现，科学家要做出独创性成就，没有团体与合作精神，仅仅依靠个人的单打独斗已难以取得成功。但是，团队的出现不仅没有使科学家个人的作用削弱，反而得到了加强。随着科学的深入发展，科学问题愈来愈复杂，组织规模将愈来愈大，这时杰出人才的重要作用更加凸显出来，在很大程度上，没有一流人才的成长，就不会有科学上的重大创新产生。

第 五 章

责任自由在中国的实现

一　责任自由实现的标准

（一）责任自由实现的实质：科学家责任和政府责任的协调统一

责任自由是以责任为核心的内在自由和外在自由的统一。责任自由的实现包括内在自由的实现和外在自由的实现两个方面。其中，内在自由的实现是科学家的责任。内在自由是科学的内在目标要求，科学研究的目标是寻求真理、否证谬误。科学研究是一项纯洁高尚的事业，也是一种需要科学家为之献身的工作，内在自由实现的最大限制，就是让科学追求失去了其内在目标，而成为可以换取金钱、名誉和地位的工具。正像西方有学者指出的那样："现代科研是一种职业，其晋身之阶就是发表在科学上的文章。要获得成功，一个研究人员必须使自己的文章尽可能多地得到发表，确保能拿到政府的资助，建立自己的实验室，创造条件招收研究生，增加发表论文的篇数，争取在一所大学拿到终生职位。"[①] 这种功利主义的价值观与科学的内在目标要求之间是根本对立的，因而是阻碍内在自由实现的终极根源。

---

① 威廉·布劳德、尼古拉斯·韦德：《背叛真理的人们——科学界的弄虚作假》，科学出版社 1988 年版，第 10 页。

外在自由属于政府的职能和政府责任。外在自由是社会为科学家探求真理、传播和发表新思想、新观点提供的经济、政治和文化条件，是科学活动的社会环境。外在自由的实现，就是政府为科学家解除一系列限制创造力的经济、政治和文化等外部因素，为科学创造提供适宜的社会环境，这些限制因素具体表现为资金限制、行政限制、功利限制和社会的价值规范限制等约束条件。

随着科学技术社会影响的不断扩大，科学的发展越来越强烈地依赖于社会制度和文化因素的影响和支持，依赖于科学家内心自由的维持，责任自由实现的实质，就是突破各种外部约束条件和主体心理的限制，实现科学家责任和政府责任的协调统一。一方面，内在自由的实现是责任自由实现的根本。首先，内在自由是科学家的独立意识，它要求科学家在科研中自觉地坚持科学精神，"当信其所已知，而求其所未知，不务为虚渺推测武断之谈"，[①] 而不是屈从于任何权威力量以及各种现实功利目的，在知识的追求中应该始终保持一种思想的独立性。其次，科学家还应该有社会责任感和正义良心。在科学发展方向的社会化选择正在成为全人类关注的重大问题的当代，科学家不再仅仅是"为科学而科学"，追求自我价值实现的人，而应当将自己的创造性努力与社会需求结合起来，自觉地关注社会的公共利害，用自己独特的知识创新工作造福人类。也就是说，科学家的责任既要"为科学而科学"，又要"为国家效力而科学"，这是一个双重目标。

另一方面，外在自由的实现是责任自由实现的条件和保证，因而是责任自由实现的第一步。外在自由的实现，是指政府不仅要为科学家提供从事研究所必需的经济条件，而且需要给予科学家的研究创造、成果的发表以制度保证。对于我国这样一个长期以来缺乏独立学术传统的国家，如果外在自由缺乏，意味着社会以"经世致用"的观念支持或否定科学，内在自由便会因失去成长的环境支撑条件而窒息，责任自由也就不可能真正实现。

首先，如果政府给予科学家的研究活动以过多的行政干预，意味着

---

① 樊洪业、张久村编：《科学救国之梦——任鸿隽文存》，第 48 页。

科学研究被定向要求达到某些实际目标，科学成为政府获取某些政治或物质功利的手段。这种显在的功利性取向，将不可避免地把追逐名利的伦理标准引入到科学家的精神气质中去，并在一定程度上扭曲科学家追求真知的形象，从而阻碍着科学精神的弘扬。这样不仅不利于科学的创新发展，而且容易产生学术浮躁心态和滋生学术不端行为，造成一个"有技术却不懂科学；有知识却没有文化；有专业却没有思想"的社会，最终窒息民族的创造力。

　　其次，如果政府对科学家的研究活动过度放纵，让科学家共同体成为一个独立王国而不加以任何社会控制，科学家被允许仅凭个人兴趣从事研究探索，内在自由的实现同样会遭遇危险。这种对科学自由放任的运作方式，表面看来可以使科学家获得无限的自由，但这种自由是虚幻而不真实的。这里可以分为两种情况：一种是政府取消对科学研究的资金资助，任由科学在自由市场上寻求发展；另一种是政府负责为科学家提供科研所需资金和政治保障，而科学家和科研机构在接受政府资金的情况下具有完全的独立性，负责为社会和公众提供科学知识。

　　关于第一种情况，如果把科学完全交由市场，实际上等于将科学研究引向了商业化，使其成为某个或某些企业获取利润的手段，那么就否定了科学的独立存在的意义。基于市场的利润导向与科学研究的独立精神之间的严重冲突，如果仅仅依靠市场发展科学，将不能满足经济社会发展对科学研究日益增加的公共需要。事实上，随着当前企业对科学和科学教育资助的增多，致使科学事业带上一个强有力地追求商业利润和经济效益的新动机，由此而引发了一系列的矛盾和问题，如研究工作的知识产权所属之争、学术欺诈和腐败、科学质量以及更普遍的科研伦理等，扰乱了学术生态，危及科学事业的健康发展。对此，西方学者弗罗立达指出："我们可能走得太远了。大学（基础研究）曾被人们幼稚地看做是'创新'的发动机，它输出可以被转换成商业创新和区域发展的新思想。其实，大学远为重要的职能是知识创造和高素质人才的首要来源。限制大学发挥这种能力的误导性政策，对国家的经济是一个极大的威胁。"①

关于第二种情况，如果仅仅强调社会为研究机构和科学家提供充分的资金和环境条件，科学的发展完全依靠科学家的兴趣和好奇心来驱动，即仅仅强调科学的目的是促进新知识的发展，而不去关注社会需求及其成果的社会效益，势必造成应用研究上有许多的空白点，不仅理论研究成果不能转化为生产力，经济发展因缺乏科学技术的支撑而难以有实质性的进展，而且科学的发展最终会因为缺乏技术的支持而受阻，如此一来，科学家的内在自由也就难以维持了。②

科学上任何重大科学发现和成就的取得，离不开科学家的自律意识。在外在自由条件得到满足的前提下，如果没有很好地保持内在自由，科学家选择科学职业只是为了实现个人利益和个人需要，在众多的诱惑面前，也就不能够保持意志自律和思想的独立性，从而不能很好地履行自己的角色责任，致使其科学活动失去了灵魂，外在自由就成为没有意义的存在。现实地看，现代社会为科学家的活动提供了比过去充裕的经济条件和更加稳定和开放的制度环境，但学术不端行为和学术浮躁现象却比以往更加严重。例如，有些专家支配着很多的资源，却未见其投入多少时间和精力深入研究并取得实质性的科学成果，反而把获取资源本身当成了工作目的。这是有违科学道德的。

总之，责任自由的实现需要科学家和政府双方的共同努力，它是科学家的责任和政府责任的协调统一，是内在自由和外在自由的有机结合与统一。

(二) 责任自由实现的前提：基础研究的准确定位

责任自由之能够实现，必须以把基础研究定位于精神文化系统为前

---

① 王大洲：《企业技术创新过程中对知识的运用：中西比较与启示》，《科学管理研究》2001 年第 8 期。

② 科学研究的回报是巨大的，然而实践证明，布什的线性模型因为没有创新的反馈回路，科学的经济回报不会自动实现。如果科学家只是关注个人兴趣而不能对社会有所作为，科学研究所需的资源便很容易枯竭，最终导致科学家内在自由窒息。

提条件。将科学研究定位于精神文化系统是由基础研究的性质与功能决定的。基础研究"其本能在求真，其旁能在致用"①，它主要是以增进知识为其目标，本质上它是一种提高人类认识和知识储备的创造性精神劳动。在现代，基础研究成为国家的重要资源，但从根本上说首先是智慧层面的工作，其次也是道德层面的工作，其最大的价值是创新知识和培养人才。当代科学技术发展的大量证据表明，"公共资助基础研究有相当大的经济收益，但这些收益常常是微妙的、混合的，难以进行测量和控制，大半是非直接的。公共资助的基础研究应被视为新思想、新机会和新方法的源泉，最重要的是高素质人才的培养"②。

但是，当代科学研究的国家目标化使科学本身获得了知识霸权的地位，成为一种为政治和经济服务的工具，科学的精神文化价值式微，工具性和手段性遮盖了目的本身，科学活动正在被产业化。如果一个社会仅仅把科学视为获取效用的手段，而不重视其精神文化价值，科学最终将丧失第一生产力的功能，责任自由便难以实现。我国科学资源长期以来几乎全由国家来控制，科学研究活动受控于政府，致使科学与政治界线不清，这就大大限制了学术环境的优化。为此，给科学以准确定位是关键。

在社会知识系统中，自然科学是特殊的社会意识形式，具有重要的政治和经济功能，但我们既不能把科学政治化，也不能对之采取产业化运作方式。科学解决的是人和自然之间的矛盾，"科学的不朽的荣誉，在于它通过对人类心灵的作用，克服了人们在自己面前和在自然界面前的不安全感。"③ 换言之，科学首先是一种重要的精神文化，虽然从根本上说，社会的经济和政治需要是第一位的，但是科学的政治和经济功能的实现必须以科学求真目标为前提。因此，政府只有将科学研究定位于精神文化系统，科学事业才能兴旺发达，国家的经济和政治目标才能

---

①　李醒民：《论任鸿隽的科学文化观》，《厦门大学学报》（哲学社会科学版）2003 年第 3 期。

②　SALTER J A., MARTIN B R., The Economic Benefits of Publicly Funded Basic Research: a Critical Review, *Research Policy*, 2001, Vol. 30 (4).

③　《爱因斯坦文集》第 3 卷，商务印书馆 1979 年版，第 137 页。

真正得到落实，从而实现巨大的社会回报。

近代以来的历史实践充分证明了这一真理。

近代西方社会以纯粹的追求宇宙的真理、发现自然规律为目的，构建了人类科学知识大厦，也同时营造了尊重科学的社会文化环境。正是在这样的前提下，科学成果引发了划时代的近代工业革命，继而又迎来了当代高度发达的知识社会。其作用机制是，基础科学的发展，扩大了科学应用的天地，而应用的扩大反过来又促进了科学理论的发展。[①] 在现代，尽管科学发展更多地依靠应用研究来推动，但是，受好奇心驱动的科学对技术的基础作用仍然是第一位的。基础研究是技术发明的源泉，它不仅对于引领技术前沿具有决定性意义，而且对于培养高级人才具有不可替代的作用。V. 布什的《科学：没有止境的前沿》通过对基础研究重要性的强调，奠定了美国战后 40 年科技政策走向，确立了其在世界科学与技术发展中的首领地位，以及在国际竞争中的绝对优势。近代以来西方社会文明的历史向世人充分证明：只有揭示了真理，才能真正地服务于人类；也只有在服务于人类的过程中，科学真理才能有进一步的发展。

与西方社会价值取向所不同的是，中国传统科学由于过分强调了功利价值，导致缺乏学术精神而在近代被西方超越，最终走向了其出发点的反面：实用技术也不能发展起来。近代中国开始向西方学习时，从根本上也主要是把科学作为一种"救国之术"，即仍然以实用目的观来看待的，注重了科学的物质价值，而忽视了科学本身的精神文化意义，致使近代中国丧失了两次腾飞的机会。对此，中国现代科学思想先驱任鸿隽曾经告诫国人："如果只想从物质文明方面来追赶西方，只想把科学当做一种富国强兵、改善生活的手段，却又不晓得科学的真谛，那就是一种舍本逐末的做法，不仅不会成功，差距还可能越来越大。"[②] 在1915 年《科学》的发刊词中，任鸿隽写道："世界强国，其民权国力之

---

① 马来平：《科技与社会引论》，人民出版社 2001 年版，第 162 页。

② 周光召：《前辈科学家的风范给我们以激励和鞭策》，《科技导报》2005 年第 1 期，卷首寄语。

发展，必与其学术思想之进步为平行线，而学术荒芜之国无幸焉。"①
在一批思想先驱们的呼吁下，借助于五四新文化运动，科学的文化价值
被唤醒。但是又不能不令人遗憾的是，在"救亡压倒启蒙"的声势下，
科学文化在中国又被不恰当地提升到了政治意识形态的高度，被视为救
国强国的工具，致使科学本身固有的精神文化意义仍然得不到彰显。
1922年，梁启超在"中国科学社"年会上作演讲时曾严厉批评道：国
人"对于科学之观念，尚不出物质与功利之间也"②，中国对于科学的
这种态度，倘若长此不变，它在世界上永远没有学问独立，中国人不久
必要成为现代被淘汰的国民。③

　　科学的实用主义原则对于强烈追求富强的当代中国，尤其应当警
惕。改革开放以来，政府科技政策中一直把科学混同于技术，在"依
靠"和"面向"的国家科学发展战略方针的影响下，科学成为能够带来
物质财富的手段，科学研究行政主导，政府对科学研究实行产业化运
作，致使基础研究的内在价值受忽视。如此造成的结果是，经济上虽然
获得了高速增长，但却没有产生与之相当的可观的实质性效益，经济的
高速增长主要是靠拼资源和劳动力的高代价消耗的结果，科学技术对经
济发展的贡献率一直保持在比较低的水平上，致使国内经济难以进行强
势运作而处处受制于人。在科学原创和知识产权保护进一步加强的21
世纪，基础研究的精神文化功能将越来越重要。随着基础科学成为"一
个剧烈竞争的领域"④，发达国家开始密切注意对科学交流及科学表达
进行控制。在这样的形势下，国家如不重视对基础研究精神文化的培
育，将不可能与他人共享最新的知识成果，与发达国家的差距将会进一
步被拉大。

　　科学发展的历史经验和教训充分证明，科学研究不仅具有重要的物
质功能，而且有其精神价值，科学的物质功利的实现，需要以其精神价

---

① 樊洪业、张久村编：《科学救国之梦》，第14页。
② 李醒民：《中国现代科学思潮》，科学出版社2004年版，第291页。
③ 同上书，第292页。
④ 苏开源：《我国基础研究亟待亡羊补牢》，《世界科学》2005年第7期。

值的实现为前提。社会如果没有把科学研究首先作为一种重要的精神文化，没有对基础研究的加强，就不会有科学事业的繁荣，国家的经济实力就上不去。因此，国家发展科学应该在科学观念上摆正求真和致用的关系，只有把科学的求真目的放在第一位，努力克服短视行为，"做到以求真带致用，以致用促求真"①，科学技术的重要社会功能才能实现，也才能实现个人自由的最大化，实现责任自由。

虽然科学研究同时具有上层建筑功能和经济功能，但只有把它定位于精神文化系统，责任自由才能真正实现。把科学研究定位于精神文化系统，并不意味着政府让科学家群体享有特权，取纳税人的资金供其个人享乐。责任自由也是趋利的，但它追求的是国家长远的、间接的大功利，而不是近期的、显在的小功利。这就从根本上否认了科学上的急功近利以及单纯的工具主义的观念。科学以增进人类未来发展的知识储备为旨归，把科学定位于精神文化系统，目的在于创造一个"尊重知识，重视人才"的创新文化环境。只有在这样的环境下，科学家才能够远离名利的诱惑，而把学术本身当做目的，实现内在自由和外在自由的统一。

（三）责任自由实现的目标：个人目的和国家利益的统一

把科学研究定位于精神文化系统，可以使科学家最大限度地发扬个人的独创精神，为社会做出创新成就。科学创新是同社会发展的大目标一致的，因此，责任自由的实现以个人目的和国家利益的统一为其目标指向。

马克思和恩格斯在《共产党宣言》中提出："每个人的自由发展是一切人的自由发展的条件。"② 社会的发展从根本上说就是人的发展。所有个人的独特主体性的健康发展，会给人类集体的发展与人类整体的发展提供最丰富生动的动力和源泉，而在每个人的这种发展的交互作用中，个体的人生将会获得应有的意义和价值。在科学研究以国家目标为

---

① 马来平：《科技与社会引论》，人民出版社 2001 年版，第 165 页。
② 《马克思恩格斯选集》第 1 卷，人民出版社 1995 年版，第 294 页。

指向的大科学时代，真正的自由不是"为自由而自由"，它既具有自身相对独立的目的，又是达成社会目标的手段，是目的和手段的统一。

1. 责任自由首先体现了"为自由而科学"

斯宾诺莎说："自由就是对必然性的认识"，黑格尔（G. W. F. Hegel）则提出："自由以必然为前提，包含必然性在自身内，作为被扬弃了的东西。"[①] 马克思继承并发展了斯宾诺莎和黑格尔的思想，提出："自由就在于根据对自然界的必然性的认识来支配我们自己和外部自然；因此它必然是历史发展的产物。"[②] 人们认识了自然的必然性，便有了摆脱外部强制力量对人制约的前提。科学探索是一项最具创造性的劳动，同时也是一种最能体现生命意义的目的性活动。通过自己的创造性活动，为宇宙自然描绘出一幅相对正确的世界图像，使人们明确自己在世界中的位置和作用，既满足了人的好奇心，又为人的感情生活提供了一个支点。所以，责任自由首先应该是"为自由而科学"。

科学的根本特征在于它的内在性，内在性的科学把科学探索看成是一种审美行为和人性的训练。[③] 首先，科学研究过程是一项艺术审美活动。科学研究本质上并不是一种机械的知识产出活动，而更像是艺术家的创作活动。真正令人激动不已的不是获得诸多殊荣的研究成果，而是在无人知晓、无法预知的研究过程中获得的好奇心满足和美感享受，它让从事科学的人能体味到"众里寻她千百度，蓦然回首，那人却在灯火阑珊处"[④] 的快意。其次，科学研究可以达成人性的训练。科学家从事研究致知的过程，也是一种个性品质的修炼过程。真理的探求是一项艰苦的、有着较高风险的、又是不获利的事业，物质利益和名利不是从事科学的目的，它需要科学家全身心地投入，以"公平的态度、极细密的眼光"去处理研究的对象，否则便不能得到有价值的真理。国学大师胡适说："科学的根本精神在于求真理。人在世间，受环境的逼迫，受习

---

① 黑格尔著，贺麟译：《小逻辑》，商务印书馆1980年版，第323页。

② 《马克思恩格斯选集》第3卷，人民出版社1995年版，第456页。

③ 吴国盛：《自由的科学》，福建教育出版社2002年版，第3页。

④ 姚柯夫编：《人间词话及评论汇编：王国维研究资料》，书目文献出版社1983年版，第11页。

惯的支配，受迷信与成见的拘索。只有真理可以使你自由，使你强有力，使你聪明圣智；只有真理可以使你打破你的环境里的一切束缚，使你戤天，使你缩地，使你天不怕，地不怕，堂堂地做一个人。"① 因此，通过科学研究的训练，可以养成忠实公正、不屈不挠、淡泊名利之美德。

总之，科学家通过追求自由的科学，实现提升自我、完善自我的价值目标，并通过弘扬科学精神和科学方法、传播科学知识提升了国民的素质，为人类文明发展奠定了基础。卡西尔（E. Cassirer）在《人论》中说："在我们现代这个世界中，再没有第二种力量可以与科学思想的力量相匹敌。它被看成是我们全部人类活动的顶点和极致，被看成是人类历史的最后篇章和人的哲学的最重要的主题。"② 波兰尼指出，科学的本质目标是它的精神文化价值，③ 这一价值体现在国民素质的提升上。因此，社会尊重科学家个人的旨趣，看似是他们享有的一种特权，实质上，让科学家自觉地把自己奉献于科学理想，有助于社会培育科学精神，在社会中创造出一种"尊重科学，尊重知识，尊重人才"的精神文化，这是实现其他社会目标的基础。因此，即使科学研究的实用价值还没有得到，但仅仅真理认知本身就是值得选择和追求的。

2. 责任自由体现了"为国家利益的科学而自由"

作为一种重要的社会建制，当代科学早已突破学术研究的视界，形成了由基础研究、应用研究和发展研究三类活动组成的庞大有机体系。科学家不仅从事着知识的生产，还致力于解决国民经济中提出的实际技术问题，担负着将科学技术直接转化为生产力的工作；科学的目标不仅是增进知识的存量，同时也增进了与社会目标之间的联系。日本的马克思主义者宫本十藏在《人格自由与社会自由》一文中指出："人的自由，

---

① 李醒民：《中国现代科学思潮》，科学出版社 2004 年版，第 54 页。

② E. 卡西尔著，甘阳译：《人论》，上海译文出版社 1985 年版，第 263 页。

③ 波兰尼是这样说的："福利的进步似乎并不是社会的真正目标，而只是社会的次要任务，是实现其本质目标的手段而已，唯有精神领域的追求才是社会的本质目标所在。"参见波兰尼《科学、信仰与社会》，南京大学出版社 2004 年版，第91—92 页。

决不会仅仅在观念中得到满足，因此，人的人格自由，以及人的实际自由，即使插上幻想的翅膀，也不会超越历史的一定水准……人的自由只有在他同现实的各种条件发生关系、投身其中以变革这些条件、并具体化为社会自由的过程中才能实现。"① 自由是历史的必然规律，但束缚自由的社会力量不会自动退出历史。在当代条件下，科学家的责任就是顺应科学发展的规律，摈弃个人私利的约束，自觉地将自己的创造活动纳入到社会财富资源的洪流之中，即"为国家利益的科学而自由"，实现国家目标与个人自由的统一。基础研究的国家目标只能是面向未来，为未来社会提供新理论、新方法和新知识储备，也就是提供智慧和能力。

科学最有价值的用处就是获得智慧和能力，这种智慧不仅是个人安身立命的根本，而且人类文明的发展也取决于智慧和能力的获得。科学研究通过发扬光大人的创造性，提升了人的能力；通过扩展自然的理性范围，使人对人以及人和世界的关系有了更深刻的认识，于是，高深的学问就转化为智慧。从古至今，科学活动被看做是人类获得智慧的根本。在古希腊时代，人们追求真理是为了摆脱愚蠢，获得智慧；近代科学家们更多地把科学作为一种高级的智力游戏，通过运用人类自己的理性去辨别真伪，发现宇宙的深邃原理，从而使人类智慧得以升华。在现代，对科学研究的支持不仅是生产知识，而且是对整个社会学习能力的投资，是对国民智慧和能力的投资。科研工作者通过实际研究过程的训练，可以锻炼提高其自身的认识能力，以及跟踪前沿科学技术发展的能力。通过实际的理论研究训练，科学家获得了吸收利用现有知识和技能、建构和解决问题等能力要素，获得了其他的意会知识和更多的个性化的品质，② 这些在广阔的科学技术领域又是比知识本身更重要的东西。因此，科学研究是国民能力和智慧的

---

① 宫本十藏著，张萍译：《人格自由与社会自由》，《哲学译丛》1979 年第 5 期。

② ZELLNER C., The Economic Effects of Basic Research：Evidence for Embodied Knowledge Transfer via Scientists' Migration, *Research Policy*, 2003, Vol. 32, No. 10.

源泉，一个国家唯有加强基础理论研究，培养大批高素质有能力的一流人才，才能紧密跟踪和进入世界科技发展的前沿，从而能够做出别人无法模仿的自主科学贡献，在世界科学系统中拥有一席。第二次世界大战后，美国的腾飞直接受惠于联邦政府对基础研究和高等教育的义务承诺；欧洲在过去的一个多世纪中，一直从对自由研究和大学的支持中取得丰厚的效益回报；日本企业在 20 世纪六七十年代投入了大量的基础研究工作，①使企业的技术能力得以迅速提升，从而奠定了其世界一流的技术创新水平。与此形成鲜明对比的是，中国长期以来对科学理论研究重视不够，造成国家的科学能力和技术能力都很薄弱，具体表现为科学成果上多属跟踪性创新和经济上受制于发达国家。这在综合国力的竞争越来越决定于科学原创的新形势下，是一个值得认真反思的问题。

总之，责任自由既是一种求真以及人生意义的提升过程，同时又是实现经济效用目的和国家目标的手段。正如蔡元培所言，学术自由的宗旨是为了科学自身的发展，也是为了国家和民族的昌盛，两者是统一的、并行的。

二　内在自由的实现

（一）无功利地服从科学的内在目标是内在自由实现的根本

20 世纪 90 年代以来，科学的发展已由原来的学院科学时代进入到了"后学院科学"②时代。"后学院科学"与学院科学相比，更加强调科学研究的集体性、功利性、定向性和效益。但是，不管科学研究的规模和性质如何发生变化，只要科学的创造本质不改变，科学劳动的个体

---

①　王耀德、刘力：《论从基础科学中获得技术收益的主体不确定性》，《江西社会科学》2003 年第 7 期。

②　齐曼：《真科学》，上海科技教育出版社 2002 年版，第 81—86 页。

性就丝毫不会减弱，[1] 科学创造始终离不开科学家个人的自由探索。因此，尽管功利性目标在当代受到了突出强调，但科学的持续健康发展仍然需要一些无功利性需求、能耐得住寂寞的科学家。

科学探索本质上是人的心智对过去无人知晓的事实进行原创性的发现，做出发现的过程决不是一帆风顺的；相反，它"牵涉到很大的赌注，其远景固然迷人，却危险重重。时间和金钱，威望与自信在令人失望的猜测里赌注，会立刻穷竭一位科学家的勇气与地位"[2]。科学创新的这一探险性特点使一般人难以涉足，要取得任何一点突破，都要付出巨大代价。正像马克思所说的那样："在科学的入口处，正像在地狱的入口处一样，必须提出这样的要求：这里必须根绝一切犹豫；这里任何怯懦都无济于事。"[3] 因此，如果科学家没有耐得住寂寞的气度，没有非凡的勇气和胆识，就可能永远与科学发现无缘。而要做出独创性的科学成就，首先应该把追求真理作为自己的最高价值。只有把科学追求内化为个人精神的一部分，才能激发求知的热情和灵感。科学家最基本的品格就是对科学的热爱和难以满足的求知欲。没有激情，就没有创造灵感，而激情和灵感要靠兴趣和求知欲来驱动，兴趣和求知欲是科学家的精神支点。有了精神支点，科学家才能够在喧嚣、浮躁的现代开放的社会大环境中潜心于专业追求。王选说："只有求知欲这一动力才能使人痴迷、执著、甘愿放弃常人能享受的乐趣，充满激情地持续奋斗十几年。"[4]

兴趣和求知欲是科学主体创造的根本动力。丁肇中曾经说，他做工作最大的动力就是兴趣。只是由于兴趣的驱动，他进实验室后常常40个小时才出来，一进实验室其他任何事情就都忘了，脑中只有实验数据。[5] 因在"探测宇宙中微子"方面的工作成就而荣获 2002 年诺贝尔物

---

[1]　陈敬燮：《科学劳动的个体性问题》，《自然辩证法通讯》1985 年第 1 期。

[2]　M. Polanyi、H. Prosch，彭淮栋译：《意义》，（台北）联经出版事业公司 1984 年版，第 236 页。

[3]　《马克思恩格斯全集》第 2 卷，人民出版社 1995 年版，第 35 页。

[4]　王选：《科研成功应具备的要素》，《光明日报》2005 年 7 月 7 日。

[5]　同上。

理学奖的小柴昌俊，当年他为了实现自己的科学理想，宁愿将切伦柯夫探测（Kamiokande）实验安排在一个污染严重超标的砒霜矿井中，在这样的矿井中他一做就是 20 多年。美国女生物学家麦克林托（B. Mcclintock）经过多年艰辛的实验研究于 1951 年提出了"转座因子"的新概念，新理论一提出即遭到了众多学术权威的攻击，她本人因此被称为是"百分之百的疯子"。但麦克林托仍然几十年如一日坚持自己的实验方案不动摇。她说："倘若你认为自己迈开的步伐是正确的，并且已经掌握了专门的知识，那么，任何人都阻扰不了你……不必去理会人们的非难和评头论足。"[1] 最终强权没有压倒真理，随着她的理论得到愈来愈多的实验事实的支持，她才逐渐被人接受，并于 1983 年荣获诺贝尔生理学和医学奖。

以上几个科学事例告诉我们，科学家选择从事科学探索工作，不仅需要付出长期艰辛的脑力劳动，还要有能顶住来自社会各方面压力的勇气和胆量。如果没有甘于淡泊和长期坐冷板凳的勇气，他们是难以获得重大成功的。王选说得好：真正有成绩的科学家都不以金钱和荣誉为动力。……献身于科学就不能再像普通人那样活法，必然会失掉常人所能享受到的不少乐趣，但也会得到常人享受不到的很多乐趣。科学探索本身就会有至美，给人的愉快就是酬报。[2] 劳丹（L. Laudan）说："人类对认识周围世界和本身的好奇心之需要，丝毫不亚于对衣服和食物的需要。……对世界以及人在其中的地位的了解，深深根植于人类心灵之中。"[3] 实际上，人们之所以走上学术谋生而不是其他谋生的道路，正如任元彪指出的那样，除了现实条件和一些机遇性因素外，多数人都由于求知欲以及受好奇心的驱使。[4] 好奇心源于对自然界的和谐与美的追

---

　　① 解恩泽主编：《科学蒙难集》，湖南科学技术出版社 1986 年版，第 391—397 页。

　　② 王建农：《王选——他把生命的潜能发挥到了极致》，参见 2002 年 2 月 7 日网页：http://www.people.com.cn/GB/kejiao/42/155/20020207/665319.html.

　　③ 拉瑞·劳丹著，刘新民译：《进步及其问题》，华夏出版社 1999 年版，第 232—233 页。

　　④ 任元彪：《不是学术失范而是学术失学》，《科技日报》2000 年 12 月 8 日。

求，作为一个真正的科学家，其精神目标和理性愿望就是"从他所知觉的世界中发现有规律的序"①，而不是外界利益的诱惑。

在当前的社会条件下，科学求真过程同样是清苦的。只有那些热爱科学，对科学富有献身精神、不追求高官厚禄的人，才能几十年如一日孜孜不倦地追求科学真理，为人类未来不断登凌科学顶峰。爱因斯坦前后花费了 40 年的时间推广引力场建立统一场论，企图将实物宇宙归结为连续场的存在，他的这一努力和梦想终未获得成功。但是正如他在后来的《自述片断》中说的那样："为寻求真理的努力所付出的代价，总是比不担风险地占有它要高昂得多。"② 科学史上许多重大成就的取得都是来自这种对真理的非功利性追求。目前中国学术界在不完善的评价体系下，部分科学家把自己的智慧运用于如何获得资源，而不是做出独创性贡献，科学研究仅仅被视为个人获得职业晋升的手段。这种建立在功利基础上的科学目的，由于是外在的，因此它不能够始终使人保持相对独立的、冷静的和理智的真理上的探索精神，相反，却难以抵挡住外界的各种诱惑，从而在具体的科学活动中常常表现出专业精神上的脆弱、多变和浅尝辄止。③ 这种精神弱化的现象，严重制约着科学家个人成就的取得和整个科学事业的发展，阻碍着科学家内在自由的实现。

总之，在科学的探索路上，科学家只相信一个权威：学术。这种学术权威只能通过科学共同体的"意见自由市场"确立起来，并接受"科学一直成果丰富"④ 和"科学所揭示的是一个隐藏的实相"⑤ 的信念。对于真正的科学家知识分子来说，只有保持思想的独立性和无功利追求，才能做出独有的别人无法模仿的科学成就。

① 戴维·玻姆著，洪定国译：《论创造力》，上海科学技术出版社 2001 年版，第 2 页。

② 《爱因斯坦文集》第 1 卷，商务印书馆 1976 年版，第 50 页。

③ 马来平：《科技与社会引论》，人民出版社 2001 年版，第 161 页。

④ M. Polanyi、H. Prosch，彭淮栋译：《意义》，（台北）联经出版事业公司 1984 年版，第 230 页。

⑤ 同上书，第 234 页。

　　（二）内在自由的最终实现是科学责任和国家目标的统一

　　1. 科学求真精神与爱国主义精神的统一

　　人们常说，科学是没有国界的，但科学家永远有自己的祖国。科学家选择从事科学有多种动机，爱国主义有时是一个民族强大的潜在精神动力。作为精神动力，爱国主义能够把科学家的好奇心、兴趣发挥到极致，使他们身上潜在的创造力极大地被激发起来，从而做出惊人的成就。早在 1915 年，以赵元任、任鸿隽为代表的一批身在国外的中国知识分子，目睹西方国家的科学昌明与物质丰盛，面对贫弱落后的祖国，他们不忘"科学救国"的使命，个人出资创立中国科学社和创办《科学》杂志，向国人传播科学知识和科学方法，播种科学精神。正是这星星之火开启了中国接纳西方近代科学的洪流，经过"救亡图存"的五四运动的洗礼，使中国科学发展真正融入了世界科学技术发展的潮流。新中国成立后，这批先驱们又自觉地把得来不易、已壮大起来的这份事业毫无保留地交给国家所有，体现了他们浓浓的爱国主义精神。在 20 世纪六七十年代，为了打破超级大国核垄断与核讹诈，使新成立的中国自立自强于世界民族之林，"两弹一星"研制工作汇集了像钱学森、王淦昌、彭桓武、郭永怀这样一批中国一流的科学家精英，他们甘愿放弃各自的研究偏好，以极大的热情投入到祖国的需要中去，在极端艰苦的条件下创造了科学上的奇迹。著名物理学家程开甲后来回忆说："很荣幸自己能够参加到那一段波澜壮阔的事业之中。这种自豪，至今激励我。"① 90 年代末，当社会上科学研究普遍围着物质利益转动，研究人员被引领着仅仅在发表论文的晋身之阶上苦攀时，就是在这种极端功利主义盛行的环境中，面对国际上激烈争夺人类基因信息资源的形势，杨焕明等几位年轻一代科学家保持了清醒的社会责任意识和良知良心，他们敏锐地把人类基因组计划与国家的生物信息资源的安全问题结合起来。为了不使有着"基因黄金国"之称的祖国在这场大科学战役中败退

----

　　① 王德禄、孟祥林、刘戟峰：《中国大科学的运行机制：开放、认同与整合》，《自然辩证法通讯》1991 年第 6 期。

下来而处处受制于人，他们甘愿放弃国外丰厚的薪酬和国内原本舒适的生活，在资金缺乏的情况下重新创业，并且自筹到了大部分的启动资金，竭尽全力为中国在国际人类基因组计划中赢得最后一席。2001年人类基因组"工作草图"的绘制，使中国人在这座生命科学的巅峰上镌刻下了自己的名字。①

当今科学技术全球化趋势带给人们新的视野、新的理念，国家利益的政治主张在这复杂多变的时局中，不但没有丝毫减弱，反而有所增强。正如徐冠华在《科技创新与创新文化》报告中提出的那样："对于每一个投身于科学事业的人来说，爱国主义精神永远都不会过时，永远都将是科学文化和科学精神不朽的内核。"②虽然爱国主义不能帮助解决个人的学习或科学、工程中的具体问题，但它能促使你对学习和工作保持积极进取的精神。只有把祖国的召唤放在第一位，不为社会各种利益所诱惑，才能使个人创造性最大限度地激发出来。改革开放30年，中国仍然保持对世界科学发展的低贡献率，这既与世界政治五强的国际地位不相称，也与即将跻身于世界经济大国的目标不相称。面对中国科学发展的现实，科学家们应该清楚地认识到自己身上所肩负的社会责任。为了祖国科学事业的繁荣昌盛，应该努力将个人的兴趣追求和国家的需要相结合，求真唯实，目标高远，为未来中国成为世界科学发展中的一支重要力量做出贡献，而不是盲目跟风选择一些修补性的课题。这才是科学家的真正选择。

强烈的爱国主义和民族自信心联系在一起，能够激励科学家从事科学工作的热情和使命感。在世界一流的研究机构里，都有一种"必要的紧迫感"，激励着科学家全身心地投入到解决所面临的科学问题。《科学》主编埃利斯·鲁宾斯坦（E. Rubinstein）说，世界上最强的实验室不仅是有很好的人才，更重要的是这些人都献身于科学，每天花很多时

① 李斌、毛磊：《你还是你吗？——人类基因组报告》，新华出版社2000年版，第37—38页。

② 徐冠华：《科技创新与创新文化》，《"中国科学家人文论坛（2003）"上的专题报告》2003年4月17日。

间甚至夜以继日地工作，投入非常大。① 科学史上无数成功的事例表明，只要有对科学的兴趣和必要的紧迫感，即使在简陋的条件下，也能根据条件许可做出最优秀的工作。使命感和责任感是科学活动主体内在情感的升华，也是主体情感由科学化到社会化的过程。理解国家的利益需要和困难，能够激发科学创造的热情，正如蒲慕明所言，一个"困境中孕育创造力"② 的学术环境，对于所有形式的创造活动，包括科学发现和技术创新，都是非常重要的。作为 20 世纪世界科学领头羊的美国，第二次世界大战后它的腾飞在很大程度上归功于在其国家政策中始终贯穿了"保持在所有科学知识的前沿的领先地位"③，以免错失发展的良机的理念；日本频频发出创造力减退的声音，④ 以及横向比较找差距的"落差"意识⑤等，也是善于在压力中寻求动力的体现。一个后进国家在追赶阶段的发展速度要快于发达国家，这是来自追赶压力的动力，同时又是民族自信心放大的结果。同样地，对于科学家个人来说，个人的理念和精神支撑对个人创造性的发挥非常重要。"只有在本土做出重大贡献，科学才能在中国获得尊重"。⑥在当代，面对高难度的科学技术攻关，如果没有较强的民族自信心和坚韧不拔的精神，不可能做出重大科学创造。

2. 科学求真的目的与求善责任的统一

只有追求真理的理想赢得公众的尊重和信任，科学家才享有真正的自由。科学求真本身也是一种对公众利益负责的活动。波兰尼说："科

---

① 李斌、毛磊：《你还是你吗？——人类基因组报告》，新华出版社 2000 年版，第 338 页。

② 蒲慕明：《建立中国的科研机构——文化的反思》，《自然》，2003，Vol. 426 〔2003 年 11 月 18/25 日（中文专刊）〕。

③ 威廉·J. 克林顿、小阿伯特·戈尔著：《科学与国家利益》，科学技术文献出版社 1999 年版，第 15 页。

④ 冯昭奎、张可喜：《科学技术与日本社会》，陕西人民出版社 1997 年版，第 354 页。

⑤ 李廷举：《科学技术立国的日本》，北京大学出版社 1992 年版，第 184 页。

⑥ 方玄昌、冯亦斐：《路甬祥：对中国我们应该有信心》，《中国新闻周刊》2004 年第 13 期。

学探讨之过程所作的抉择，乃是科学家所作的负责的抉择。……他对问题的眼光、他对他的执念，以及他最后的发现步骤，始终充满着对那适切得名为'外在'的目标的义务。他的行动是深属个人的行动，然而其中并无任性之处。在各阶段，创意都由责任感引导，这责任是：促进真理在人类心灵中的成长。创意之自由，正寓于作成这项完美的服务。"①作为一项国家事业，科学探索活动不是科学家的游戏和享乐，人类关于外部世界的自然知识也不是一种"荒谬"无意义的东西。相反，我们关于自然的知识是国民智慧的基础，是一个富有意义的组织，社会还希望科学能够创造出新的美好事物，创造出"更积极的和更和谐的个人和社会生活方式"。② 因此，科学家应该清楚地认识到，与自己的科学工作相关的并不限于实验室条件，还与政治、经济和环境伦理因素相关，科学家为真理做出自己的独立成就的同时，要对公众利益负责，保证成果被善用而不是成为祸害。

首先，只有正确地揭示了真理，才能真正变成造福于人类的重要物质力量。科学之所以能成为改造社会的主导力量，首先就因为它的真实性。为了寻求到真理，科学家必须献身于自己的学科领域，并且这种献身精神必须建立在理智上的彻底性和知识的正确性基础之上。治学是学术界的生活方式，也有它自身的伦理道德。布鲁贝克说：治学的"伦理道德标准从治学的对象即高深的学问中取得其特性。由于高深的学问处于社会公众的视野之外，在如何对待学问上遇到的问题方面，公众就难以评判学者是否在诚恳公正地对待公众的利益。基于学者是高深学问的看护人这一事实，人们可以逻辑地推出他们也是他们自己的伦理道德准则的监护人"③。可见，单从追求真理这一方面来说，科学家是真正的负有相应责任的专业人员，不应该让求真的目标被个人的感情和外在现实利益所破坏，"只有他们的正直和诚实才能对它们自己的意识负责。

---

①　M. Polanyi、H. Prosch，彭淮栋译：《意义》，（台北）联经出版事业公司 1984年版，第 236 页。

②　同上书，第 199—218 页。

③　布鲁贝克：《高等教育哲学》，浙江教育出版社 1998 年版，第 120 页。

学者们是他们自己的道德的唯一评判者"①。如果科学家的选择行为受某种物质利益的驱使，致使科学社会失去了它忠实于客观性的品质，那么它也就失去了立足社会的基础，它对于公众便不再具有普遍的吸引力，科学家的个人自由就无法有保障。袁江洋博士在谈到为什么总有人践踏科学规范、弄虚作假时指出："科学，对一些杰出的科学家而言，是一项以追求真理为目的的、圣洁而崇高的事业，而对更多的 science-man（科学人）而言，不过是一种谋生手段。科学活动并非价值中立的，它始终浸透着人的价值观念；当一些不正当的、或是与科学规范所蕴含的价值理念相抵触的价值观念左右着科学人的行为时，失范现象便有可能发生。"② 在这类科学道德问题上，科学家在思想、理念、方法上都需要某种意义上的升华，强化对社会的责任感。新中国成立之初，当国家在技术和物质层面上的需求与科学自身的发展不可避免地产生冲突时，新中国第一代科学家在国家需要和科学的自主性之间寻找着结合点和平衡点，将自主性收缩到被允许值内，借助于科学的实用性，为国家的科学事业争得一片发展的空间，体现了强烈的社会责任感。这是中国科学家主动地适应并进而利用社会环境的行为，③ 为此他们也赢得了国际社会的高度赞誉。

其次，科学家的活动同时还受到自然伦理和社会伦理的导引。科学研究的自由犹如科学家呼吸的空气不可或缺。自由是对必然的认识，这种自由不在于在幻想中摆脱自然规律而独立，而在于认识这些规律，从而能够有计划地使自然规律为一定的目的服务。这无论对外部的自然界的规律，还是人的精神存在的规律都是一样的。但是，当代科学的自由发展所产生的潜在后果，从战争灾祸到颇具破坏性的环境的恶化对自然、对社会的影响，让人倍感担忧。自由的科学产生了正反两方面的后果，要求科学家应该首先将科学的动机内化为自己的良心，不为科学之

---

① 布鲁贝克：《高等教育哲学》，浙江教育出版社1998年版，第120页。

② 袁江洋：《科学活动中的失范现象》，《科技日报》2000年12月8日。

③ 张藜：《国家需要、部门利益与科学家自主性的调适》，《自然科学史研究》2003年第2期。

外的功利关系以及各种偏见所左右，而应该有强烈的社会责任感，对科学成果及其应用负责；既要争取科学的良好的社会效益，又不掩饰其可能带来的破坏性后果。科学研究不能无禁区，在进行科研选题时，不仅要考虑科学价值，还应该自觉地关注科学的自然伦理和社会伦理要求，意识到自己造福于人类的责任。

总之，只有自觉地把科学工作和社会变革的进程结合起来，关心未来社会的发展需要，使科学追求和思想追求保持一致性，才能保持创新活力。

（三）人类基因组计划（HGP）研究案例分析

人类基因组计划（HGP）被人们赞誉为现代生命科学领域"跨世纪的曼哈顿工程"和"阿波罗登月工程"，最初是由美国能源部发起的，随着人们对人类基因组计划重要性的认识不断深入，最后成为国际性的大科学计划。2003 年 4 月 14 日，美国、英国、日本、法国、德国与中国六国科学家参与的、历经 13 年、被誉为"生命科学登月计划"的人类基因组计划完成了对 30 亿个碱基对的测序工作，覆盖了人类基因的 99%——另外 1% 目前无法测序；英美科学家在 2006 年 5 月 18 日出版的《自然》（2006，Vol. 441）上报告，人类最后一个染色体，也是破译难度最大的一个染色体—— 1 号染色体的基因测序完成。这标志着历时 16 年、被称为生命科学成功"登月"的人类基因组计划宣告完成。①

早在 1984 年 12 月，美国犹他大学受能源部委托，主持会议讨论 DNA 重组技术的发展和检测人类基因组碱基序列的意义。最早以书面形式正式提出人类基因组计划的是美国科学家、诺贝尔奖获得者、肿瘤病毒专家雷托·杜伯克（Renato Dulbecco），1986 年 3 月 7 日，杜伯克在美国《科学》杂志上发表了一篇题为《癌症研究的转折点——人类基因组的全序列分析》的短文，阐述了启动人类基因组计划的必

---

① 程书钧：《基因医学步入新时代》，《科学时报》2006 年 6 月 14 日。

要性。他说："这一计划的意义，可以与征服宇宙的计划媲美。我们也应该以征服宇宙的气魄来进行这一计划。""这样的工作是任何一个实验室难以承担的，它应该成为国家级的项目，并且使它成为国际性的项目。人类的 DNA 序列是人类的真谛。这个世界上发生的一切事情，都与这一序列息息相关。"① 杜伯克的这一呼吁为人类基因组计划（HGP）的产生揭开了序幕。1989 年，美国国家人类基因组研究所开始成立，DNA 分子双螺旋结构的发现者沃森任研究所主任，开始了人类基因组研究的准备工作。美国国会 1990 年正式批准了人类基因组计划并于 10 月 1 日启动，它起初是美国能源部和国立卫生研究院制定的国家计划项目，后来逐渐发展到由法国、英国、德国、日本和中国六国的科学家组成国际联合科研组协力攻关的课题，成为一项国际性的大科学计划。根据总体规划，15 年之内投入 30 亿美元，进行对人类基因组整体的测序分析。

  中国在这方面的研究起步比较晚，是最后加入的。随着世界各国对人类基因组计划的重要性认识的不断深入，基因资源有可能成为 21 世纪的争夺对象。在吴旻院士等科学家的倡导下，中国的人类基因组计划于 1994 年开始启动，并得到了科技部"863"计划和国家自然科学基金会的支持，其最初目的仅仅是自主开展本国的研究。但是，中国极其丰富的基因资源越来越引起西方科学家的强烈兴趣，他们试图抢占中国这个"新的基因黄金国"②。在中国的生物资源基因业已引起全球关注的情况下，如果不采取主动措施，我们将在这一领域受制于人。

  面对国际上激烈争夺人类基因信息资源形势，1997 年中国老一辈遗传学家谈家桢致信江泽民呼吁"保护我国人类基因资源，积极参与跨世纪的基因争夺战；制定政策，营造环境，加快我国基因工程药物产业化进程"③。杨焕明等年轻一代科学家更加清醒地认识到："资源基因，

  ① 李斌、毛磊：《你还是你吗？——人类基因组报告》，新华出版社 2000 年版，第 7 页。
  ② 同上书，第 45 页。
  ③ 同上书，第 12 页。

已经成为一个国家发展的战略资源，争夺这一资源的世界大战已经打响。我国信息产业的上游——软件和硬件，已经受制于人，生物产业不能重蹈覆辙。”“电脑的上游——软硬件都被抓在了美国人的手里，现在，生物产业的龙头又被他们抓到了手里。中国已经失去了一次次的机遇，生物，将成为我们最后的机会。”[①]

在谈家桢、杨焕明等一批新老科学家的共同努力下，1998 年 8 月中国科学院遗传研究所人类基因组中心正式成立。杨焕明提出了一个更高的目标：对于一个拥有世界 20％以上人口的发展中国家，中国应该对国际人类基因组计划做出 1％的贡献，使中国人类基因组研究在国际社会能够占有一席。1％任务使中国科学家联起手来向国际人类基因组计划发起了冲刺，1999 年 9 月 1 日，国际人类基因组计划委员会正式接受中国的申请，使中国科学家成功地加入到这一宏伟的跨世纪工程计划当中。参与这一计划的各国份额所占百分比为：美国 54％，英国 33％，日本 7％，法国 3％，德国 2％和中国 1％。从工作量上看，在参与这一计划的 6 国 16 个实验室和研究中心中，我国排行第 10 位。2000 年 6 月 26 日，国际联合科研小组正式宣布“国际人类基因组计划”已经完成了“人类基因组工作框架图（草图）”，它涵盖了人类基因组 97％以上的信息；2001 年 2 月 12 日，人类基因组计划（HGP）发布了人类基因组图谱的“基本信息”。这样，原定于 2005 年完成的人类基因组计划，结果提前在 2001 年实现。

在人类基因组计划研究工作中，中国科学家虽然加入得比较晚，但经过奋力拼搏，短时期内超额完成了基因测序任务，创造了在高质量、高水平、高速度方面名列国际第三的优异成绩。通过参与这一国际合作研究，分享了历时 10 年的人类基因组计划积累的技术和资料，现在中国已经熟练掌握了基因分离、纯化、分析到绘图等一系列技术，并在此基础上实现了某些创新，建立了自己的基因组大规模测序的全套技术及研究队伍，为把中国建成为生物学和生物技术研究的强国奠定了重要基

---

① 李斌、毛磊：《你还是你吗？——人类基因组报告》，新华出版社 2000 年版，第 25 页。

础。人类基因组"工作草图"的绘制，使中国科学家在这座生命科学的巅峰上镌刻下了自己的名字。

人类基因组计划是一项国际合作的基础科学领域的大科学计划，中国生物学家在这一跨世纪工程计划中扮演了重要角色，在较短时期内取得了重要的成功。这项工作的成功是由以下几个方面的因素促成的：

第一，目标高远，赢得多方支持。最初提出参与国际人类基因组计划这一高远目标的不是政府行为，而是科学家的自觉行动，是杨焕明等几位科学家强烈的使命感和"必要的紧迫感"促使他们在很多基础条件都不具备的情况下提出来的。他们清醒地认识到，这项工作计划不仅对学科发展具有重要的基础理论意义，而且对国家的生物信息资源安全的保护，对生物高技术产业的发展具有重大的实际价值；不仅具有国家目标的意义，也具有国际重要性。"中国科学界的参与，是对国际人类基因组计划的支持，真正体现出国际大联合的性质。"正因为 HGP 有着如此高的国家目标，因此，它的出台一开始即受到了来自社会各方面的支持。企业和地方政府的理解和支援增添了科学家的信心和决心；科技部生物中心，自然科学基金以及中国科学院的鼎力支持成为科学家最坚强有力的后盾；国家最高领导人的重视，更增强了科学家的社会责任感和使命感。

第二，宽松、良好的创新平台，给有抱负的科学家充分施展自己才华的机会。杨焕明等人为了生命科学的发展，甘愿放弃国外丰厚的薪水和国内原本舒适的生活，重新创业，能够鼓足他们的勇气和决心的决定性因素，是遗传所为他们提供了一个在科研上施展抱负的场所。遗传所所长陈受宜说："杨焕明在国外年薪可拿到五六十万，而我们所里就是六万也给不起，何况有条条框框的限制。"① 在很大程度上，科学家选择科学事业最看重的不一定是物质和待遇，而是有没有一个可以供他们尽情发挥才智的舞台。在该项目开始提出时，杨焕明、于军、汪建等人自筹到大部分启动资金，其他工作人员也自愿捐出了自己的积蓄。

---

① 李斌、毛磊：《你还是你吗？——人类基因组报告》，新华出版社 2000 年版，第 23 页。

第三，团结合作的集体主义精神。参加该计划的科学家们精诚合作，频繁又快速地交流和反馈信息，他们不断地将自主开发的新的基因检测技术免费应用到基因测序计划中，加快了计划的进程，充分体现了科学研究的国际主义和无私利性规范。2000 年 3 月，美国总统克林顿（W. J. Clinton）和英国首相布莱尔（T. Blair）发表联合声明，呼吁将人类基因组计划的研究成果公开，以便让世界各国的科学家能够免费地得到。同时也提出，在人类基因组基本数据的基础上作出的发明，应该得到应有的知识产权的保护。同年 5 月，联合国教科文组织出台了关于人类基因组基本信息免费共享的声明。

第四，科学家成功地申请参与这一计划，探索走出了一种"自组织—自管理—自筹资—自学习"的自主科研的管理模式，这对于改变长期以来科学研究仅靠政府唯一资助的模式，无疑具有重要的借鉴意义。

中国科学家参与国际人类基因组计划的成功表明，在基础研究领域有较高的目标追求，不仅能够极大地激发科学家的创造热情，增强社会责任感，发扬科学研究的合作精神，而且能够赢得社会各方面的支持，从而实现个人自由的最大化。

三 外在自由的实现和政府职能的转变

（一）公益性保护探索

1. 改变资源分配上的"急功近利"取向

有人称，中国并不缺乏冲击诺贝尔自然科学奖的杰出科学家和杰出的科学思想，缺乏的是适宜科学思想成长的软硬环境。[①] 这种软硬环境属于外在自由问题，它是政府为科学家研究活动所提供的经济和制度条件。

我国现行的科学研究体制中存在不少弊端，其中在硬学术环境的建

---

① 赵乐静：《视界的融合——科学、技术和社会导论》，山西科学技术出版社 2003 年版，第 95 页。

设方面，其最大需要克服的障碍就是科学规划和管理上的功利性导向。在科学研究中引入功利目标，使其首先关注国家利益，并不必然违背科学发展的实践性特征。然而，假如对科学事业采用一种"急功近利"的管理，必然会破坏科学的自主性，制约着内在自由的实现。

　　基础研究是科学发展的生命线，战后发达国家的历史经验与教训充分证明，谁重视基础研究，谁就拥有不竭的经济发展的动力源泉，基础研究的加强可以为国家综合国力的提高带来源源不断的后续力量。然而，长期以来，我国在对科学的认识上存在着极大的偏差，国家在资源分配上将科学混同于技术，致使三项研究的配置不合理，严重忽视了基础研究的价值，主要把科学作为促生产的手段，而没有同时把它作为一项重要的精神文化。从世界各国发展科学的规律看，近十几年来我国基础研究占 R&D 的比例一直在 6％ 左右徘徊。即使在2000—2004 年间，R&D 经费支出占国内生产总值的比例达到了 1％以上（分别为 1.01％，1.07％，1.23％，1.31％，1.23％），基础研究的经费比例却一直保持在 6％ 以下（分别为 5.22％，5.33％，5.73％，5.69％，5.96％）。[①] 科学研究经费本来就不多，其中大部分又用于支持短期即可获利的应用性研究项目上，这就必然造成基础研究经费严重不足。[②] 基础研究崇尚非功利性，忽视基础研究实际上是我国学术研究中"求真精神不彰，求利之心太盛"的反映，同时也是内在自由受忽视的深刻体现。由于国家对基础研究的投入强度比较低，达不到一定的阈值，不仅使中国科学缺乏重大创新成果，而且使国内经济难以启动或强势运作。

　　自从 1995 年国家"科教兴国"战略提出以来，中国领导人多次强调基础研究和原始创新的重要性，并明确指出："原始性创新孕育着科学技术质的变化和发展，是一个民族对人类文明进步做出贡献的重要体

---

　　① 国家统计局、科学技术部编：《中国科技统计年鉴（2005）》，中国统计出版社 2005 年版，第 6 页。

　　② 刘英丽、冯亦斐：《"1％的故事"：中国的基础科研经费哪去了》，《中国新闻周刊》2004 年第 13 期。

现，也是当今世界科技竞争的制高点。"① 近年来，从中央到地方，中国也已经展示了它在经济挑战面前加强基础研究的决心。但是从实际情况看，在许多科学领域里我们并没有处于世界领先行列。这种现象不仅导致"中国在世界科学舞台上没有很高的显示度，而且也使其失去了充分利用世界其他国家的科学和技术成果的机会"②。这一状况不得不引起我们深深的忧虑。在当前国际竞争日趋激烈的时代背景下，虽然技术能直接给社会和企业带来利益和实惠，但是，没有基础研究，技术上的领先就无法实现。一向比较重视应用研究的日本，近年来经济发展陷入低迷，但日本政府没有急功近利地一味强调技术开发，却异乎寻常地加大对科研的投入，并对基础研究予以了相当的重视。2002 年日本在重要的科学领域连获两个诺贝尔奖（即诺贝尔物理学奖和化学奖），三年中有四人获得诺贝尔自然科学奖。日本政府的努力方向值得我们借鉴。

我国近代科学是从西方移入的，缺乏西方国家深厚的公众理解科学的基础，因而缺乏私人基金会等闲散资金的支持，基础研究经费只能依靠政府的资助。为了能在未来激烈的国际竞争中占有一席，政府必须彻底改变资金使用上的功利主义导向，给予基础研究以强有力的支持。根据发达国家的经验，政府不仅需要加大对基础研究的资助力度，国家还应该制定相关的优惠政策，主动吸纳私人或企业等社会闲散资金加大对基础研究的支持力度。

2. 改革科研管理上行政约束过强的体制

在科学日益为社会所接受和承认的大科学时代，科学家活动的受约因素主要表现为获取科学资源的能力。科学资源的有限性和相对短缺要求社会对科学进行规划管理，通过规划合理地分配资源。然而，科学发现和发明的不确定性特征决定了是不能进行规划的。因此，政府在制定科学规划和计划时，必然面对的一个问题是：政府资助科学如何保证既能取得巨大的效益，又不扼杀科学家的首创精神或自由？这里涉及科学

① 江泽民：《中国科协第六次全国代表大会上的讲话》，《人民日报》2001 年 6 月 23 日。

② 方玄昌、冯亦斐：《失衡的中国科学界》，《中国新闻周刊》2004 年第 13 期。

资源的分配如何做到公平合理的问题。

首先，改变政府科学规划和计划管理中的功利主义导向，保护科学家的创造才能的发挥。从事一线工作的科学家和技术专家是提出和解决新科学问题的主导人物，是推动科学技术进步的主角。为了使科学工作富有成效，科学家必须享有充分的自由，包括不受集团利益影响的自由，不受急切产生实用成果压力的自由，不受任何行政力量支配的自由等①，让科学家自主地决定工作安排，具体研究工作不应受到非科学事务的干扰。在规划目标的制定中，政府应该给科学家的自由创造预留充裕的空间。然而，我国政府对科学研究的资助计划，目前主要采用了一种行政管理方式，对科学研究从课题立项到具体实施方案，再到产出成果实行全过程控制，并要求科学家事先对课题计划的完成制定详细的时间表。例如，当前科研机构对科学成果普遍采用各种量化指标管理，致使科学家为了应对各种检查而突击"任务"，甚至有时铤而走险弄虚作假。这样的体制是违背科学研究规律的，它只会束缚科学家的创造性，损害了内在自由。

世界上凡是成功的研究计划，其普遍做法是，在总任务和大方向明确的前提下，行政管理的责任是创造良好的研究条件和环境，为计划的实施排除各种干扰，而不是对研究活动本身作具体的指导。微软亚洲研究院首任院长李开复说：每一个成功的机构，都要有很强的使命感，靠它们来激发员工。机构管理的任务只是确定研究的大方向，至于研究的项目、具体细节、方法、成败，都由科学家自己来决定。②作为以应用开发为主的企业尚且如此，对基础研究的管理就更值得深思了。

其次，克服"官本位"主义，做到资源分配上的公平合理。在课题项目管理中引入竞争机制的目的，是将有限的科学资源分配给那些想法最好，而且最有可能实现这些想法的人，实现国内科学力量与科学资源的有效整合。但是，我国现行的科研体制是一种以行政管理代替科学系

---

① 布什等：《科学：没有止境的前沿》，第153—154页。

② 李开复：《决定基础研究机构成功的因素》，《世界科技研究与发展》1999年第4期。

统内部管理的混合体制。在现行的课题立项申请制度中，项目申请一般都要求申请者具有较高的职称和资历，而不是凭课题本身的价值大小以及完成课题的能力决定经费资助。在很大程度上，只有手中有了一定的权力，科学家才能获得足够的科研经费。尤其是对于那些大项目，大多是政治行为，没有一定的官职，就很难申请到；而一个科学家要发展，必须要有大项目。这种混合体制显然难以保证资源分配上的公正性，不能给科学研究造成机会的平等：一方面它使经费过于集中在一些带有官衔的科学家身上，但过多的行政事务和社会活动占去他们大量时间和精力，难以潜心从事研究工作；另一方面，一些有充足时间和精力又有能力从事科研的人员却难以得到充裕的资源，科研无法开展，新奇的思想无法实现，致使不少有真才实学的青年才俊因受不了压制而选择出国不归或下海经商。因此，从长远看，这种"官本位"的管理体制，不可能让大量的科研人员真正地献身于科学。它既不利于科学家的敬业精神和创新精神的培育，也不利于形成一种"尊重知识，尊重人才"的创新文化环境，却在社会中容易形成"学而优则仕"的风气。这种风气不仅有害于科学家的献身精神和内在自由，而且直接影响到一代科学大师的成长，对整个国家的科学发展是极其不利的。

要克服上述弊端，首要的问题，就是不能让科学研究依附于政治权术，应该实行学术和行政分离的体制。一方面，对于那些已取得重大成就的年轻科学家，应该为他们创造一种宽松的创新环境，打破过去那种论资排辈的计划体制，减少行政干扰，让他们专心于科研工作，开拓新的研究领域，做出更大贡献。另一方面，在项目立项中，要淡化申请者的资历，应该凭项目成果本身决定经费的资助。对于那些探索性强、风险性高和创新性强的"非共识"研究选题，可以采取为它们提供探索性小额资助的机会，而暂时可以不去对研究者本人的原有研究基础和项目的可行性预先评价。

针对目前立项拨款制中存在的诸多弊端，近期有学者提出了在公共产品类科研领域将现行的政府项目拨款制改为以成果决定资源投入的"拟成果购买制"的构想。按照这些学者的定义，"所谓拟成果购买制，是指政府在公共产品类科研领域模拟技术交易或政府采购的形式，将原来在研究之前即投入科研资金的立项拨款制改为以附加高额利润'购买'公共产品类研究成果的科研资金投入体制"。① 这些学者提出，由于按照"拟成果购买制"的要求，"政府对该类项目的资金投入不是在项目批准之时，而是在成果产生之后"，② 可以使"科研立项由政府行为转变为研究者和投资者的自主行为"，从而能够克服原来项目立项的过程太长、手续烦琐、行政干预过多等诸多弊端，更重要的是，它使政府科技行政管理工作的重点由过程管理转变为以成果评价为核心的目标管理，从而"显著提高科研资金的使用效益"③。

笔者对这些学者提出的这一方案不敢苟同。"拟成果购买制"作为一种制度创新构想，它对于克服目前政府资助项目上的重复立项、行政干预过多和资源浪费等现象，或许具有一定的积极意义。但是，除此之外，"拟成果购买制"既不能有效解决资金分配上的不公正问题，也不能"显著提高科研资金的使用效益"。这是因为：

第一，"拟成果购买制"将导致基础研究短期功利化。基础研究具有高度的不确定性，是不能够预先确定完成的时限、无法事先确定具体取得怎样的成果的，也不可能准确预计取得实质性成果所需的费用，否则就不是基础研究。但是，"拟成果购买制"需要先期设计确定项目的目标、成果要求、完成时限以及取得成果的费用，并按照设定的目标来审核成果的真实性，显然违背了基础研究的规律，将极其不利于科学家创造能力的发挥，不利于科学冒险精神和创新思想的实施。同时，科学成果及其价值都有一个较长的验证期，是不能当下作出判断的，短期内即认定的成果往往存在问题。然而，按照这些学者的构想，课题研究一旦获得成果，研究者即可提出拟成果购买申请，④ 其结果必然使基础研究短期功利化。

---

① 鄂宏哲、奉公：《科技投入的拟成果购买制中的风险投资初探》，《科学学与科学技术管理》2005 年第 12 期。

② 同上。

③ 奉公：《论公共产品类科研资金投入的拟成果购买制》，《科学学研究》2003 年第 3 期。

④ 同上。

　　第二，"拟成果购买制"将把科学研究引向过度竞争，损害科学家的献身精神和内心自由。"拟成果购买制"实现了资源配置方式由政府计划控制向市场化的转移，使科学活动从行政力量的直接干预中解放出来，给项目研究人员以充分的自主权，从而能够充分调动科学家的创造积极性。但是我们也应该注意到，由于这一制度的核心是"按照只取冠军的原则实施拟成果购买"①，实际把科学研究引向过度竞争。科学研究是一种积累性很强的创造活动，是不允许竞争存在的。过度竞争既不利于专业基础的训练，又不利于创新文化环境的培育，不利于重大原始创新成果的产生。首先，按照只取冠军的原则实施拟成果购买，这是一种鼓励成功、不允许失败的制度，实质上也不是鼓励原始性创新，而是鼓励了回避风险；其次，过度竞争不利于科研的合作与交流，阻碍着重大创新成果的产生。"拟成果购买制"让资金只投入给最先完成科研项目的科学家，使其获得利润。为了维护自身利益和保护个人的优先权，科学家将倾向对外封锁、保守自己的工作进展，从而失去必要的科研交流和合作精神，这对创新思想火花的产生是极其不利的。

　　第三，"拟成果购买制"忽视了科学的精神激励价值。科学研究是一项代价高昂、风险性大又不获利的活动，应该主要用精神激励机制提升科学家的精神境界。但是，由于"拟成果购买制"主要体现为物质激励方式，致使科研工作功利化，必然损害科学家的敬业和创新精神。一方面，按照这些学者的设想，实施拟成果购买的价格依据"不涉及成果的价值及社会后果评价"②，而是取得成果的成本价格，并按照取得成果时间的先后进行购买，这实际引导人们把研究的目标、内容定位于近期，有意无意地鼓励了人们提前摘果、浅尝辄止，从而滋生学术浮躁之风。另一方面，按照只取冠军的原则实施拟成果购买，由于完全排斥了重复工作的价值，有失对科学创新评价的公正性。大量的重复立项、重

　　①　鄂宏哲、奉公：《科技投入的拟成果购买制中的风险投资初探》，《科学学与科学技术管理》2005年第12期。

　　②　奉公：《论公共产品类科研资金投入的拟成果购买制》，《科学学研究》2003年第3期。

复拨款的发生，将造成资源的过度集中和巨大浪费，这是政府项目拨款制难以避免的。但是，科学上的创新并不完全排斥不同科学家的重复选题，适当的重复工作也是必要的，它可以使人们从多个路径、多个角度探索问题的可能性，将问题的研究引向深入。如果按照只取冠军的原则来购买，有失对科学创新评价的公正性，必然挫伤科研人员的创新积极性。

第四，"拟成果购买制"也不是这些学者所设想的那样，可以为年轻科学家创造科研机会上的平等。因为风险资金的投入同样不可避免地存在着"马太效应"，投资者一般倾向于把资金投入到可以值得信赖的人或机构手中。如果有多个科学家同时竞争一个项目，那么年轻科学家和资历浅的人是难以赢得风险家们的信任的。如果得不到风险资金的支持，又没有政府先期的资金投入，年轻科学家的创新思想因资金缺乏便无法实现，从而无法施展自己的聪明才智。尤其是在中国这样一个科学研究尚缺乏公众支持的环境中，基础研究由于投入的风险大，难以吸引到风险资金和社会捐助资金，在这种情况下，如果把"拟成果购买制"推广实施，它对于本来资金投入就严重不足的我国公益类基础研究的发展而言，无疑会更加雪上加霜。

当然，不可否认"拟成果购买制"的提出有它一定的合理性，其中的一些构想对于克服当前项目立项和管理上的一些弊端具有重要的参考价值，可以作为政府项目立项制度中的一个补充而存在。

3. 鼓励和保护自由研究，给"边缘人"以更多的支持

政府的规划课题大多出自经济建设和国防建设的需要，或是为了跟踪国际科学前沿而设立的，这是国家科学技术发展的主战场，对于实现科学技术的跨越式发展意义十分重大。但是，这类课题一般都是已经知道预期结果，只是引导科学家去将其"开采"出来就行了，投入的风险不是很大，当然其创新价值往往也很小。真正对科学发展有贡献、在世界科学前沿领域占有"一席之地"的课题都不是规划出来的，它们往往出自科学家自由选择的小项目。一些诺贝尔奖得主的科学实践证明，他们的成果既不是预定的，也不是安排的，而大多数是由个人兴趣、好奇心所致，是"很个人化的东西"。基于科学发现的这一规律，要特别关注和支持小人物和年轻人的创新灵感。在政策层面上，国家应该鼓励广

大科研人员去发现科学技术的新领域，鼓励和保护自由研究，尤其应该给"离经叛道"或"非共识性"的项目以适当支持，并制定科学合理的遴选机制，为他们的成长预留出适当的空间。

原创性科学成果的产生是一个缓慢的过程，它需要科学家锲而不舍的长期奋斗。我国 1982 年和 1987 年两届国家自然科学一、二等奖项目统计结果表明，平均每个项目研究的延续时间为 15.5 年，积累周期大约 10—20 年左右。[①] 2002 年获得自然科学一等奖的蒋锡夔院士和他的研究组成员的获奖成果，从 20 世纪 80 年代初开始，是经过三代人的不懈努力，前后耗尽了他们 20 年的努力取得的。[②] 基础研究的这一特征，要求政府应该养活一批耐得起清贫和寂寞的科学家，为他们营造一个稳定和安全的生活环境，保护首创精神，让他们全身心积极地投入到研究工作中去，做出创新性大、有较大影响的研究成果。例如，发达国家对于从事基础研究的机构，一般都给予比较稳定的资助政策，以形成比较宽松的学术环境，创造相对良好的实验条件。[③] 借鉴发达国家的成功经验，做好基础研究必须要有长远的眼光。李开复指出：基础研究需要一个特殊的研究风气，因为基础研究有自己的特殊规律，对它的管理不能急于求成，也不能事先制定计划。所以，不能施加给科学家以必须成功的压力、或太短的时间。[④]

近年来，我国开始注意在政策方面给予科学家的自由探索研究留有一定的生存空间。为了不至放过一个可能具有重要科学价值的成果，国家正在努力给前沿探索的人员以更宽松的环境；在竞争的基础上，不仅对项目，而且也对科研机构、科研人才给予稳定的支持。例如，国家对那些已经认可的科研队伍，给予相当大的支持，使这些科学家不再为经

[①]　韩宇：《我国基础研究创新的现状、问题与对策》，《科学对社会的影响》1999 年第 3 期。

[②]　路甬祥主编：《中国科学进展》，科学出版社 2003 年版，第 71 页。

[③]　科技部赴国外国家实验室考察组：《对我国基础研究发展的一些建议》，《中国基础科学》2005 年第 4 期。

[④]　李开复：《基础研究机构成功的因素》，《世界科技研究与发展》1999 年第 4 期。

费的获取而浪费精力，让他们静下心来为科学做出自己的独创性贡献。
然而，任何事情都要有一个度，顶尖级成果和杰出人才都不是靠规划产
生的，而是带有很大的偶然性，有时，科研投入和产出并不成比例。因
此，政府政策中应该克服另一种倾向，政府资金投入不应该过多地向少
数科学家富集，给予某个科学家或某些研究团体过大的支配资源的权
力，它不符合科学产出的规律，也损害了科学资源分配上的公正性，最
终必然会造成资源投入效益的低下，违背政策的初衷。

（二）培育创新精神

1. 法律保障科学民主

　　科学研究遵循普遍性规范，它是非意识形态化的活动，学术上的问
题应该由科学界自身来解决，不可动用行政力量和行政标准去干预。有
评论称：思想、言论和出版三大自由，为精神之生命的保护物，科学的
繁荣进步必以三大自由为其先决条件。[①] 在当今知识不断更新的时代，
必须保证一个在真理面前人人平等的创新文化氛围。第二次世界大战后
美国之所以屡次大获诺贝尔科学奖，根据瑞典皇家科学院诺贝尔奖秘书
长厄岭·挪比（E. Norrby）的考察："为有知识的人提供自由交流思想
的学术环境，这是美国科学发展的一个重要的社会条件。""一个没有条
条框框约束的、没有官僚风气的社会环境是有利于科学发展的。"[②] 一
个平等交流、公平竞争的民主文化环境，对于一个国家科学事业的繁荣
来说非常重要，这也是我国科研活动面临的现实问题。

　　政治民主作为处理公共事务的原则和方法，其重要性在于，它可以
在政治及其相关领域内避免专制，维护人人平等的权力。冯友兰指出，
民主有两个原则：一是少数服从多数，二是多数容忍少数。[③] 少数服从
多数的原则容易做到，这是民主的一个较低水平；而多数容忍少数是民

---

① 李醒民：《中国现代科学思潮》，科学出版社 2004 年版，第 282 页。

② 谭斌昭：《诺贝尔奖与科学技术发展的社会环境》，《科技进步与对策》2001
年第 3 期。

③ 冯友兰：《三松堂小品》，北京大学出版社 1997 年版，第 243 页。

主中的较高水平，也是民主的精髓所在。政治民主落实到科学事业中，就是学术民主。徐冠华在"中国科学家人文论坛"上的报告中指出："要使科学事业顺利发展，繁荣昌盛，必须要有容许学术自由和思想自由的社会条件，而这种社会条件必须由政治上的民主制来保障。"[①] 学术讨论本身不是政治生活，但是，允不允许学术上的自由讨论，却属于政治生活的范围，属于政治上民主充不充分的问题。政治民主给人民以言论自由和学术思想自由的政治保证，而不是具体干预学术上的是非判断。因为科学真理不同于人类社会行为的准则，不能靠多数人的意志来决定。因而，政治民主保障下的学术自由，也就是学术民主，是一种尊重少数、保护少数的宽容精神，它倡导不同学术观点之间充分的讨论和争鸣，防止外界特别是行政力量的干预。在学术问题上，一般的科研人员和科学权威是平等的，任何个人对学术问题发表的意见都只应看做是一家之言，可以自由地与其他学术观点进行平等交流。对于学术上的是非，包括那些"离经叛道"，或者所谓的不符合"学术规范"的新观点新理论，应当通过同行之间正常的学术争鸣去评议，"真正的原始创新观点只有在学术争鸣中经受考验、发现不足并弥补和完善"，[②] 因此不可用现有的学术规范、学科规范去对它们采取学阀或政治打压的方式去解决，对有些不能作当下判断的新思想、新理论，应该按照客观性原则允许把它发表出来，让它接受科学共同体的审查。因此，在学术问题上，应该充分发扬学术民主，打破学科垄断和学术权威的压制，开展正常的学术争鸣和讨论，使学术批判制度化，为新一代学术精英的涌现提供制度上的保证。1956 年毛泽东提出的科学与文艺战线上的"百花齐放、百家争鸣"的方针，提倡的就是一种保障不同学术观点的公开发表和充分讨论的民主原则。

　　学术争论和批判是一切创新活动的基本出发点。然而，我国科学界

---

　　① 徐冠华：《科技创新与创新文化》，《"中国科学家人文论坛（2003）"上的专题报告》2003 年 4 月 17 日。

　　② 任振球、严谷良：《原始创新评定谁说了算》，《科技日报》2004 年 11 月 12 日。

一向尊重长者，尊重权威，形成了对权威的崇拜，缺乏应有的批判精神。这在过去科学缓慢发展的小生产时代，具有一定的合理性。但在当代知识更新明显加速，科学知识指数式剧增的大科学时代，过去那种做事、评价和决策最终取决于权威的习惯做法，应当让位于科学、民主的方式和机制。新中国成立以来，我国 1955 年颁布的第一个科学奖励条例，即《中国科学院科学奖金暂行条例（草案）》提出了科学奖励的双重评价标准：在学术上要有重大价值和对国家经济发展具有重大实际意义。在科学工作完全依附于政治的条件下，这一评价标准在其具体的执行过程中，主要是以科学的功利性为标准。然而，我们知道，科学研究对经济、文化发展的价值在短时期内往往是不可见的，对基础研究成果的价值进行当下判定必然具有相当大的随意性，致使科学评价和奖励活动难以摆脱来自政治方面的干预和控制。由于行政力量的干预，直到现在学术界没有形成一个纯学术标准。缺乏学术标准，正常的学术批评就不能真正地建立起来。目前的科学评价体制基本上是"官本位"的：一旦取得些许成果，有些科学家首先想到的不是同行意见，而是领导看法；不是采用正常的在学术会议或学术刊物上发表论文，以接受同行的评审和检验的严肃态度，而是首先向领导报喜，或者立刻以新闻发布会的形式公布成果。[①] 这种让学术权力依附于政治权力的做法，与科学研究的基本精神是背道而驰的，它实际上也违背了政治上的民主。

只有民主的社会环境，才能最可靠地保证学术自由，因为在民主社会，科学家的自由是一项普通的权利。如果缺少政治民主，学术上的是非很容易受到学术之外力量的干预，那么科学研究必然失去活力。基于学术上一些不民主的做法，有必要动用法律手段规范目前的学术"市场"，使正常的学术批评和学术讨论制度化，努力克服权力意志对科学事务的干预。

2. 道德宽容

科学研究是探索未知的活动，具有高风险性，每一项成果的取得，

---

① 邹承鲁：《我国基础研究面临的一些问题及一些建议》，《世界科技研究与发展》1997 年第 5 期。

几乎都是历经千百次的失败后换来的，在创新活动中，失败者必然远远
多于成功者。法拉第说："就是最成功的科学家，在他每十个希望和初
步结论中，能实现的也不到一个。"[1] 开尔文（L. Kelvin）曾指出："我
坚持奋战 55 年，致力于科学的发展，用一个词可以道出我最艰辛的工
作特点，这个词就是失败。"[2] 实际上，任何创新活动都不可能有百分
之百的成功率，科学探索路上也从来没有绝对的失败者。就科学创造的
本质来说，失败是非常重要的一部分，它会给后来的研究工作提供极其
宝贵的经验。因此，我们不能要求每一个研究选题都必须成功，应该宽
待创新思想、冒险精神和科研中的失败，允许科研人员发挥想象力。如
果社会没有对失败的宽容态度，不给那些"标新立异"的见解一个辩论
的机会，科学家勇于开拓创新的精神便会被窒息。那么，这个社会将会
丧失起码的创造能力，从而难以产生突破性的科学成就。

　　鼓励自由创新、宽容失败的文化环境，是科学家成长和科学事业繁
荣发展的必要条件，也是一个尊重知识、尊重人才的社会的必然选择。
原创性思想刚提出时都不可能是完善的，其中还可能会包含有许多错误
的内容，政府以及社会所要做的是，不能对此求全责备，而应该以鼓励
科学家的冒险精神为主。只有这样，才能不致扼杀或漏掉取得重大创新
成果的机会。丁肇中在一次报告中提到，他做过五次大规模的实验，所
得结果都和他原来的预期不一样。[3] 2002 年诺贝尔物理学奖得主日本小
柴昌俊，因发现了宇宙中的中微子而获奖，这项成果是他为探测质子衰
变事例而耗尽了 20 年努力的"副产品"，并不是他原来计划要得到的结
果。换言之，基础科学的前沿探索是无法预测的，也无法确定地知晓会
出现什么结果。为了发挥资源投入的高效作用，当然应当鼓励成功，但
也应允许失败。失败是成功之母，没有失败，没有风险的成功都不是真
正的成功。在基金项目的管理要求中原则上也是允许失败的，但是科学
家普遍不敢失败。因为主要是科研大环境形成了一种"不允许失败"的

---

① 贝弗里奇：《科学研究的艺术》，科学出版社 1987 年版，第 148 页。
② 同上。
③ 沈致远：《关于科学的几个问题》，《教书育人》2005 年第 22 期。

原则：一旦失败，研究人员不仅在以后的科研经费和学术荣誉上都会受到影响，甚至可能衣食不保、殃及职业生存。正是由于科研人员承受着巨大的心理压力，致使他们普遍地不敢尝试新想法，不敢冒险，而是有意回避那种风险大、独创性强的选题。这样的体制，只可能把科学家引向将获得项目通过或发表论文为目的的道路上，而科学求真的目的本身却成为次要的。这与国家发展科学的宗旨是相违背的，它表明我国科学界还没有建立一种合理的运作良好的科学评价机制，正如饶毅所指出的那样："中国科学界的相互关系，目前还没有达到理想状态。没有形成一种普遍的、以科学利益为最高原则、以学术标准为根本基础的科学文化。"① 因此，在目前自主创新能力日益受到强调，在科学的独创性越来越显示其重要性的时代，在科研环境中只有确立允许失败的原则，才可能有大量创新思想涌现出来。为此，必须改革现行的科研管理体制，以保证科学家不因科研上的失败而受到不公正的待遇。

3. 促进交流

科学家之间流动、交流与合作是科学发现的一个重要条件，是科研机构保持活力、促进知识迅速流通传播的必然要求，也是保证科研少犯错误的重要环节。科学知识社会学家马尔凯（M. Mulkay）说："科学家可获得两种主要文化资源：一种是由'科学共同体'提供的，一种是社会大环境所提供的。随着科学共同体的日益扩大，它自身的资源也变得更加丰富。"② 第一种资源是科学家从事科学劳动的信息资源；第二种资源，就是社会为科学活动提供的文化环境和制度因素。

科学本质上是社会合作的产物，科学发现是一个接力过程，任何创新都不是从天而降的，都要继承前人的科学成果，"站在巨人的肩膀上"达到一个新的高度。科学史家乔治·萨顿（G. Sarton）指出："仔细考察一下某一发现的产生，人们会发现，它是逐渐地积累若干小发现，然

---

① 饶毅：《中国为何缺席重要科学领域？——2002 年诺贝尔奖引起的思考》，《科学中国人》2003 年第 1 期。

② M. 马尔凯著，林聚任等译：《科学与知识社会学》，东方出版社 2001 年版，第 128 页。

后进行深入的研究，找到更多的中间形态的过程。"① 巴伯的观点表达得更为直接，他说：科学发现就是："人类对文化遗产中已经存在的科学要素所作的富于想象力的结合的结果，结合的产物是新颖之突现。"② 这就是说，科学上的重要发现本质上在于已有的各类科学思想元素的累积，在于各种想象力之间相互予以启示，因而它是一种集体智慧的结晶，科学中完全孤立地从事研究工作的个人只能导致很小的成功。徐冠华指出：没有一个国家能够仅仅依靠自己的力量解决本国面对的所有科学和技术问题。③ 特别在当今大科学研究、交叉学科研究已成主导潮流的情形下，没有哪个人或哪个单位仅仅依靠自己的力量解决所面临的科学问题，多学科之间的合作和广泛的交流成为科学家发挥作用的必由之路。

科学创新思想的成长离不开同行之间的充分有效的交流与合作。然而，科学研究交流与合作的重要性不为我国国内科学家所重视。一方面，与国外学术交流活动非常频繁的情况相比，我国科学界在相当长的一段时间里，不倡导学术上的自由讨论，大家很少争论。科学家总喜欢把自己圈在图书馆和实验室，不重视同行之间的思想交流，把书刊上的观点看做是最前沿的，选题往往跟在别人后面跑。近几年国内举行学术交流会不少，但有些科学家因为有顾虑不愿意将新思想发表，讨论中常常是相互恭维者多，表扬与自我表扬者多。即便偶有争论，也常是争而不鸣，或是鸣而不争。另一方面，科研合作，其作用在于能够形成智力上的互补，促进研究工作的深入和研究进程的加速。但是，研究合作在我国科学界也很有限。尤其在各种短期行为、功利行为的驱动下，科研人员的合作精神和合作意识比较薄弱，不能形成一个良好的同行互补机制。例如，无论是在高校或是科研单位，科研工作在很大程度上主要是一个教授带几个自己的研究生的研究模式，科研人员之间的横向交流与合作明显不足，这在一定程度上

---

① 巴伯：《科学与社会秩序》，生活·读书·新知三联书店 1991 年版，第 229 页。

② 同上书，第 225 页。

③ 徐冠华：《科技创新与创新文化》，《"中国科学家人文论坛（2003）"上的专题报告》2003 年 4 月 17 日。

影响到科学创新的质量。

我国科学界的合作与交流之所以不充分，有科学家自身方面的原因，更重要的是受体制的约束。一方面，在很长的一段时期里，由于受中央计划体制的约束，科学家自由交流与合作的最大障碍是人才的"部门所有制"，科研人员流动很难，对所在机构的人身依附相当严重，纵向的行政纽带过强，交叉约束过高，而横向的同行或学科间的交流反馈却太弱。另一方面，与科学资源分配制度有关。在经费分配上，是重物不重人。国外研究经费的70％—80％用在人身上，以创造一种好的工作环境，20％—30％用于购买设备。但我国科研经费用在人才招聘上的很少，基础研究投入中大约90％的科研经费只能用于购置仪器和所用试剂材料等物品，这就大大限制了科研人员的横向流动。

针对科学家交流与合作中存在的问题，要改善现状，就要从以下几方面的工作做起：首先要在课题经费中适当增加人头费用的使用比例，增加用于信息资料的获取以及加大开放合作的经费比例，在经费使用上给科学家以更多的自主权。其次应打破人才资源的部门所有制，建立健全社会保障体系，保证流动人员的工资、福利等权益不会受到损害，鼓励人才之间的横向流动，同时可以考虑将给予科学家的物质奖励的一部分变换为信息资源获取的权利。① 从科学家自身来说，应该充分重视科学交流与合作的重要性和必要性，抛弃过去那种狭隘的个人主义，以一种高度的社会责任感，发扬"两弹一星"中的合作意识和无私奉献精神，与学界同行之间建立起良好的互动关系，思想上能够互相激励、相互启发。只有这样，才可能保证国内有重大的创新成果产生。

（三）规范科学评价体系

1. 改革考评制度

业余科学时代，科学研究被视为一项探索宇宙，揭示自然奥秘，以

---

① 网上很多有用的资源都是要收费的，而且费用很高，但项目经费的支配中往往不包含这部分支出。对科研人员的物质奖励，大多都用于个人或家庭生活消费，这对科研本身意义不大，反而容易在社会上形成一股攀比心理，影响了整个学术风气。

满足人类永无止境的好奇心的高尚事业，科学是社会中的一片净土。在当代，科学技术作为重要的战略资源日益受重视，公众对科学家以及科学发展的期望大大提高，然而，大量科学成果却走向平庸化，学术浮躁和各种学术腐败行为成为当前"科技界流行的瘟疫"。① 这种现象的产生，有科学界自身的原因，但更多的是制度造成的，现行的科学评价体系正引导着科学家转变科学研究的动机。原美国科学技术办公室副主席贝内特（I. Bennett）说："科学……在所有的人类事业中，由于具有一定的神秘性，在国家目的的意义上没有限制和检查，将不再有存在的希望，并从为得到有限资源的竞争中被排除出去。"② 政府为了检查科学的产出效益，给资助的合理性提供根据，于是就把工业的管理模式引入到对研究机构以及对基础研究成果的管理上。如此一来，工程管理中的各种量化考核标准，顺理成章地延伸到对基础研究工作的评审上，科研人员变成了一堆可以描述、可以计算，并能互相比较的数据，而他们的职称评定、级别的划分、薪金、奖励，等等，就都与量化后的"业绩"进行了挂钩。对于个人来说，拥有一长串的文章目录和项目资助名单，能帮助他争得下一笔的政府经费和得到晋升。在这种"不发表，就灭亡"的机制卜，个人时时承受着巨大的压力。一旦这种量化考核办法制度化，那么，研究人员本来应该以追求真理为己任的，这时却主要成为与对手和同事间的竞争，"科学真理差不多已经变成了一种偶然的副产品"③。

为了调动研究人员的积极性，改革原来酬劳不分的僵化制度，我国科研院所和高等院校普遍引入和加强了竞争机制，对科研单位和科研人员采取了详细的考核措施。自 20 世纪 80 年代中期开始，各部委直属的

---

① 张文天：《浮躁：科技界流行的瘟疫（下）》，《科技日报》2001 年 8 月 14 日。

② 莫里斯·戈兰：《科学与反科学》，中国国际广播出版社 1988 年版，第 74 页。

③ 威廉·布劳德、尼古拉斯·韦德：《背叛真理的人们》，科学出版社 1988 年版，第 166 页。

科研院所在事业费减拨的过程中，实行了"承包责任制"，将各类指标层层下放；到 90 年代中期，各科研院所实行工资改革，这次改革除了把争取科研项目和经费的指标下放外，还把完成的论文数量下放。规定科研机构一年要完成多少课题，发表多少论著，每个研究人员一年至少必须完成多少篇论文或多少个专利，否则生活将失去保障。高等院校虽然没有实行与工资挂钩，但同样地要求以论文数量、科研基金数额和获奖的多少与职称、津贴、地位（包括行政职务）直接挂钩。这种量化考核体系，作为一种较为客观的评价方式取代以前的权威评价，对于激发科研人员的自觉能动性，充分挖掘科研人员的潜在能力，确实起到了一定的积极作用。近几年，我国科研人员普遍具有较强的敬业精神和工作紧迫感，这是有目共睹的，在有影响力的学术刊物上发表论文的数量逐年上升就是明证。

　　但是，科学的发展并不能归结为论文数量的增长，个人的创造贡献或科研工作能力也不是能够以发表论文的多少来衡量的。这种单纯以成果数量的多少来衡量一个科学家的科研水平和对社会贡献的评价机制，因为忽视了成果的质量，显然不利于一流研究工作的开展，它使那些矢志不渝地开展长期、深入、创造性工作的科学家难以长久地保持平静的心态。量化考核本来不全面，再把考核结果和科学家的物质利益、职业生存直接挂钩，这种做法也违背了课题制管理中引入竞争的初衷，极其有害于科学家内在自由的保持。因为它使科学家对金钱的竞争优先于对作为科学驱动力的科学创造性和可靠性的竞争。在这种体制下，为了个人生计，众多的研究者完全依赖于研究项目的资助和论文数量，把发表论文以及赢得项目资助本身当成目标。这一做法所导致的必然结果是，科学家个人的科学能力和水平由于被定格在这些"数字业绩"上，让科学共同体内部的评价失去了效力，致使科研管理过多地有了行政干预和人为因素，不同程度地催生了自我拔高、弄虚作假、以致抄袭和剽窃等恶行。何中华一针见血地指出了当今这种量化评价的弊端："于是，今天的学者都被体制塑造成了一只只必须不停地下蛋的'母鸡'，最好一天能下两个或者更多的蛋，才能得到鼓励和奖励之类的正面评价，不然就有可能遭淘汰。"[①] 在这种体制压力下，科学家不可能再有创造性的灵感，学术本身已失去了意义，以至于有人说，现在科学研究的"软环境还不如陈景润他们那个时代"[②]，如果陈景润生活在今天，早该淘汰出局了。

许多发达国家政府在具体的研究项目实施和管理中，明确杜绝将研究项目经费与申请者个人或整个研究组的工资收入直接挂钩的做法，一般也不允许从这些经费中增加个人收入。[③] 这就为科研人员营造了一种"以人为本"的宽松的研究环境，保证了科学家能够安心地投入科研工作。诺贝尔奖获奖者的经验表明，获奖人员无一不是在宽松的环境下取得重大成果的。据称，英国一些著名的实验室，如剑桥的分子生物学实验室，没有任何考勤和业绩考评制度，更谈不上评先进个人和先进集体之类。多年不出成果也无人谈及任职资格，但就是这个实验室诞生了12个诺贝尔奖得主。[④] 爱因斯坦大学毕业后未能获得学校的助教职位，他在专利局做技术鉴定员的工作的几年里作出了关于布朗运动、量子论和狭义相对论等三个方面的贡献，而其中任何一个都是足以赢得诺贝尔奖的科学成就。这些成就在很大程度上得益于他没有撰写晋升职称的论文的压力，而能够作自由思考的结果。在20世纪60—80年代中期，我国政府以及科研机构对科研人员的工作没有进行量化考核，但在很多技术领域，比如微电子技术、生物技术、航天技术，我们都有自己的独立成果。更重要的是，在人才问题上，有一批可以在世界上处于一流的，

---

① 何中华：《学术的尴尬》，《书屋》2003年第11期。

② 在最近一次在北京召开的国际数学家大会之后，袁亚湘说："现在数学研究的软环境还不如陈景润他们那个时代。"处在巨大的生存压力之下，科学家难以在物欲世界与精神世界之间作出取舍。参见李虎军《中国为什么出不了第二个陈景润?》，《南方周末》2002年8月22日。

③ 科技部赴国外国家实验室考察组：《对我国基础研究发展的一些建议》，《中国基础科学》2005年第4期。

④ 饶毅：《科学环境：一个诞生了DNA模型和12个诺贝尔奖的实验室》，《科学对社会的影响》2003年第2期。

能够受到别人尊敬的一流科学家。①

　　上述分析表明，量化考核的后果不是鼓励原始性创新，而是鼓励回避风险，其最终结果必然使科学家的创新思想受到遏制，优秀的创新人才难以成长。英国物理学家查德威克（Chadwick, J.）说："学者有时需要适可而止的奖励，但实际上，有些奖励根本无助于学者的智慧。所以，我要奉劝世人，不要把学者捧上天，更不应该把他们当成工具。"②由于量化考核制度违背了科学创造的规律，它不可能创造出真正的学术繁荣，相反，它在促进制造大量平庸成果的同时，也在大规模地腐蚀"知识的个性灵魂"。③

　　总之，对研究活动施以各种产出指标管理的做法，导致科学家之间以及科研机构间的不良竞争，这种体制只能引导人们把学术动机转向非学术目的和功利目标，成为产生学术浮躁和学术腐败的原因和温床，因此对责任自由实现的危害极大。

　　2. 惩治败德行为

　　随着科学研究成为一种职业，职业收入成为科学家的主要经济来源。我国目前科学评价制度中存在着产业化和行政主导等非学术化的管理倾向，与科学家切身利益紧密相关的利益，如职称、奖励、人才聘用等，普遍采用简单的数字量化管理，给科学家施加了过大的压力。在这样的制度环境中，社会上的浮躁风气和商业上的虚荣、投机心理也在时时侵蚀着学术界部分学者的良心和立场。从立项、经费申请到科研项目的实施，从考核评议、成果鉴定到评奖，从技术职称评定到国务院特殊津贴的授予，甚至两院院士候选人的推荐等各个环节上，科技界的不端行为频频发生，致使学术道德与许多行为准则遭到破坏。④ 例如，在项目申请中，有些评审专家凭借手中的权力，使有新意的申请落选；有些

　　① 2003 年科技发展重大问题研究报告之十二：《发达国家出口管制对我国科技发展的影响》，《内部资料》，科学技术部办公厅 2003 年第 8 辑。

　　② 栾建军：《中国人谁将获得诺贝尔奖》，中国发展出版社 2003 年版，第 158 页。

　　③ 何中华：《学术的尴尬》，《书屋》2003 年第 11 期。

　　④ 浦庆余：《规范科技评价净化学术环境》，《学会》2005 年第 7 期。

科学家为了获得晋升、奖励等各种实际利益，不惜剽窃他人成果、捏造实验数据、修饰实验结果，甚至修改个人档案等来达到个人目的，严重违背了学术的诚实性和无私利性原则；有些单位负责人明知有虚假成果，但是为了本单位的利益，不是积极防范，而是纵容甚至或明或暗地支持，让这些虚假成果欺骗国家，欺骗学界同行，为科学家的败德行为推波助澜。科学评价制度的非学术化成为科学研究中败德行为频繁发生的重要根源。美国一学者评论道：由于一直处在一种受到鼓励的紧张而且常常是激烈竞争的气氛中，学者们"在学术的阶梯上苦攀，就有一种巨大的压力（要他们）去发表论文，这样做不仅是为了不断弄到研究经费，也是为了能够步步高升"。"在这种成功能够变成令人垂涎的商品而不是道德行为的环境下，恐怕连天使都会栽下来。"① 科研中的不诚实已使科学家丧失了从事科学研究起码的道德底线，"在科研中作弊就是抛弃一个科研人员追求真理的根本宗旨"②。这种败德行为败坏了整个学术风气，助长了学界的沽名钓誉以及某些显然玩世不恭的态度，破坏了科学的纯洁性。科学中的蓄意造假如果不被清除，"作为人类有益活动的科学事业将会被摧毁，科学家们也将失去使用社会资源的权利"。③ 2002 年中国科学院出台了《中国科学院院士自律准则》，教育部同时印发了《关于加强学术道德建设的若干意见》。这些科学家自律准则的出台，对于清除学术界败德行为无疑将会起到重要作用。但是也应该看到，单单依靠科学家的自觉行动来清除腐败是远远不够的，而需要制定有关法律，接受整个科学界和广大群众的监督。对那些严重违反科学道德的行为，在掌握确凿证据的情况下，依法给予曝光和严肃处理。④ 同时，应该尽快建立更加公平、公正的学术评价机制和监督机制，改变重

---

① 威廉·布劳德、韦德：《背叛真理的人们》，科学出版社 1988 年版，第 102 页。

② 同上书，第 10 页。

③ 理查德·列万廷著，新晴 摘译：《科学中的欺骗——〈政策制定中的科学廉正〉与〈大背叛：科学中的欺诈〉述评》，《国外社会科学》2005 年第 2 期。

④ 邹承鲁：《清除浮躁之风，倡导科学道德》，《中国科学院院刊》2002 年第 7 期。

量不重质的量化考核取向，从制度上积极防范败德行为产生的土壤。

通过以上分析，笔者认为，对基础研究采取竞争拨款机制不符合科学的探索性本质①，而应该采取终身制与竞争考核相结合的体制。因为终身制或稳定的工资待遇能够让他们不用为生计而四处奔波，保证有充足的精力搞研究，能够从容地从事一些比较担风险的长期研究项目，期望为国家做出重大的独创性科学贡献。正像有的学者指出的那样，科学家作为一种重要资源，同矿物资源的开发利用有着诸多相似之处，不可实行掠夺性开采，要让他们衣食无忧较为体面地生活。② 这是进行科学研究的必要前提。但同时，为了避免终身制带来的责任失察问题，必要的业绩考核是不可避免的，但是对科学家工作的考核，应该把握住两点：第一，对个人的业绩考核不能只采用量化的标准，而应该主要依靠同行共同体评价来进行，将量化考核与同行共同体评价结合起来；第二，考核评价密度不宜过大，因为频繁的评价、评审活动让科学家把大量时间、精力消耗在填报材料、写总结报告等一系列非业务性工作上，这等于是在直接扼杀科学家的生命。那种所谓的为了发挥竞争激励的作用，对单位科研人员应该实行一年一考核淘汰制的做法，实际上是不可取的。2003 年启动的"北大改革"，其最终结局值得吸取教训。在美国一些大学的顶尖级实验室里，基本不对研究人员进行考核，其目的就是为了创造一个宽松的、不受约束的研究环境，让他们真正献身于科学事业，按照个人兴趣、潜心于研究创造工作。只有让科学家真正献身于科学，才能做出一流的科学成果。

总之，在中国，要实现责任自由，解决国家目标与科学家个人自由的统一问题，应该密切科学家和政府的关系，双方达成相互理解和支持。首先是政府必须在科学政策上高度重视科学的精神属性和目的意义，尊重科学家的自主权利；其次是科学家应该充分理解和适应必须符

---

① 郝柏林在《20 世纪我国自然科学基础研究的艰辛历程》一文中认为，对基础研究采取竞争机制是一种极其错误的做法。参见《自然辩证法研究》2002 年第 8 期。调查结果显示：学界有一部分人对目前的竞争拨款机制存在很大的非议。

② 仝兴华：《端正学风 建立科学评价机制》，《中国高等教育》2002 年第 9 期。

合社会需求的要求，积极推进科学进步和国家目标的实现。为此，政府方面的具体措施是：

第一，加大政府对基础研究的资金支持力度。要从根本上给予科学的精神价值以足够的重视，必须稳定支持一批有兴趣、又有能力的基础研究队伍，给予这些机构以充分的自主权，让它们自主决定研究方向和课题；同时应该提高一线科研人员的物质待遇，改善工作条件。因为稳定的生活安排能够让他们不用为生计而四处奔波，保证有充足的精力搞研究，能够从容地从事一些比较担风险的长期的研究项目，期望为国家做出重大的独创性科学贡献。

第二，改变科研管理上计划性过强的体制弊端。在管理体制上，应该取消对科学家不必要的行政级别标准，回归专业领域内以学术贡献为主的人才标准；重视发挥科学家在科学活动中的主体作用，变政府对科研项目的微观干预为大目标和大方向的引导，政府主要为科学创新提供政策服务。

第三，规范学术评价体系，培育创新精神。遵循科学探索的规律，建立一种以知识创新能力为主的评价标准，变现行的政治权力主导的权威评价为同行评价，尤其要杜绝行政力量对科学评价活动的直接干预；以法律保障学术民主，宽容失败，为科学家创造一个宽松的研究环境。

第四，惩治学术不端行为。学术不端行为是由科研中的不诚实带来的，科研中的不诚实已使科学家丧失了从事科学研究的道德准则，因此，仅仅依靠科学家的自律来清除是远远不够的。根治不端行为需要运用法律手段，建立科研诚信制度以及严肃的学术道德惩处制度。正如美国哲学家莱斯切尔所说：以高昂的代价铲除学术欺骗是值得的。[①] 因为容忍欺骗将危及和动摇整个科学界借以维持的诚信结构，损害科学事业的持续健康发展。

---

① 尼考拉斯·莱斯切尔著，王晓秦译：《认识经济论——知识理论的经济问题》，江西教育出版社 1999 年版，第 43 页。

第 六 章

结语:本书的主要结论及待展开的研究

一 本书的主要结论

本书的主要观点可以概括为如下四点:

其一,科学研究的自由是实现科学创新的基本条件,是科学家从事科学活动的一项基本权利。追求自由是科学家最重要的品质,也是科学的基本精神。科学研究的自由应当是内在自由和外在自由的统一。内在自由是科学创造活动不可缺少的精神品质,是科学创造的源泉,也是科学家的一种独立意识和独立人格;外在自由是科学家所享有的能够自由地探索真理、传播科学思想的经济和政治权利,是科学活动的社会环境。正确协调和处理二者的关系,是保证科学健康和持续发展的重要条件。

其二,科学家个人自由不是绝对的,它是一个历史范畴,随着科学知识生产制度的变化,科学家个人自由的形态也在发生着不断的演替。科学家个人自由本质地体现了科学知识生产制度的性质和规律,科学知识生产制度依次经历从古代的业余科学、近代的职业化科学再到当代基础研究的国家目标化时代的变迁,与此相对应,科学家个人自由从无待自由、经过职任自由、再到责任自由,在责任自由阶段,科学家个人自由在社会责任的基础上达到内在自由和外在自由的统一,从而把个人自由提升到一个新的境界。

其三，基础科学和技术应用之间存在多种作用和联系，国家目标的含义也是可变的，有目标的计划和科学家的自由探索之间是既对立又统一的，二者之间存在着基本的结合点和协调的可能性。

其四，国家目标下的科学家个人自由本质上应该是一种责任自由，责任自由之责任包括政府的责任和科学家的责任两个层面的含义：一方面是国家保护科学家应有权利的责任和促进科学发展的责任；另一方面是科学家对于科学求真的责任和对于社会的责任。科学家个人自由的实现不仅要靠科学体制化的完善和相关法律给予保证，更重要的，要靠科学家的自觉意识和理智努力来达到。

从知识生产的角度认识科学，科学研究在政策层面上主要归于自然科学基础研究（以下简称基础研究）的范畴，所以本书所讨论的科学家的个人自由主要针对基础研究而言。

业余科学时代科学研究完全是私人化的，科学活动的正当性没有得到社会的普遍认同，也就不会存在制约科学求真活动的规范。近代科学的职业化使科学研究成为一种知识生产制度，职业化的出现联系着科学规范的形成。科学规范既是科学自主性的保证，同时又对科学的自主性构成限制，科学知识生产制度的变迁导致科学规范的变化。20世纪90年代以来，随着基础研究和国家目标的结合日益被强调，科学研究由学院科学进入规划大科学时代。与传统科学强调科学研究的知识性、普遍性、无私利性和知识的共享性不同，规划科学更加突出了科学研究的效用性、政策化、局域化和知识的专有性等特征，从而对传统科学规范形成了冲击。在大科学时代，由于科学研究的自由探索本性没有改变，这就需要在科学规范的变革与科学家的自由探索之间保持一种必要的张力关系。

在科学和技术紧密结合的大科学时代，科学研究既具有文化象征意义，同时又具有重要的政治、经济和道德功能，科学研究中的自由本质地体现了科学发展的基本规律，它是由包括心理的、认识的、政治的、经济的和道德的在内的诸多因素组成的复杂系统，具有手段和目的意义。政府的科学计划是一个包含多重意义的概念，它可能指的是国家层面的集中控制或干预，或者指的是机构委员会的学科布局安排和公共开支方案，或者指的是对研究工作的具体任务安排。政府计划不仅是对科学的计划，而且构成了一种科学运行模式，涉及体制问题。科学体制从属于经济体制，因而政府的科学计划往往带有功利主义的色彩。政府的科学规划和计划常常是在广泛的应用背景之下作出的，但由于按社会需求制订的计划，其目标仍然是对某些研究领域新知识的探索，因而需要在科学家的自由探索和国家利益需求之间保持平衡。

在大科学时代，科学和技术之间存在多种作用关系，国家目标的含义也是可变的，国家目标和科学家的自由探索之间是既对立又统一的。不仅列入国家计划中的"大科学"存在着自由探索的问题，自由选题的"小科学"也具有国家目标和计划的含义，并且在科学研究的过程和结果上都存在着计划和自由的冲突与协调问题。

由科学研究的自由探索本性决定了政府的任何科学计划都应该把科学家的研究自由作为自己的有机组成部分，一方面，在课题方向的选择、研究路线、学术观点以及成果评价等方面给予科学家以相当的自主性；另一方面，科学家及科研机构等研究主体取公众纳税人的贡赋从事科学探索，代表社会承担了确定真理的任务，因而必然要承担政治和道德责任。因此，科学家的研究自由的实现不仅要靠科学体制化的完善和相关法律给予保证，还要靠科学家的自觉意识和理智努力来达到。

本书是以科学创造的主体——科学家作为考察对象的。以科学家为对象的研究工作，最具代表性的研究成果有：美国科学社会学家默顿对科学家共同体的行为规范的系统研究、朱克曼对科学奖励机制的讨论，齐曼的元科学研究，以及 J. 本—戴维对不同时代科学家的社会角色的演变的社会学研究。默顿突破了传统科学史研究的科学思想史框架，开创了科学社会史的研究，把科学活动看做是一种社会建制，将社会学方法引入到对科学家认知活动的研究中，讨论了科学体制的内部机制问题，揭示了用以约束、协调科学家行为的社会规范制度；朱克曼从科学系统中的奖励制度入手，通过介绍诺贝尔奖获得者的生平、经历、社会条件、品行以及对发展科学的贡献等，主要从科学创造心理学的角度揭示了科学活动运行的规律；齐曼在默顿和朱克曼研究工作的基础上，进一步讨论了规划科学时代的科学交流、科学共同体及其规范、权威结构与分层现象等问题;J. 本—戴维考察分析了不同时代科学家的社会角色的历史演变以及不同国家的科学体制化进程,重点讨论了科学组织与科学发展活动的关系,以及影响科学事业发展的各种社会体制因素。默顿和朱克曼的工作重点讨论的是"象牙塔"中的知识生产者的角色行为及其相关问题;而 J. 本—戴维主要是从外部社会体制控制方面讨论了科学家的行为模式问题。

以上这些讨论或者是把科学家作为一种相对独立存在的群体,仅就科学家角色的某一方面进行的分析;或者是采取一种宏大叙事的方式,从社会体制方面对科学家的组织社会学问题进行的讨论。本书则从科学创新的前提——自由出发,以讨论科学家个人自由为主线,将影响科学创造的内在因素和外在因素统一起来,从科学家与政府的关系以及科学家的心理动机等方面,结合科学发展的社会历史形态对科学家个人自由的演变规律进行了哲学探索,以期寻求国家目标与研究自由之间统一性的解决方案。

这一研究在当代中国有着重要的理论意义和现实意义:

(1) 理论意义

首先,丰富了马克思主义的科学技术观。传统的科学技术观主要是对科学思想发展与社会的关系的宏观研究,而对科学创新活动的核心要素——作为活动主体的科学家则作了"黑箱"式处理,因而是一种"见物不见人"的科学技术观。本研究以科学家个体创新活动为主线,从宏观层面讨论了研究自由与经济发展、社会发展之间的关系,有助于深化人们对科学、技术与社会互动关系的理解,丰富马克思主义的科学技术观。

其次,通过系统考察科学的自由探索与经济社会目标之间的关系,揭示二者之间的冲突及整合规律,能够为科技政策研究中的众多思想分歧提供一个理论框架。

再次,对自然科学研究中的自由和计划关系问题的研究,可以为国内学界关于社会科学自主性的研究提供理论参照。

最后,在科学技术哲学方面,科学家个人自由的三形态说可以深化人们对国家目标和自由探索之间关系的理解,同时也深化了对马克思主义的自由与必然的关系的认识。

（2）实践意义

首先，在个人层面上，正确揭示科学研究中的自由这一长期以来未达成共识的问题，阐明科学家应有的权力和责任，可以激发科学家的社会责任感，提升科学研究工作者的思想境界，从而有助于促进科学事业的健康发展。

其次，在政府层面上，科学家个人自由问题是科学事业成败的关键，也是政府在科学政策制定中不可忽视的问题，这一研究可以为政府合理地制定科学规划和计划提供一个理论参考，为国家科技体制的深层改革提供决策参考。

最后，在社会层面上，有助于树立正确的科学价值观，端正科学理念，塑造新时代科学家和政府的新型关系，保证科学和社会的和谐有序发展。

二 研究特点与后续工作

本研究属于开拓性的工作，这就难以避免地存在以下不足：

首先，本书提出了一系列新概念，无待自由、职任自由和责任自由，并用这三个概念概括科学家个人自由在各个不同历史时期的基本特征，它主要是针对主流国家科学知识生产制度史的高度抽象，但是三种自由形态在各个历史时期的区分不是绝对的，不仅当具体到某一国家科学发展的实际时，科学家个人自由需要进行相应的调整，而且就是同一时期在同一国家，三种自由成分也是相互交织在一起的，只是各自在表现程度上有主次之分。

其次，实证研究不足。限于目前的条件，在论文的写作过程中，资料的搜集主要采用的是文献分析和非正式调查相结合的方式，但因受访的人员主要集中在大学研究机构而且人数较少，所以调查样本选取不够充分，主要以文献中反映出来的问题分析为主。在这方面的深入工作只有留待笔者以后去弥补。

最后,科学家个人自由问题不是一个孤立的问题,要对科学家个人自由问题做出有价值的探讨,要广泛涉及科学社会学、心理学、政策学、管理学、政治学、法学以及制度经济学等多学科的知识,科学家个人自由不仅与国家目标相对应,还与国家的法律制度、经济体制、社会心理以及民族文化等相对应,本书主要围绕个人自由与国家目标的关系作了一种尝试性哲学探讨,因此必然造成在有些环节上论述力度的不足。

由于科学研究活动本身的复杂性以及科学和社会关系的复杂性,决定了科学家个人自由问题远非一部著作就能够彻底给予解决的,本研究成果是从哲学层面上进行的尝试性探索的第一步。在国家综合实力迫切要求进一步提升的今天,科学原创和自主创新将受到更多的关注,科学家个人自由的重要性将更加凸显。因此,笔者将会在一个不断拓宽的视野下,继续关注中国科学家的权利和责任问题的现实,以及关注世界发达国家和其他发展中国家尤其是苏联或俄罗斯的科学发展的体制问题,深化和细化对这一问题的探索。

参 考 文 献

1. ［美］A. 杰斯顿费尔德著，王恩光、吴仁勇、谢婉若译：《美日科学政策透析》，科学出版社 1986 年版。

2. ［美］B. 巴伯著，顾昕等译：《科学与社会秩序》，三联书店 1991 年版。

3. ［美］D. E. 司托克斯著，周春彦等译：《基础科学与技术创新》，科学出版社 1999 年版。

4. ［美］D. 博克著，徐小洲、陈军译：《走出象牙塔》，浙江教育出版社 2001 年版。

5. ［美］D. 普赖斯著，宋剑耕、戴振飞译：《小科学，大科学》，世界科学社 1982 年版。

6. ［美］戴维·玻姆著，洪定国译：《论创造力》，上海科学技术出版社 2001 年版。

7. ［美］J. E. 麦克莱伦第三、H. 多恩著，王鸣阳译：《世界史上的科学技术》，上海科技教育出版社 2003 年版。

8. ［美］J. 里茨尔著，顾建光译：《社会的麦当劳化 对变化中的当代社会生活特征的研究》，上海译文出版社 1999 年版。

9. ［美］J. 麦奎利著，高师宁、何光沪译：《二十世纪宗教思想》，上海人民出版社 1989 年版。

10. ［美］R. K. 默顿著，范岱年等译：《十七世纪英格兰的科学、技术与社会》，商务印书馆 2000 年版。

11.〔美〕R.K. 默顿著，鲁旭东、林聚任译：《科学社会学》（上、下册），商务印书馆 2003 年版。

12.〔美〕S.J. 布鲁贝克著，王承绪、郑继伟、张维平等译：《高等教育哲学》，浙江教育出版社 1998 年版。

13.〔美〕V. 布什著，范岱年、解道华等译：《科学：没有止境的前沿》，商务印书馆 2004 年版。

14.〔美〕爱德加·莫兰著，吴泓缈、冯学俊译：《方法：天然之天性》，北京大学出版社 2002 年版。

15.〔美〕汉伯里·布朗著，李醒民译：《科学的智慧》，辽宁教育出版社 1998 年版。

16. 莫里斯·戈兰著，王德禄、王鲁平等译：《科学与反科学》，中国国际广播出版社 1988 年版。

17.〔美〕威廉·J. 克林顿、小阿伯特·戈尔著，曾国屏、王蒲生译：《科学与国家利益》，科学技术文献出版社 1999 年版。

18.〔美〕威廉·布劳德、尼古拉斯·韦德著，朱进宁、方玉珍译：《背叛真理的人们　科学界的弄虚作假》，科学出版社 1988 年版。

19.〔美〕希拉·贾撒诺夫、杰拉尔德·马克尔、詹姆斯·彼得森、特雷弗·平奇编，盛晓明等译：《科学技术论手册》，北京理工大学出版社 2004 年版。

20.〔美〕约翰·霍根著，孙雍军等译：《科学的终结》，（呼和浩特）远方出版社 1997 年版。

21.〔英〕J.D. 贝尔纳著，陈体芳译：《科学的社会功能》，广西师范大学出版社 2003 年版。

22.〔英〕J.D. 贝尔纳著，伍况甫译：《历史上的科学》，科学出版社 1959 年版。

23.〔英〕J. 齐曼著，刘郡郡等译：《元科学导论》，湖南人民出版社 1988 年版。

24.〔英〕J. 齐曼著，曾国屏、匡辉、张成岗译：《真科学》，上海科技教育出版社 2002 年版。

25.〔英〕J. 齐曼著，许立达等译：《知识的力量——科学的社会范畴》，上海科学技术出版社 1985 年版。

26. ［英］K R. 波普尔著：《走向进化的知识论》，中国美术学院出版社 2001 年版。

27. ［英］M. 波兰尼著，王靖华译：《科学、信仰与社会》，南京大学出版社 2004 年版。

28. ［英］M. 博兰尼著，冯银江、李雪茹译：《自由的逻辑》，吉林人民出版社 2002 年版。

29. ［英］M. 马尔凯著，林聚任等译：《科学与知识社会学》，东方出版社 2001 年版。

30. ［英］W. C. 丹皮尔著，李珩译：《科学史》，商务印书馆 1975 年版。

31. ［英］W. I. B. 贝弗里奇著，陈捷译：《科学研究的艺术》，科学出版社 1987 年版。

32. ［英］W. I. B. 贝弗里奇著，金吾伦、李亚东译：《发现的种子》，科学出版社 1987 年版。

33. ［英］Z. A. 麦德维杰夫著，刘祖慰等译：《苏联的科学》，科学出版社 1981 年版。

34. ［英］博蓝尼著，彭淮栋译：《博蓝尼讲演集》，（台北）联经出版事业公司 1984 年版。

35. ［英］卡尔·皮尔逊著，李醒民译：《科学的规范》，华夏出版社 1999 年版。

36. ［英］斯蒂芬·梅森著，上海自然科学哲学著作编译组译：《自然科学史》，上海译文出版社 1980 年版。

37. ［英］特伦斯·基莱著，王耀德等译：《科学研究的经济定律》，河北科技出版社 2002 年版。

38. ［英］托尼·布莱尔：《科学之重要意义》，参见 2004 年 9 月 13 日网页：http：//www. chinagenenet. com/commInfo/commShow. php?id＝5115。

39. ［英］亚·沃尔夫著，周昌忠、苗以顺、毛荣运等译：《十六、十七世纪科学、技术和哲学史》，商务印书馆 1985 年版。

40. 《马克思恩格斯全集》第 1—2 卷，人民出版社 1995 年版。

41. 《马克思恩格斯选集》第 1—3 卷，人民出版社 1995 年版。

42. 《中外专家论课题制》编委会：《中外专家论课题制》，中信出版社 2003 年版。

43. D. C. 莫韦里、N. 罗森堡著，王宏宇、贺天同译：《革新之路——美国 20 世纪的技术创新》，四川人民出版社 2002 年版。

44. G. 巴萨拉著，周光发译：《技术发展简史》，复旦大学出版社 2000 年版。

45. J. 本一戴维著，赵佳苓译：《科学家在社会中的角色》，四川人民出版社 1988 年版。

46. M. 戈德史密斯、A. L. 马凯著，赵红州、蒋国华译：《科学的科学——技术时代的社会》，科学出版社 1985 年版。

47. T. 胡森、N. 波斯尔思韦特主编：《国际教育百科全书》第 1 卷，贵州教育出版社 1990 年版。

48. 爱因斯坦著，方在庆、韩文博、何维国译：《爱因斯坦晚年文集》，海南出版社 2000 年版。

49. 爱因斯坦著，许良英、范岱年译：《爱因斯坦文集》第 1 卷，商务印书馆 1976 年版。

50. 爱因斯坦著，许良英、赵中立、张宣三译：《爱因斯坦文集》第 3 卷，商务印书馆 1979 年版。

51. 安毅：《我国科学体制化过程中的认知问题及其影响》，《自然辩证法通讯》1990 年第 2 期。

52. 保尔·拉法格等著，中共中央马恩列斯著作编译局编：《回忆马克思恩格斯》，人民出版社 1973 年版。

53. 北京大学哲学系外国哲学史教研室编译：《16—18 世纪西欧各国哲学》，商务印书馆 1961 年版。

54. 北京大学哲学系外国哲学史教研室编译：《西方哲学原著选读》上卷，商务印书馆 1981 年版。

55. 曹南燕：《科学家和工程师的伦理责任》，《哲学研究》2000 年第 1 期。

56. 陈恒六：《从科学家对待原子弹的态度看知识分子的社会责任》，《政治学研究》1987年第6期。

57. 陈洪捷：《德国古典大学观及其对中国大学的影响》，北京大学出版社2002年版。

58. 陈敬全主编：《现代科技与哲学思考》，上海人民出版社2004年版。

59. 陈一壮：《论法国哲学家埃德加·莫兰的"复杂思想"》，《中南大学学报》（社会科学版）2004年第1期。

60. 陈一壮：《怎样给复杂性研究作历史定位》，《自然辩证法研究》2004年第12期。

61. 陈玉祥、朱桂龙：《科学选择的理论、方法及应用》，机械工业出版社1994年版。

62. 陈林、何曼清：《文明之约定——科技与社会的理性协奏》，云南人民出版社1997年版。

63. 陈建新、赵玉林、关前主编：《当代中国科学技术发展史》，湖北教育出版社1994年版。

64. 陈其荣、袁闯、陈积芳：《理性与情结——世纪诺贝尔奖》，复旦大学出版社2002年版。

65. 丁厚德：《中国科技运行论》，清华大学出版社2001年版。

66. 国家科学技术委员会：《中国科学技术政策指南：科学技术白皮书》第1—7号，科学技术文献出版社1986—1997各年度。

67. 国家中长期科学发展规划：《一九五六——一九六七年科学技术发展远景规划纲要》至《"十五"科技发展规划》文件。

68. 及培文：《我国基础研究发展需要关注的十个方面》，《中国基础科学》2003年第4期。

69. 邓小平：《新时期科学技术工作重要文献选编》，中央文献出版社1995年版。

70. 邓心安：《我国现行科技体制的弊端》，《科技导报》2002年第11期。

71. 鄂宏哲、奉公：《科技投入的拟成果购买制中的风险投资初探》,《科学学与科学技术管理》2005 年第 12 期。

72. 奉公:《论公共产品类科研资金投入的拟成果购买制》,《科学学研究》2003 年第 3 期。

73. 樊春良:《科学中的自由和计划》,《科学学研究》2002 年第 1 期。

74. 樊春良:《全球化时代的科技政策》,北京理工大学出版社 2005 年版。

75. 樊洪业、张久村编:《科学救国之梦》,上海科技教育出版社、上海科学技术出版社 2002 年版。

76. 范岱年:《卡文迪什实验室——现代科学革命的圣地》,河北大学出版社 1999 年版。

77. 费多益:《大科学的模式转换——从"研究与开发"到"开发与研究"》,《中国人民大学学报》2004 年第 1 期。

78. 冯昭奎、张可喜:《科学技术与日本社会》,陕西人民出版社 1997 年版。

79. 国家统计局、科学技术部编:《中国科技统计年鉴(2000—2006)》,中国统计出版社 2001—2006 年版。

80. 韩宁:《我国基础研究创新的现状、问题与对策》,《科学对社会的影响》1999 年第 3 期。

81. 郝柏林:《20 世纪我国基础自然科学的艰辛历程》,《自然辩证法研究》2002 年第 8 期。

82. 何传启:《关于我国基础研究国家目标的再思考》,《科技导报》1997 年第 9 期。

83. 何传启:《我国的"大科学"研究与国际合作》,《科技导报》1997 年第 5 期。

84. 何士刚:《良禽择木而栖——谈中国科学研究中的人才政策和人才环境》,《自然》,2004 年第 432 期〔2004 年 11 月 18 日(中文专刊)〕。

85. 黑格尔著,贺麟译:《小逻辑》,商务印书馆 1980 年版。

86. 侯外庐、赵纪彬等:《中国思想通史》三卷,人民出版社 1957

年版。

87. 胡传胜：《自由的幻像》，南京大学出版社 2001 年版。

88. 胡显章、杜祖贻、曾国屏主编：《国家创新系统与学术评价》，山东教育出版社 2000 年版。

89. 黄克武：《自由的所以然——严复对约翰弥尔自由主义思想的认识与批判》，上海书店出版社 2000 年版。

90. 江泽民：《论科学技术》，中央文献出版社 2001 年版。

91. 解恩泽主编：《科学蒙难集》，湖南科学技术出版社 1986 年版。

92. 靳达申、车成卫主编：《如何提高国家自然科学基金申请质量》，上海科学技术文献出版社 2003 年版。

93. 科技部赴国外国家实验室考察组：《对我国基础研究发展的一些建议》，《中国基础科学》2005 年第 4 期。

94. 科学技术部：《关于加强我国基础研究创新能力的几点意见》，《中国基础科学》2002 年第 1 期。

95. ［美］科学、工程与公共政策委员会等著，张京京译：《新时代的国家目标》，科学技术文献出版社 1999 年版。

96. 拉瑞·劳丹著，刘新民译：《进步及其问题》，华夏出版社 1999 年版。

97. 李斌、毛磊：《你还是你吗？——人类基因组报告》，新华出版社 2000 年版。

98. 李国秀：《科学与伦理价值》，（台北）《哲学与文化》1994 年第 11 期。

99. 李开复：《基础研究机构成功的因素》，《世界科技研究与发展》1999 年第 4 期。

100. 李廷举：《科学技术立国的日本》，北京大学出版社 1992 年版。

101. 李醒民：《论任鸿隽的科学文化观》，《厦门大学学报》（哲学社会科学版）2003 年第 3 期。

102. 李醒民：《中国现代科学思潮》，科学出版社 2004 年版。

103. 李真真：《20 世纪 50—60 年代的中国：科学的改造与社会重

建》,《自然辩证法通讯》2005 年第 2 期。

104. 李真真:《我国基础研究问题的探讨与思考》,《科学学研究》2003 年第 4 期。

105. 李真真:《在计划经济体制下科技体制模式的定位》,《自然辩证法通讯》1995 年第 6 期。

106. 李真真:《确定"理论和实际关系"的困境:政治指向与发展指向的冲突》,《自然科学史研究》2002 年第 1 期。

107. 李正风:《中国科技系统中的"系统失效"及其解决初探》,《清华大学学报》(哲学社会科学版) 1999 年第 4 期。

108. 李正风:《科学与政治的结合:必然性与复杂性》,《科学学研究》2000 年第 2 期。

109. 李正风:《论基础研究功能的变化》,《清华大学学报》(哲学社会科学版) 2001 年第 4 期。

110. 李正风:《科学知识生产方式及其演变》,清华大学出版社2006 年版。

111. 理查德·列万廷著,新晴摘译:《科学中的欺骗——〈政策制定中的科学廉正〉与〈大背叛:科学中的欺诈〉述评》,《国外社会科学》2005 年第 2 期。

112. 廖正衡:《关于日本科学与技术发展的不平衡问题及其借鉴》,《自然辩证法研究》1991 年第 11 期。

113. 刘大椿主编:《中国科技体制的转型之路》,山东科学技术出版社 1995 年版。

114. 刘大椿:《科学活动论 互补方法论》,广西师范大学出版社2003 年版。

115. 刘吉主编:《静悄悄的革命——科学的今天和明天》,武汉出版社 1998 年版。

116. 刘立:《1978 年以来中国基础研究政策及其争论研究》,北京大学图书馆,2002 年博士论文。

117. 刘心惠:《科学家的良心——邹承鲁访谈》,《瞭望新闻周刊》2002 年第 12 期。

118. 刘益东：《试论基础研究的社会功能》，《自然辩证法研究》1997 年第 12 期。

119. 刘英丽、冯亦斐：《"1％的故事"：中国的基础科研经费哪去了》，《中国新闻周刊》2004 年第 13 期。

120. 柳卸林、赵捷：《改善中国基础研究环境的七个建议——我国基础研究的环境研究之二》，《中国科技论坛》2002 年第 2 期。

121. 柳卸林、赵捷：《我国基础研究环境恶化的 10 个方面——我国基础研究的环境研究之一》，《中国科技论坛》2001 年第 6 期。

122. 路甬祥主编：《中国科学进展》，科学出版社 2003 年版。

123. 路甬祥：《关于我国自然科学基础性研究之管见》，《世界科技研究与发展》1997 年第 5 期。

124. 路甬祥：《从诺贝尔奖与 20 世纪重大科学成就看科技原始创新的规律》，《中国科学院院刊》2000 年第 5 期。

125. 路甬祥：《中国近现代科学的回顾与展望》，《自然科学史研究》2002 年第 3 期。

126. 洛伦·R. 格雷厄姆著，叶式、黄一勤译：《俄罗斯和苏联科学简史》，复旦大学出版社 2000 年版。

127. 马佰莲：《科学和人文关系的历史考察与阐释》，《理论学刊》2004 年第 3 期。

128. 马佰莲：《西方近代科学体制化的理论透视》，《文史哲》2002 年第 2 期。

129. 马佰莲：《近代科学体制化的内在机制初探》，《文史哲》1997 年第 1 期。

130. 马佰莲：《新中国科技发展战略的三次转移》，《南昌大学学报》（社会科学版）1997 年第 2 期。

131. 马来平：《科技与社会引论》，人民出版社 2001 年版。

132. 马来平：《中国科技思想的创新》，山东科学技术出版社 1995 年版。

133. 美国国家科学技术委员会编，李正风译：《技术与国家利益》，科学技术文献出版社 1999 年版。

134. 美国科学院等，刘华杰译：《怎样当一名科学家》，科学出版社 1996 年版。

135. 总统科学技术政策办公室编，高亮华、王伟泉等译：《改变 21 世纪的科学与技术》，科学技术文献出版社 1999 年版。

136. 米歇尔·沃尔德罗普著，陈玲译：《复杂——诞生于秩序与混沌边缘的科学》，三联书店 1997 年版。

137. 欧阳志远：《远离喧嚣，克服浮躁——关于中国科学创新的一些思考》，《科学对社会的影响》2004 年第 4 期。

138. 帕斯卡尔·扎卡里：《科学：无尽的前沿——布什传》，上海科技教育出版社 1999 年版。

139. 蒲慕明：《建立中国的科研机构——文化的反思》，《自然》，2003.No.426〔2003—11—18/25（中文专刊）〕。

140. 浦庆余：《规范科技评价 净化学术环境》，《学会》2005 年第 7 期。

141. 饶毅：《科学环境：一个诞生了 DNA 模型和 12 个诺贝尔奖的实验室》，《科学对社会的影响》2003 年第 2 期。

142. 栾建军：《中国人谁将获得诺贝尔奖》，中国发展出版社 2003 年版。

143. 饶毅：《中国为何缺席重要科学领域？——2002 年诺贝尔奖引起的思考》，《科学中国人》2003 年第 1 期。

144. 任振球、严谷良：《原始创新评定谁说了算》，《科技日报》2004 年 11 月 12 日。

145. 沈铭贤：《科技与伦理：必要的张力》，《上海师范大学学报》（社会科学版）2001 年第 1 期。

146. 沈致远：《关于科学的几个问题》，《教书育人》2005 年第 22 期。

147. 施福升、刁纯志主编：《科技道德》，上海交通大学出版社 1988 年版。

148. 苏开源：《我国基础研究亟待亡羊补牢》，《世界科学》2005 年第 7 期。

149. 孙小礼主编：《自然辩证法通论》第 3 卷（科学论），高等教育出版社 1999 年版。

150. 谭斌昭：《诺贝尔奖与科学技术发展的社会环境》，《科技进步与对策》2001 年第 3 期。

151. 仝兴华：《端正学风 建立科学评价机制》，《中国高等教育》2002 年第 9 期。

152. 宋振峰：《论目前我国科研资源的浪费》，《科技导报》1995 年第 3 期。

153. 汤佩松等：《资深院士回忆录》，上海科技教育出版社 2003 年版。

154. 汤锡芳：《关于制约我国科技人员创造性发挥原因的探讨》，《科学学与科学技术管理》1998 年第 7 期。

155. 王葆青：《基础研究应更好地为国家战略目标服务》，《中国基础科学》2002 年第 6 期。

156. 王大中、杨叔子主编：《技术科学发展与展望》，山东教育出版社 2002 年版。

157. 王德禄、孟祥林、刘戟峰：《中国大科学的运行机制：开放、认同与整合》，《自然辩证法通讯》1991 年第 6 期。

158. 王蒲生：《完善科学评价机制，谨防科学越轨行为》，《科技日报》2000 年 12 月 8 日。

159. 王渝生主编：《中国科学家群体的崛起》，山东科技出版社 1995 年版。

160. 王书明：《科学 批判与自由》，黑龙江人民出版社 2004 年版。

161. 王文华编：《钱学森实录》，四川文艺出版社 2001 年版。

162. 王耀德、刘力：《论从基础科学中获得技术收益的主体不确定性》，《江西社会科学》2003 年第 7 期。

163. 文学锋：《也谈科学中的自由和计划》，《科学学研究》2002 年第 6 期。

164. 吴来、左瑜、王琼：《发达国家科研管理制度》，时事出版社 2001 年版。

165. 吴必康：《权力与知识》，福建人民出版社 1998 年版。

166. 吴国盛：《自由的科学》，福建教育出版社 2002 年版。

167. 吴彤、李正风、曾国屏：《基础研究评价与国家目标》，《科学学研究》2002 年第 4 期。

168. 吴瑞：《提高中国科学的产出率面临的挑战》，《Nature》，2003. NO. 426 ［2003－11－18/25（中文专刊）］。

169. 吴善超、孟辉、张存浩：《中国科技界关注科学不端行为》，《Nature》，2004. NO. 432 ［2004－11－18（中文专刊）］。

170. 吴述尧：《国家目标为基础研究导向愈益成为科学发展的国际趋势》，《中国科学基金》1999 年第 5 期。

171. 武夷山：《我国 1949 年以来科学发展的若干经验教训》，《自然辩证法研究》1997 年第 9 期。

172. 熊伟：《M. 玻恩：在二十世纪具有特殊地位的物理学家》，《自然辩证法通讯》1985 年第 6 期。

173. 徐春根：《论庄子"无待"的自由观》，《广西师范大学学报》（哲学社会科学版）2005 年第 2 期。

174. 徐冠华：《科技创新与创新文化》，《"中国科学家人文论坛（2003）"上的专题报告》，2003 年 4 月 17 日。

175. 徐家跃：《科研本土化：通向诺贝尔奖之路（下）》，《科学学与科学技术管理》1996 年第 8 期。

176. 徐治立：《科技政治空间的张力》，中国社会科学出版社 2006 年版。

177. 许纪霖：《智者尊严——知识分子与近代文化》，学林出版社 1991 年版。

178. 许光明：《摘冠之谜——诺贝尔奖 100 年统计与分析》，广东教育出版社 2003 年版。

179. 游光荣：《中国科技国情分析报告》，中国青年出版社 2001 年版。

180. 张利华：《论我国科技跨越式发展战略》，《自然辩证法研究》2002 年第 10 期。

181. 赵玉林等：《当代中国重大科技成就鸟瞰与探微》，湖北教育出版社 1996 年版。

182．中共中央文献研究室编：《新时期科学技术工作重要文献选编》，中央文献出版社 1995 年版。

183．中国科学院：《1997—2004 科学发展报告》，科学出版社 1998—2004 年版。

184．严搏非编：《中国当代科学思潮 1949—1990》，上海三联书店 1993 年版。

185．阎康年：《世界一流研究机构应该是这样的》，《中国科学院院刊》2001 年第 4 期。

186．阎康年：《卡文迪什实验室——现代科学革命的圣地》，河北大学出版社 1999 年版，第 26 页。

187．杨立岩、潘慧峰：《论基础研究影响经济增长的机制》，《经济评论》2003 年第 2 期。

188．杨振宁：《几个科学家的故事》，《自然杂志》1990 年第 1 期。

189．杨振宁：《新世纪的科技》，《武汉理工大学学报》（信息与管理工程版）2002 年第 1 期。

190．杨振宁：《杨振宁科教文选》，南开大学出版社 2001 年版。

191．杨振宁：《杨振宁文集》，华东师范大学出版社 1998 年版。

192．叶继红：《“科学家”职业的演变过程及其社会责任》，《自然辩证法研究》2000 年第 12 期。

193．英国皇家学会主编，唐英英译：《公众理解科学》，北京理工大学出版社 2004 年版。

194．英国上议院科学技术特别委员会编，张卜天、张东林译：《科学与社会》，北京理工大学出版社 2004 年版。

195．于小晗、刘恕：《激发创新潜力，营造创新环境——科技部部长徐冠华谈新出台的科技评价办法》，《科技日报》2003 年 11 月 7 日。

196．袁江洋：《科学活动中的失范现象》，《科技日报》2000 年 12 月 8 日。

197．袁祖社：《权利与自由》，社会科学出版社 2003 年版。

198．曾国屏、陈冬生：《关于我国基础研究队伍建设的战略思考》，

《中国软科学》2001 年第 4 期。

199. 曾国屏、李正风：《我国基础研究队伍的规模、结构和水平问题初探》，《科学学研究》2001 年版第 2 期。

200. 张春美：《马克斯·佩鲁茨（1914—2002）：科学不是一种平静的生活》，《自然辩证法通讯》2004 年第 4 期。

201. 张锋、何亚云：《当代组织创新的理论及其应用意义》，《云南师范大学学报》2003 年第 4 期。

202. 张藜：《国家需要、部门利益与科学家自主性的调适》，《自然科学史研究》2003 年第 2 期。

203. 张文天：《浮躁：科技界流行的瘟疫（下）》，《科技日报》2001 年 8 月 14 日。

204. 赵红州：《论"当代小科学"及其在中国科研体制改革中的历史地位》，《中国社会科学》1997 年第 1 期。

205. 赵红州：《大科学观》，人民出版社 1993 年版。

206. 赵红州：《科学能力引论》，人民出版社 1988 年版。

207. 赵红州：《科学史数理分析》，河北教育出版社 2001 年版。

208. 赵佳苓：《科学的角色与体制化》，《自然辩证法通讯》1987 年第 6 期。

209. 赵乐静：《视界的融合——科学、技术和社会导论》，山西科学技术出版社 2003 年版。

210. 赵沛霖：《试论庄子"无待"的神话学意义及其局限性》，《南开学报》1996 年第 2 期。

211. 赵万里：《现代炼金术的兴起——卡文迪什学派》，武汉出版社 2002 年版。

212. 赵中立、许良英编译：《纪念爱因斯坦译文集》，上海科学技术出版社 1979 年版。

213. 周光礼：《学术自由与社会干预》，华中科技大学出版社 2003 年版。

214. 周光召：《基础研究与国家目标——国家重点基础研究发展计划》，《中国基础科学》2005 年第 2 期。

215. 周光召:《前辈科学家的风范给我们以激励和鞭策》,《科技导报》2005 年第 1 期。

216. 朱丽兰:《基础研究与国家目标》,《中国科学基金》1996 年第 1 期。

217. 朱效民:《科学家与科学普及》,《科学学研究》2000 年第 4 期。

218. 朱克曼著,周叶谦、冯世则译:《科学界的精英——美国的诺贝尔奖金获得者》,商务印书馆 1979 年版。

219. 邹承鲁:《清除浮躁之风,倡导科学道德》,《中国科学院院刊》2002 年第 7 期。

220. CHRISTIAN ZELLER, The Economic Effects of Basic Research: Evidence for Embodied Knowledge Transfer via Scientists'Migration, *Research Policy*, 2003, Vol. 32 (10).

221. COHEN W M etc, R&D spillovers, patents and the incentives to innovate in Japan and the United States, *Research Policy*, 2002, Vol. 31 (8/9).

222. DAVID P A etc, Is public R&D a complement or substitute for private R&D? A review of the econometric evidence, *Research Policy*, 2000, Vol. 29 (4—5).

223. DAVID P A. From market magic to calypso science policy A review of Terence Kealey's the economic laws of scientific research, *Research Policy*, 1997, Vol. 26 (2).

224. David H. Guston, *Between politics and science _ Assuring the integrity and productivity of research.* Cambridge University Press, 2000.

225. DIETMAR HARHOFF etc, Profiting from voluntary information spillovers: how users benefit by freely revealing their innovations, *Research Policy*, 2003, Vol. 32 (10).

226. ERKKO AUTIO etc, . A framework of industrial knowledge spillovers in big-science centers [J] . *Research Policy*, 2004, Vol. 33 (1) .

227. KEALEY T, Why science is endogenous: a debate with Paul David and Ben Martin, Paul Romer, Chris Freeman, Luc Soete and Keith Pavitt, *Research Policy*, 1998, Vol. 26 (7—8).

228. KEITH PAVITT, The social shaping of the national science base, *Research Policy*, 1998, Vol. 27 (8).

229. MEYER M, Does science push technology? Patents citing scientific literature [J]. *Research Policy*, 2000, Vol. 29 (3).

230. RICHARD WHITLEY, Competition and pluralism in the public sciences: the impact of institutional frameworks on the organisation of academic science, *Research Policy*, 2003, Vol. 32 (6).

231. ROBERT J W etc, Science dependence of technolgies: evidence from inventions and their inventors, *Research Policy*, 2002, Vol. 31 (4).

232. SALTER A J etc, The economic benefits of publicly funded basic research: a critical review, *Research Policy*, 2001, Vol. 30 (3).

后　记

　　本书是我四年艰苦的在职哲学博士生和一年的哲学博士后的研究成果。我将学位论文题目确定为"论国家目标下的科学家个人自由"，是把自然科学家的个人自由作为考察的对象，试图从学理上厘清科学家个人自由的本质、类型和实现条件，探索有目标的计划和研究自由之间的冲突与协调规律问题。为什么选择这样一个敏感问题作为学位论文？一是科学家情结。记得自己小学时代就特别崇拜像居里夫人、爱因斯坦、吴健雄、李政道、杨振宁等大科学家，后来上中学时又受到《第二次握手》小说中描写的科学家的感染，使我萌生了长大当科学家的梦想，这个梦想一直伴随我度过了中学、大学和研究生时代。然而，三年硕士阶段的实验物理学专业学习，令我心中产生了很大困惑：实验仪器设备对于科学研究极其重要，而作为国家重点大学的实验室里的大中型仪器设备几乎全部是从国外进口，且大都是已为西方淘汰一二十年的产品。中国科学落后面貌可见一斑。那么，我国科学事业发展的这种状况何以自立于世界科学之林？造成中西方这种差距的原因是什么？在硕士毕业确定工作走向之时，我做出了一生中最痛苦的选择："弃理从文。"参加工作后，在从事着马克思主义理论课的教学工作之余，开始了对三年实验室生活的深刻反思，并怀着极大的兴趣大量翻阅当代科学家的哲学论著，尤其是物理学家们的个人传记。二是基于学理和现实的考虑。关于科学研究的计划与科学家的自由探索的关系问题，是贯穿 20 世纪科学发展史上的一个反复引起争论的问题。在科学发达的西方国家，对于这个问题存在着两种相互对立又错综复杂交织在一起的观点：一种是"自由至上主义"观点，主张对科学和科学家的活动应采取自由放任，反对接受政府的计划控制；另一种是"功利主义"，主张对科学必须实行政府目标的控制。这个问题在中国更具有特殊的意义。一方面，国家对科研事业管理的计划性较强，另一方面，科学中的自由又被科学家无条件地夸大。认真地分析对于这一问题的争论，我们可以发现，要从根本上解决两种观点之间的争论，协调处理国家目标和个人自由之间的关系，关键在于如何理解国家目标化时代的科学家个人自由的本质。而这个问题的解决直接关系到如何处理科学家的权利与责任、科学研究的动力与效率等问题。以上两个方面的原因，促使我选择了这一研究课题。

科学家个人自由问题与科学研究体制化和科学的自主性是紧密相关的，科学体制化既是科学自主性的保证，同时又构成了对它的控制。据此来说，我对于科学研究中的自由问题的关注始于 1995 年。在 1995 年秋季，有幸得到一个去北京大学哲学系进修短访的机会，当时选修了李国秀教授开设的《科学社会学》课程，我选择把西方近代科学体制化的形成机制问题作为课程论文，试图从科学知识生产制度方面探讨近代科学在西方崛起的原因。回到山东大学后，沿着这个方向又进一步考察了近代科学体制化在英、法、德、美等西方四国的演变历程，探讨了新中国科研体制的演变和科技发展战略的重点转移问题。对以上问题的研究成果发表在《文史哲》和《南昌大学学报》（社科版）上。

关于本课题研究的部分成果已在《哲学研究》、《科学学研究》、《自然辩证法研究》、《中国科技论坛》等学术刊物上发表，感谢这些杂志社给我提供了自由发表言论的舞台。

科学家个人自由与国家目标的关系问题，是一个复杂棘手的大问题，这一研究的顺利完成，是同导师的悉心指导及众多的专家、学者、同事和家人的关心和支持不可分离的。

首先需要感谢的是我的博士生导师欧阳志远教授。我的博士论文从选题、资料搜集到写作，都凝聚着导师大量的心血。尤其是在论文的修改定稿过程中，导师高屋建瓴、思维缜密的指导，让我经受了平生最重要的一场写作训练。恩师之情，终生铭记。其次感谢山东大学马来平教授。马教授是引领我从物理学领域走向哲学领域的第一人。大约在十多年前，我物理学硕士毕业分配到山东大学工作，一次与马教授的偶遇使我们结成了忘年之交。十几年来，马教授对我的新专业方向给予了一贯热心的支持和帮助，本论著的写作与出版，马教授更是给予了极大的关心和支持。感谢清华大学的李正风教授、中国科学院樊春良研究员在博士论文写作中提供的帮助；感谢中国人民大学黄顺基教授、刘大椿教授、王鸿生教授、中国科学院孟建伟研究员、中共中央党校钱俊生教授、南京大学肖玲教授在论文评审和答辩中给予的指导和建议；感谢我的硕士生导师陈光华教授以及北京大学李国秀教授和魏英敏教授夫妇多年来对我学术上的关心和支持。

山东大学晶体所和生命科学院、北京工业大学电子信息与控制工程学院和材料学院、清华大学物理系、北京理工大学物理系和中国科学院有关研究所等单位的许多专家、教授，感谢他们在百忙中抽出宝贵时间接受我的访谈；感谢山东大学周向军教授和王学典教授给予我的学业和工作上的支持。衷心地感谢所有给我提供过帮助的人。感谢中国人民大学的同室好友王紫媛博士、宋薇博士、刘三平博士、付丽芬博士以及师妹弓巧英、韩晖、王丛霞、郭芙蕊；感谢山东大学的挚友兼同事刘武顺、康强、车美萍、刘明芝、徐艳玲、孙世明、刘心明、宋开玉、赵秀福等。

特别感谢清华大学曾国屏教授、鲍鸥副教授，在我做博士后期间，正是他们给予的支持和帮助促使我尽快修改本书稿。在本书稿即将付梓出版时，曾教授在百忙之中欣然为本书作序进行勉励。同时，清华大学科学技术与社会研究中心浓厚的学术氛围，优良的团队精神使我能够在一种舒畅的环境中对博士论文进行修润和完善，使本书得以及早面世。

谨以此书献给已谢世的父亲！父亲博大的胸怀、坚韧而又乐观的个性激励着我不断地迈向高的目标；感谢年迈体弱的母亲，母亲勤劳而善良的品格、始终对儿女细致的关怀和理解，使我得以从繁多的事务中脱身出来，能够从容地追寻个人理想；感谢我的聪明乖巧的女儿，有她在身边对于我顺利完成学业是一种莫大的鞭策。

本书的出版得到了中国博士后基金和山东大学博士科研启动经费的

资助，中国社会科学出版社的郭晓鸿编辑为本书出版做了大量细致的工作，付出了辛勤的劳动。在此一并表示感谢。

第一本哲学专著即将出版了，这既是我十几年来从事哲学探索的总结和收获，同时让我十几年的专业拘束终于有了一种解脱。回首自己走过的这段人生历程，让我深深地体会到了"责任自由"的真义及其价值。面对无涯的学海和自己学识的不足，饥渴的心情没有丝毫削弱，反而更加清晰地认识到自己的使命，也更加自信地面对自己的未来。

马佰莲

2007 年 11 月 10 日于清华大学西 8—1—202 室